VDE-Schriftenreihe **121**

D1721578

Zum Autor

Thorsten Neumann, Jahrgang 1964, ist einer der gefragtesten Referenten und ausgewiesener Fachmann auf den Gebieten der rechtlichen Absicherung und praktischen Umsetzung der BetrSichV für Elektrogeräte und elektrische Anlagen sowie der immer bedeutsamer werdenden internen Risikoabschätzung (Rating). Er verbindet Wissenschaft und Praxis in einzigartiger Weise. Sein Erfolgsrezept: Er schreibt authentisch, humorvoll, aus der Praxis für die Praxis, sofort umsetzbar. Die von ihm begründete und entwickelte GefDa®-Methode sorgt für mehr Rechtssicherheit der Verantwortlichen und zeigt Kosteneinsparpotentiale auf. Der erfolgreiche Buchautor genießt seit 1998 auch als freier Fachjournalist einen guten Ruf.

Thorsten Neumann ist seit 1999 öffentlich bestellter und vereidigter Sachverständiger für Gefährdungsanalysen von Arbeitsplätzen der IHK Koblenz. Er berät in dieser Eigenschaft Gerichte, Rechtsanwälte und namhafte Unternehmen. Der Autor ist für Anfragen und Kritik offen und zu erreichen über **www.gefda.com**.

VDE-Schriftenreihe Normen verständlich **121**

Betriebssicherheitsverordnung in der Elektrotechnik

Rechtssichere, Kosten sparende Umsetzung
der BetrSichV in der Praxis

Dipl.-Ing. Thorsten Neumann

mit CD-ROM

2. Auflage 2007

VDE VERLAG GMBH • Berlin • Offenbach

Bibliografische Information der Deutschen Nationalbibliothek
Die Deutsche Nationalbibliothek verzeichnet diese Publikation in der Deutschen
Nationalbibliografie; detaillierte bibliografische Daten sind im Internet über
http://dnb.d-nb.de abrufbar

ISBN 978-3-8007-3004-9

ISSN 0506-6719

© 2007 VDE VERLAG GMBH, Berlin und Offenbach
Bismarckstraße 33, 10625 Berlin

Satz: VDE VERLAG GMBH, Berlin
Druck: Gallus Druckerei KG, Berlin   2007-04

Geleitwort zur zweiten Auflage

Zweifellos, die Elektropraxis hat das Buch angenommen. Ob es nun seinerseits die Praxis umkrempeln wird? Oder zumindest kräftig dazu beiträgt, sie in kleinen Schritten zu verändern? Noch wissen die wenigsten der „befähigten Personen" um ihre Macht und ihre Verantwortung. Noch immer sind die meisten von ihnen froh, aus den Gesetzen, Vorschriften, Normen und Fachbüchern „klare" Anweisungen entnehmen zu können. Und leider recken sich überall, immer noch und immer wieder, die altbekannten Zeigefinger empor, um die Prüfer mit manchen das Denken hemmenden Rezepten und vielen, aber bedeutungsvollen Mindest-, Richt-, Höchst- und Maximalwerten zu belasten. Die gleichen Lokführer, die gleichen Gleise. Und noch hört man auf sie.

Der Autor steuert mit diesem Buch gegen den Strom der eingefahrenen Bürokratie. Dass er dabei auch seinen Lesern „*die Leviten liest*" und keinen Zweifel daran lässt, dass „*Befähigung nach Betriebssicherheitsverordnung*" eine gediegene Bildung voraussetzt, hat sicherlich dem Buch zu seinem überraschend deutlichen Erfolg verholfen. Es ist zu erwarten, dass es auch mit seiner zweiten Auflage für Bewegung sorgt.

Klaus Bödeker

Geleitwort von Prof. Althoff

Eigentlich hätten die Betreiber überwachungsbedürftiger Anlagen und Arbeitsmittel den 3. Oktober 2002 als einen ganz besonderen Feiertag begehen müssen. Denn die Betriebssicherheitsverordnung, die an diesem Tag in Kraft trat, erfüllte einen lange gehegten Wunsch: die Aussicht auf das Ende des langjährigen Prüfmonopols der Technischen Überwachungs-Vereine und die Freiheit zu mehr Individualität und Betriebsnähe bei der Festlegung von Prüfterminen.

Tatsächlich wurde der mit der Betriebssicherheitsverordnung verbundene Paradigmenwechsel lange Zeit gar nicht zur Kenntnis genommen. Sofern dies mit der Belastung durch die Anforderungen des täglichen Betriebsgeschehens begründet wurde, war dem Eingeweihten bereits klar, dass das betreffende Unternehmen auf seine „neue Freiheit" nicht vorbereitet war – und ist.

Um sich nämlich die Betriebssicherheitsverordnung wirklich zunutze zu machen, muss im Unternehmen Wissen zentral gesammelt und in Maßnahmenpläne umgesetzt werden, und zwar Wissen, das zuvor – wenn überhaupt – dezentral im Unternehmen verteilt und zum großen Teil an externe Prüfgesellschaften wie den TÜV quasi „outgesourced" war. Jedes Unternehmen muss sich – abgestimmt auf seinen ganz individuellen Anlagen- und Gerätepark – ein eigenes „Responsibility Management System" erarbeiten, das sämtliche Prüf- und Dokumentationsverpflichtungen („Responsibilities") auf der Basis der jeweils aktuellen Gesetzeslage kennt und umsetzt („Management").

Dazu soll und kann das vorliegende Buch einen wesentlichen Beitrag leisten.

Professor Dr.-Ing. Jürgen Althoff

Geleitwort von Dipl.-Ing. Klaus Bödeker

Je älter die Betriebssicherheitsverordnung wird, desto mehr Aufmerksamkeit erregt sie auch bei den Elektrotechnikern. Einerseits rufen sie nach Erläuterungen oder konkreten Ausführungsregeln – ganz prosaisch gesagt, um Hilfe bei ihrer Umsetzung in die Praxis. Andererseits nutzen sie die nunmehr vorhandene, fast grenzenlose Freiheit zur eigenen Entscheidung, aber auch dazu, alle Vorgaben und Regeln wie lästige Ketten abzuschütteln – ohne sich dann selbst in die Pflicht zu nehmen.

Zweifellos ist es nicht einfach, nunmehr nicht nur *nachzuschlagen,* sondern auch *nachzudenken.* Dieses Grundprinzip ist für manchen – für die meisten? – ungewohnt. Es wurde bisher überall und von jedem reglementiert, so gut er konnte und so viel, wie seine Macht hergab. Nicht das Selbst- oder Mitdenken, sondern das Einhalten aller mehr oder weniger bedachten Weisungen wurden gefordert und gefördert. Wer hier protestierend die Hand hebt, den möchte ich an die vielfach den Referenten, DKE-Komitees und Fachzeitschriften gestellte Frage – nicht nur der Praktiker – erinnern: *„Und wo steht denn das?"*

Wir können sehr froh sein, dass die zur Unmündigkeit der Elektrotechniker führende Bevormundung durch „1000 +X" Vorschriften nun hoffentlich abgebaut wird. Eine Unmenge Zeit werden wir sparen können, wenn nun nicht mehr über die dank der Bürokratie selbst erzeugten Probleme wie *„ortsfest oder ortsveränderlich",* „*FI-Schutzschalter statt Wiederholungsprüfung"* oder *„was sind geeignete Prüfgeräte"* diskutiert werden muss. Nunmehr gilt doch in erster Linie die Vorgabe: „ *Das habt Ihr selbst zu entscheiden, lieber Arbeitgeber, liebe befähigte Person."*

Wenn nun Bücher wie dieses geschrieben werden, dann müssen sie den Elektrotechnikern beim Nachdenken helfen. Sie dürfen und sollen Lösungswege aufzeigen, wie eine bestimmte konkrete Aufgabe konkret gelöst werden kann. Immer aber mit dem nachdrücklichen Hinweis: *„Verantwortlich bist DU."* Kompetenz ist gefragt; wer darüber nicht verfügt, hat schlechte Karten.

Ich denke, der Autor hat für seine Leser den richtigen Mittelweg gefunden zwischen *„Anerkannte Regeln nachdrücklich vermitteln und eigenes Nachdenken herausfordern".* In diesem Bemühen stehen wir alle noch am Anfang.

Und wenn in diesem Buch oder anderen Informationsschriften, Regeln und Veröffentlichungen dann doch einmal, der alten Tradition getreu, auch das Nachdenken mit bürokratischen Zwängen belegt wird, dann sollte der Leser immer sagen: *„Da ich, und nur ich, die schwere Verantwortung für die Sicherheit in meinem Bereich zu tragen habe, bedanke ich mich für eure Ratschläge und entscheide selbst, wie ich das machen werde."*

Auf ein gutes Gelingen.

Dipl.-Ing. Klaus Bödeker

Danksagung

Ich darf mich bedanken bei Herrn Klaus Bödeker und Herrn Hinrich Tribius.

Klaus Bödeker, selbst mehrfacher Bestsellerautor im Bereich der Elektrotechnik, war ein hervorragender „Schleifstein" für dieses Buch.

Hinrich Tribius, dessen Vortragsstil immer wieder meine ungeteilte Begeisterung erregt, hat mir in der BG-Schulungsstätte Dresden bei so manchem Glas Wein geholfen, meine anfangs noch unausgegorenen Ideen zunächst zu zerlegen, dann zu strukturieren und schließlich wieder zu einem brauchbaren Ganzen zusammenzusetzen. Auch ihm gebührt besonderer Dank!

Weiterhin haben mir zahlreiche Fachleute aus ihrer betrieblichen und beruflichen Praxis heraus stets mit Rat und Tat zur Seite gestanden. Stellvertretend seien genannt: Herr Euler (Königsbacher Brauerei AG), Herr Neu (TÜV Saarland), Herr Hoffmann (Ritter Sport) und Herr Vogler (DaimlerChrysler in Gaggenau), Herr Dr. Spar, Fredi Recknagel, Wilfried Hennig und Prof. Kirschbaum. Aber auch meiner Frau Anna und den Mitarbeitern der Firma MEBEDO danke ich für ihre persönliche Rücksichtnahme in der Zeit des Buchschreibens.

Inhalt

1   Allgemeines zur Betriebssicherheitsverordnung (BetrSichV)

1.1   Grundlegendes

Durch die Betriebssicherheitsverordnung (BetrSichV) [1] werden die Pflichten der Arbeitgeber zum Prüfen ihrer Arbeitsmittel beschrieben. In diesem Buch wird dargelegt, welche Pflichten zu erfüllen sind und wie diese für elektrische Betriebsmittel/Geräte und elektrische Anlagen/Maschinenausrüstungen auf der Grundlage der Vorgaben der BetrSichV umgesetzt werden können. Es ist ein besonderes Anliegen des Autors, aufzuzeigen, dass mit dem auf diese Weise vorbildlich praktizierten Bemühen um den Arbeitsschutz für die Beschäftigten Konflikte vermieden und Kosten eingespart werden können.

Es werden in diesem Buch vorrangig softwaregestützte Vorgehensweisen behandelt. Das ist sinnvoll, da:

- immer größere Ansprüche an die Qualität der Dokumentation gestellt werden

- in den meisten Fällen – unbedingt bei mehr als etwa 500 Arbeitsmitteln – eine effektive Organisation der Prüfung nur auf diese Weise möglich ist

- das rationale Erfassen und Zusammenführen der ermittelten Daten sowie ihre exakte Auswertung mit den herkömmlichen Mitteln nicht mehr zu bewältigen ist.

1.2   Wieso entstand die Betriebssicherheitsverordnung?

Mit der Einführung der Betriebssicherheitsverordnung (BetrSichV) hat der Gesetzgeber die Chance zu einer großen Vereinfachung der deutschen Verordnungen im Bereich des Arbeitsschutzes und der Geräte- und Anlagensicherheit eröffnet.

Die aus dem EG-Vertrag Artikel 137 stammenden „Richtlinien mit Mindestvorschriften für die Sicherheit und den Gesundheitsschutz von Arbeitnehmern" (ehemals Artikel 118a) wurden im Jahr 2002 durch die Betriebssicherheitsverordnung (BetrSichV) in nationales Recht überführt. Die BetrSichV steht in unmittelbarer Verbindung zum Arbeitsschutzgesetz (ArbSchG).

Die Betriebssicherheitsverordnung (BetrSichV) [1] bringt neue Qualitäten und neue Chancen in die Verantwortung der Betreiber gegenüber Beschäftigten und Arbeitsmitteln.

Die neuen Pflichten können vereinfacht wie folgt zugesammengefasst werden:

- Alle Betriebsmittel auflisten (inventarisieren)!
- Sich Gedanken über mögliche Gefahren machen!
- Wie werden wann diese Gefahren behoben?
- Alles dokumentieren!

Sonst:

- Ordnungswidrigkeit oder möglicher Straftatbestand!

Es gibt in der neuen Verordnung viele Freiheiten und wenige starre Regelungen. Gleichzeitig eröffnet damit die Betriebssicherheitsverordnung (BetrSichV) gerade Betreibern, die sich sorgfältige Gedanken über den Schutz der Beschäftigten machen, völlig neue Optimierungsmöglichkeiten. Somit wird Arbeitsschutz auch eine finanziell lukrative Angelegenheit.

1.3   Wie ist der Umsetzungsstand?

Erstaunlich, aber wahr: Der Gesetzgeber erlässt eine Verordnung, aber wenige nutzen die große Chance! Die Mehrzahl der Unternehmen und Institutionen weiß nicht, wo die Vereinfachungen liegen. Eine nicht repräsentative Umfrage im Februar 2005 unter 50 mittelständischen Unternehmen (bis 1000 Arbeitnehmer) ergab Erstaunliches. Es wurden dabei ausschließlich Geschäftsführer und leitende Angestellte befragt, da sie haftungsmäßig am stärksten betroffen sind:

- 44 % hatten von der BetrSichV gehört
- 12 % hatten Schulungen über die BetrSichV besucht
- 6 % haben die neue strafrechtliche Qualität erkannt
- 4 % sagten von sich, sie wüssten über den Inhalt Bescheid
- die selben 4 % wussten von potentiellen Kosteneinsparungsmöglichkeiten
- 0 % hat die Einführung der BetrSichV bereits mehr als nur ansatzweise begonnen
- 12 % wollen schnellstmöglich die BetrSichV umsetzen
- 6 % wollen die BetrSichV mittelfristig umsetzen
- 82 % sehen keinen Handlungsbedarf (!)
- 40 % wollen abwarten, was die Berufsgenossenschaften/Versicherungsträger dazu sagen
- 48 % wurden in der Vergangenheit nicht von ihrer BG auf die BGV A3 [2], BGV A2 oder VBG 4 hingewiesen

Interessanterweise hatten die Schulungen keine maßgebliche Auswirkung auf die Bereitschaft zur Umsetzung. Wer allerdings die strafrechtliche Konsequenz erkannt hat, sieht den sofortigen Umsetzungsbedarf. Das lässt hoffen! Die deutschen Manager sind nicht gegen die Betriebssicherheitsverordnung (BetrSichV) und deren Umsetzung, wenn sie richtig aufgeklärt wurden. Auf den Punkt gebraucht: Aufklärung tut not!

Anfang 2007 wurden 50 anderen mittelständischen Unternehmen dieselben Fragen wie 2005 vorgelegt:

- 48 % der Verantwortlichen hatten von der BetrSichV gehört, allerdings 80 % der direkt Betroffenen wie z. B. Elektriker
- 36 % hatten Schulungen über die BetrSichV besucht
- 12 % haben die neue strafrechtliche Qualität erkannt
- 20 % sagten von sich, sie wüssten über den Inhalt Bescheid
- 18 % wussten von potenziellen Kosteneinsparmöglichkeiten
- 12 % haben mit der Einführung der BetrSichV mehr als ansatzweise begonnen
- 26 % wollen schnellstmöglich die BetrSichV umsetzen
- 10 % wollen mittelfristig die BetrSichV umsetzen
- 30 % sehen keinen Handlungsbedarf

Es geht also voran! Fast alle Mitarbeiter vor Ort wissen wenigstens von der BetrSichV. Die Umsetzung geht zwar nicht zügig, aber immerhin kontinuierlich voran. Der Schwerpunkt der Aufklärungsarbeit der nächsten Jahre wird auf dem Erkennen der neuen strafrechtlichen Konsequenz liegen und der weiteren Bekanntmachung der BetrSichV bei den rechtlich Verantwortlichen. Hier liegen die größten Informationsdefizite bei den befragten Unternehmen.

1.4   Allgemeiner Geltungsbereich

Die Betriebssicherheitsverordnung (BetrSichV) gilt für den Einsatz von Betriebsmitteln in allen Bereichen, in denen Menschen arbeiten. Sie gilt für alle Betriebe, Unternehmen, öffentlichen Dienst, Bundeswehr, kurz gesagt in allen Bereichen!

Sie gilt nicht im privaten Bereich oder wenn der einzige Beschäftigte im Unternehmen der Unternehmer selbst ist.

Kommt allerdings auch nur ein Beschäftigter hinzu, ist die Betriebssicherheitsverordnung anzuwenden!

Arbeitet der Beschäftigte im fremden Auftrag bei sich zu Hause, so ist ebenfalls die Betriebssicherheitsverordnung (BetrSichV) anzuwenden.

Die Betriebssicherheitsverordnung ist eine Aufforderung zum betrieblichen Check für alle Geräte und Maschinen. Dazu zählen allerdings nicht nur die elektrischen Betriebsmittel, sondern auch z. B. Leitern und Hebemittel bis hin zu meldepflichtigen und überwachungsbedürftigen Anlagen.

1.5 Was hat die Betriebssicherheitsverordnung verändert?

Die Betriebssicherheitsverordnung (BetrSichV) löst eine Vielzahl von Verordnungen ab. Die Ziele der Betriebssicherheitsverordnung (BetrSichV) sind aus gesetzgeberischer Sicht:

- Umsetzung der EG-Richtlinien in nationales Recht
- einheitliches, betriebliches Anlagensicherheitsrecht, bei klarer Trennung von Beschaffenheit und Betrieb sowie Neuordnung im Bereich der überwachungsbedürftigen Anlagen
- Neuordnung des Verhältnisses zwischen staatlichem Arbeitsmittelrecht und berufsgenossenschaftlichen Unfallverhütungsvorschriften, um bestehende Doppelregelungen beseitigen zu können

Der letzte Punkt irritiert viele Betreiber. Es muss ausdrücklich klar gestellt werden, dass folgende, immer wieder – insbesondere auch in Zusammenhang mit der o. g. Befragung des Autors – gehörte Aussage absolut falsch ist:

„Man kann nichts falsch machen, wenn die Berufsgenossenschaft nichts gesagt hat."

Ein fataler Fehler, der im Zweifelsfall bis zum Freiheitsentzug führen kann! Die Berufsgenossenschaft kann nur die versicherungsrechtliche Seite abdecken. Weiterhin hat die Berufgenossenschaft keine Bringschuld gegenüber den Unternehmen. Denn die Berufsgenossenschaft ist mit ihrer derzeitigen Aufgabenstellung keine staatliche „Unternehmensberatung für Arbeitsschutz"! Wer hier die vielfach seitens der Berufsgenossenschaft unentgeltlich erbrachten Leistungen mit Pflichten verwechselt, irrt! Irrt sogar gewaltig, eventuell mit einer strafrechtlichen Konsequenz.

Damit einher geht nach Ansicht des Autors eine klare Forderung an die Berufsgenossenschaften: Diese nämlich sollten – durchaus im eigenen Interesse – in den nächsten Jahren eine solche unternehmensberaterische Dienstleistung verstärkt anbieten. Und Unternehmen sollten diese Dienstleistung durchaus aktiv abfragen. Denn: Auch wenn einige Unternehmen die Berufsgenossenschaft aus den verschiedensten Gründen nicht gerne im eigenen Haus sehen, ist deren Kompetenz in Fragen des Arbeitsschutzes wohl unumstritten.

Alle Unternehmen und Institutionen sollten diese Kompetenz der Berufsgenossenschaften stärker nutzen, und zwar im eigenen Interesse.

Von Seiten der Berufsgenossenschaften können also nur die versicherungsrechtlichen Aspekte abgesichert werden. Aber was ist mit dem strafrechtlichen bzw. zivilrechtlichen Schutz? Hier wurde bisher dem Betreiber von gesetzgeberischer Seite keine eindeutige und dem Laien verständliche Absicherung gegeben.

Also hat der Gesetzgeber als Erleichterung und Vereinfachung die Betriebssicherheitsverordnung geschaffen und deckt damit zusätzlich die strafrechtliche Seite bzw. straf- und zivilrechtliche Verantwortung ab.

Zusammengefasst aus Sicht des Gesetzgebers

Die Betriebssicherheitsverordnung (BetrSichV) hat als Hauptziel die Schaffung eines anwenderfreundlichen und verständlichen Geräte- und Anlagensicherheitsrechts.

1.5.1 Wandel von der Misstrauensgesellschaft zur Vertrauensgesellschaft

Mit der BetrSichV hat sich im rechtlichen Verhältnis Staat zu Arbeitgeber etwas Gravierendes verändert: Früher war die Eigenverantwortung der Unternehmen sehr begrenzt. Der Gesetzgeber griff ständig mittels Verordnungen, Durchführungsbestimmungen, Regelungen usw. in die unternehmerischen Prozesse ein (**Bild 1.1**).

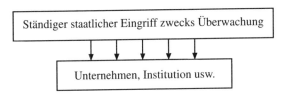

Bild 1.1 Früherer Einfluss des Staats auf die Wirtschaft

Dies kennzeichnet eine sogenannte Misstrauensgesellschaft, da der Gesetzgeber ständig eingriff, lenkte, regulierte und kontrollierte. Auch daraus ergibt sich die allen bekannte Überregulierung. Der Staat konnte früher ständig in betriebliche Prozesse eingreifen und für uns denken. Aber im Zuge der Verschlankung des Staats fehlen ihm nun zunehmend die Ressourcen, um dies machen zu können.

Mit der Einführung der BetrSichV ergibt sich ein neues Bild (**Bild 1.2**). Der Staat beschränkt sich auf die Sanktion und erleichtert sich seine Arbeit.

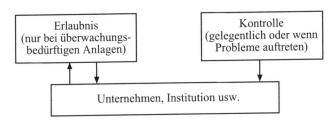

Bild 1.2 Gewünschter Einfluss vom Staat auf die Wirtschaft

Der Staat zieht sich also auf das gelegentliche Kontrollieren zurück und wird nur bei Problemen von selbst aktiv. Er vertraut den Unternehmen und Institutionen! Gleichzeitig wird der Vertrauensbruch durch den Staat sanktioniert. Das können auch persönliche Sanktionen sein, wie Ordnungswidrigkeiten und Strafen.

Zusammengefasst aus Sicht des Unternehmens

Der Staat macht die Arbeitgeber mündiger und gibt Ihnen einen Vertrauensvorschuss. Es gilt nun zu beweisen, dass dieses Vertrauen gerechtfertigt war.

1.6 Wie war es bisher geregelt?

Für die elektrischen Geräte und Anlagen galt bisher in Ermangelung einer staatlichen Regelung die Berufsgenossenschaftliche Vorschrift A2 (BGV A2). Die BGV A2 wurde für viele irritierend 2005 in BGV A3 [2] umbenannt. Dies war allerdings notwendig im Rahmen einer Neuordnung der Benennung der Berufsgenossenschaftlichen Vorschriften. Inhaltlich wurde nichts geändert oder an die Betriebssicherheitsverordnung (BetrSichV) angepasst.

Wichtige Unterschiede zwischen der BGV A3 und der Betriebssicherheitsverordnung (BetrSichV) seien hier vorab, zur ersten Orientierung, schon genannt. In späteren Abschnitten wird vertiefend auf diese Punkte eingegangen:

- Es gibt jetzt eine definitive Dokumentationspflicht für die Betreiber. Dies hört sich kompliziert an, kann aber sehr einfach bewerkstelligt werden.
- Die Prüffristen sind mittels einer schriftlichen Gefährdungsanalyse zu ermitteln. Die Gefährdungsanalyse ist ab jetzt ein noch wichtigerer Bestandteil des Arbeitsschutzes.
- Die Betreiberpflichten wurden erweitert. Der Betreiber ist zuständig für die Vergabe der Prüfaufgabe an einen qualifizierten Prüfer und somit für die Qualität der Prüfung. Vorsicht bei Fremdvergabe!
- Verstöße gegen die Betriebssicherheitsverordnung sind nicht nur eine Ordnungswidrigkeit, sondern eventuell ein Straftatbestand. Dies bedeutet, dass Betreiber und deren Verantwortliche bei Verstößen gegen die Betriebssicherheitsverordnung mit bis zu einem Jahr Freiheitsentzug rechnen müssen.
- Eine Erstprüfung vor Inbetriebnahme ist unter bestimmten Umständen eine Pflicht.
- Weiterhin ist zivilrechtlichen Klagen Tür und Tor geöffnet worden. Achtung: Mittlerweile gibt es kombinierte Verfahren, die Straf- und Zivilverfahren vereinen.

1.7 Warum sind elektrische Geräte regelmäßig zu prüfen?

Bisher erhielt man auf diese Frage oftmals kurz und knapp die Antwort: „Weil es die Vorschriften so verlangen." Selbst im betrieblichen Bereich, für den es auch vor Einführung der Betriebssicherheitsverordnung zwingende Vorgaben zur regelmäßigen Prüfung gab, wurde oft nicht geprüft. Es zeigt sich, dass auch dort, wo die Gesetze klipp und klar eine solche Prüfung fordern, es nicht von alleine läuft. Es bedarf einer intensiven Kontrolle durch die zuständigen Berufsgenossenschaften, die Gewerbeaufsicht und anderer Institutionen, um die Verantwortlichen zum Prüfen ihrer Geräte und Anlagen zu bewegen. Zu ihrem eigenen Schutz! Es bleibt zu hoffen, dass der Vertrauensvorschuss des Staats bald Früchte trägt und die Verantwortlichen nicht mehr der ständigen Kontrolle bedürfen. Es gibt, dies muss der Gerechtigkeit wegen gesagt sein, auch viele Unternehmen, die ihre Pflichten ernst nehmen und daraus eine Unternehmensphilosophie entwickelt haben.

Sicher gilt aber fast überall: Von der Notwendigkeit der regelmäßigen Prüfung sind die Wenigsten ehrlich überzeugt. Die Gründe für diese mangelnde Bereitschaft liegen auf der Hand:

- Dank der ausgefeilten und mit deutscher Gründlichkeit erarbeiteten Vorschriften ist das Niveau der Sicherheit der elektrischen Geräte sehr hoch – das kann sich durch so genannte Billiggeräte und gelegentliche Schlampereien allerdings schnell ändern.

- Dank der modernen Gestaltung der Arbeitsumgebung mit isolierenden Kunststoffen und Hölzern kommt es, trotz vielfach nicht einwandfreier Elektrogeräte, nur in seltenen Fällen zu einer Durchströmung mit Todesfolge – das aber ist nicht das alleinige Verdienst der Elektrotechniker.

- Brände und tödliche Unfälle, z. B. Sturz von Baugerüst oder Leiter, werden oftmals nicht dem eigentlichen Verursacher, der Elektrotechnik, sondern anderen Ereignissen, Mängeln oder Verhaltensfehlern zugeordnet. Eine solche Statistik zeigt dann allerdings nicht mehr die tatsächlichen Ursachen auf.

- Das Sicherheitssystem der elektrischen Erzeugnisse hat zur Folge, dass auch bereits defekte Geräte nicht zum Unfall führen können und – weiterhin ihre Funktion ausüben!

- Für den nicht fachkundigen Benutzer sind also elektrische Geräte auch dann scheinbar in Ordnung, wenn sie bereits schleichende Sicherheitsmängel aufweisen und dringend zur Prüfung müssten.

- Eine sachgerechte, regelmäßige und gründliche, von kommerziellen Interessen weitgehend freie Information der Öffentlichkeit ist weder Sache des Staats, noch der mit der Elektrotechnik beschäftigten Institutionen.

Die Sicherheit hat leider nicht überall den Stellenwert, den sie verdient. Das Wissen der Verantwortlichen über die möglichen und vielleicht bereits vorhandenen Gefährdungen reicht oftmals nicht aus. Ebensowenig die Informationen über die im Arbeitsbereich entstandenen Folgen defekter Elektrotechnik! Fatale rechtliche Folgen entstehen für den, dessen Beschäftigte auf Grund einer unterlassenen Prüfung zu Schaden oder sogar ums Leben kommen [3].

1.8   Entstehen Mehrkosten?

Laut Gesetzgeber werden durch die BetrSichV keine messbaren Mehrkosten in der Wirtschaft entstehen. Dies wird dadurch begründet, dass die Prüfverpflichtung aufgrund der berufsgenossenschaftlichen und sonstigen Versicherungen sowie verbindlicher Regelungen schon bestanden. Das gilt ebenso für das Explosionsschutzdokument, welches in der betrieblichen Praxis ja bereits als verbindliche Maßnahme bekannt ist.

1.9   Zukunft der Betriebssicherheitsverordnung

Zahlreiche Kommissionen arbeiten an Ausführungsvorschriften. Viele Praktiker melden sich zu Wort oder haben Vorschläge. In den Normengremien werden die DIN-VDE-Normen ständig den praktischen und rechtlichen Bedürfnissen angepasst.

Aber die Mehrzahl der Betroffenen hält sich zurück oder beschäftigt sich nicht offensiv mit der Problematik. Das ist schade, denn jetzt gibt es die Chance einer Rechtsvereinfachung und derer Mitgestaltung. Nutzen wir sie also!

Neue Technische Regeln für Betriebssicherheit werden derzeit entworfen. Leider werden sie wieder länger und komplizierter. Die erste Regel zur BetrSichV, die TRBS 1203, war wohltuend einfach und sehr verständlich. Der Entwurf zur TRBS 1201 ist jedoch aus Sicht des Praktikers schlecht lesbar.

Bitte an die Verantwortlichen: Entwerft die neuen TRBS so, dass jeder (!) Praktiker sie problemlos lesen und verstehen (!) kann. Dass es geht und ihr es könnt, habt ihr ja mit der TRBS 1203 bewiesen!

Es wäre gut, wenn wir alle als Marktteilnehmer zum Entstehen der Technischen Regel mehr beigetragen würden und wir in der Lage wären, ohne Gedanken an Profilneurosen, Konkurrenz oder Ähnliches, im Dienst einer gemeinsamen Sache, der innerbetrieblichen Sicherheit, zusammenzuarbeiten.

Deshalb versteht sich dieses Buch als Anregung, über die Betriebssicherheitsverordnung (BetrSichV) nachzudenken und sich eigene Gedanken zu machen. Diese Gedanken oder Vorschläge gilt es aber auch weiterzugeben und nicht als betriebliches Geheimnis zu hüten. Arbeitschutz ist ein volkswirtschaftliches Anliegen und sollte auch so behandelt werden.

Der Autor steht gerne als Ansprechpartner für Vorschläge und Anregungen zur Verfügung.

Dieses Kapitel wird mit einem Zitat von Dieter Hildebrandt (geboren 23.05.1927) beendet, dem der Inhalt des ganzen Buchs folgt:

„Es hilft nichts, das Recht auf seiner Seite zu haben. Man muss auch mit der Justiz rechnen."

2 BetrSichV und BGV A3 (ehemals BGV A2)

Die BGV A2 wurde, wie schon erwähnt, am 1.1.2005 umbenannt in BGV A3. Der Verständlichkeit halber und um Irritationen vorzubeugen, wird durchgängig die neue Bezeichnung BGV A3 verwendet. Die BGV A3 ist nahezu identisch mit der GUV A2 für den kommunalen Bereich. Die Berufsgenossenschaft Feinmechanik und Elektrotechnik hat allerdings mit ihrer BGV A3 die Federführung.

2.1 Grundidee der BetrSichV

Die „Verordnung zur Rechtsvereinfachung im Bereich der Sicherheit und des Gesundheitsschutzes bei der Bereitstellung von Arbeitsmitteln und deren Benutzung bei der Arbeit, der Sicherheit beim Betrieb überwachungsbedürftiger Anlagen und der Organisation des betrieblichen Arbeitsschutzes" [1], kurz Betriebssicherheitsverordnung (BetrSichV), gilt für den Einsatz von Betriebsmitteln in Bereichen, in denen Menschen arbeiten. Die Verordnung gilt somit, wie schon beschrieben, für Betriebe, Unternehmen, öffentlichen Dienst, Bundeswehr, also in allen Bereichen.

Es wird also im Rahmen einer Rechtsvereinfachung eine Vielzahl von Verordnungen und Richtlinien zusammengefasst (**Bild 2.1**). Dies ist eine merkliche Vereinfachung im Dschungel deutscher Verordnungen und Vorschriften. Diese Rechtsvereinfachung ist eigentlich mehr eine Arbeitserleichterung für Juristen. Denn zeitgleich mit dem Verschwinden vieler Verordnungen steigt die Eigenverantwortung der Arbeitgeber gewaltig an.

2.2 Rechtliche Neuerungen

Die Betriebssicherheitsverordnung (BetrSichV) wurde am 3.10.2002 eingeführt. Somit ist sie jünger als die BGV A3, früher VBG 4 vom 1.4.1979. Für die meisten Praktiker ist nicht ersichtlich, was abgelöst wurde und wie die Betriebssicherheitsverordnung (BetrSichV) auszulegen ist. Denn der Vorteil der Kürze dieser Verordnung bringt den Nachteil der für Laien nicht einschätzbaren rechtlichen Auslegbarkeit mit sich. Gerade im Umgang mit elektrischen Geräten und Anlagen herrscht deshalb Unsicherheit. So wurde z. B. der Bereich der Elektrik mit keinem einzigen Wort benannt. Tatsache ist allerdings, dass in rechtlichen Teilen die Betriebssicherheitsverordnung (BetrSichV) erheblich schärfer als die BGV A3 formuliert wurde. Dies zu erläutern, bedarf der näheren Erklärung und Begriffsbestimmung.

Bild 2.1 Zusammenfluss der Verordnungen

2.2.1 Begriffsklärung von Anwendungsbereich und Arbeitsmittel

Die grundlegende Frage ist immer wieder die nach dem Geltungsbereich der Betriebssicherheitsverordnung (BetrSichV). Dazu ein Auszug aus der BetrSichV:

§ 1 Anwendungsbereich

(1) Diese Verordnung gilt für die Bereitstellung von Arbeitsmitteln durch Arbeitgeber sowie für die Benutzung von Arbeitsmitteln durch Beschäftigte bei der Arbeit.

Die Betriebssicherheitsverordnung (BetrSichV) gilt somit nicht im privaten Bereich. Sie gilt für Unternehmen und Institutionen. Eine weitere Grundbedingung ist, dass diese Unternehmen und Institutionen mindestens einen Beschäftigten haben und dieser mit Arbeitsmitteln arbeiten könnte. Sie gilt weiterhin nicht nur für Arbeitnehmer, sondern auch für alle anderen „Beschäftigten", wie z. B. Personen von anderen Unternehmen oder nicht fest angestellten Personen.

Aus § 1 ergibt sich die Frage, was der Gesetzgeber als Arbeitsmittel betrachtet? Im § 2 BetrSichV wird das Wort Arbeitsmittel definiert:

§ 2 Begriffsbestimmungen

(1) Arbeitsmittel im Sinne dieser Verordnung sind Werkzeuge, Geräte, Maschinen oder Anlagen ...

Mit § 2 der BetrSichV wird erstmalig § 2 der Arbeitsmittelbenutzungsverordnung (AMBV) genauer beschrieben. Arbeitsmittel heißt somit alles vom Kugelschreiber bis zur Fertigungsstraße. Grundbedingung wiederum ist, dass die Arbeitsmittel von Beschäftigten während der Arbeit benutzt werden.

Hier entsteht ein Verständnisproblem: Soll man wirklich ein Prüfprozedere für Kugelschreiber einführen? Dies hätte der Gesetzgeber nicht gewollt. Gleichwohl verzichtet er aber auf eine nähere Erklärung! Deshalb liegt es am Betreiber zu definieren, was er als prüfpflichtiges Arbeitsmittel betrachtet.

Vorschlag:

Geprüft werden sollten nur Arbeitsmittel, von denen Gefahren ausgehen können. Praktischerweise sollte man als untere Grenze die kraftbetätigten Arbeitsmittel betrachten. Denn die Gefährdung, die z. B. von einem Schraubenschlüssel ausgeht, ist bei sachgemäßer Benutzung sehr gering. Von einigen Stellen wird ein Prüfprotokoll für z. B. Hämmer propagiert, ohne allerdings den geprüften Hammer genauer zu kennzeichnen, sprich zu inventarisieren. Somit ist aber eine Nachweisführung im Problemfall, ob genau dieser Hammer geprüft wurde, nicht darstellbar. Man sollte „die Kirche im Dorf lassen" und Arbeitsschutz nicht so überdehnen, dass er zum Selbstzweck mutiert. Allerdings gibt es andere, meist unvermutete Problemfälle:

Wichtige, oft unterschätzte elektrische Arbeitsmittel sind Geräte der Schutzklasse III. Man denkt sich, was kann bei Schutzkleinspannung schon passieren? Vorsicht: Die elektrostatische Aufladung, beispielsweise eines Kunststoffgehäuses, kann zu Schäden an der Elektronik führen. Dadurch kann die Sicherheit des gesamten Arbeitsmittels beeinträchtigt werden. Andererseits können statische Aufladungen auch beim Berühren des Kunststoffteils durch den Beschäftigten zu körperlichen Schäden führen.

Wichtig:

Es sollte zur rechtlichen Absicherung des Betreibers in der Arbeitschutzbelehrung ausdrücklich stehen, dass defekte Arbeitsmittel nicht benutzt werden dürfen! Damit kann man Arbeitsmittel, wie z. B. Hämmer, in eine ständige Sichtprüfung einbinden. Es gilt aber wieder, dies schriftlich im Vorfeld festzulegen und in der Arbeitsschutzschulung zu verankern.

2.2.2 Auswirkung von Verstößen gegen die BGV A3

Sofern nicht gerade ein maßgeblicher Personen- oder Sachschaden entstand, fallen Verstöße gegen die BGV A3 unter den Begriff Ordnungswidrigkeit. Für viele war das „Nichtprüfen" leider ein Kavaliersdelikt. Wurde man „erwischt", hatte man schlimmstenfalls mit einer Geldbuße zu rechnen. Gleichzeitig wurde teilweise von verschiedenen Berufsgenossenschaften nicht mit Nachdruck auf die Erfüllung der BGV A3 bestanden. Dies ist die Erfahrung des Autors und wurde bei der Befragung Anfang Februar 2005 bestätigt. Dabei wurden interessanterweise Unterschiede zwischen großen und kleinen Unternehmen gemacht. Während bei großen Unternehmen mehr auf die Durchführung der BGV A3 Wert gelegt wurde, wurden kleinere Unternehmen oft nicht eindringlich genug auf die Notwendigkeit der Durchführung der Prüfung elektrischer Geräte und Anlagen hingewiesen. Dies geschah wohl oft auch aus pragmatischen Gründen, da die Geschäftsführungen größerer Unternehmen rechtlichen Belangen und daraus resultierenden Gefahren offener oder aufgeklärter gegenüberstehen.

Dies wird nun eine besondere Gefahr für die Verantwortlichen kleinerer Unternehmen, da die Rechtsprechung sich nicht an der Unternehmensgröße orientiert!

Die Qualität der Aufklärungstätigkeit der Berufsgenossenschaften hängt sehr stark am jeweiligen Aufsichtsbeamten. Unternehmen, die eine starke Berufsgenossenschaft und einen kundigen Aufsichtsbeamten haben, werden im Problemfall davon enorm profitieren. Denn es wird eine gerichtsfeste Qualität der Dokumentation vorliegen und eine funktionierende Struktur der Arbeitsschutzorganisation vorhanden sein! Wichtig: Beides hat vor Gericht einen sehr hohen Stellenwert!

Bitte immer die Berufsgenossenschaften einbinden und eine Beratung einfordern! Sie werden auf offene Ohren bei der zuständigen Berufsgenossenschaft stoßen.

2.2.3 Auswirkungen von Verstößen gegen die BetrSichV

Die §§ 25 und 26 beschreiben die rechtlichen Auswirkung von Verstößen gegen die Betriebssicherheitsverordnung (BetrSichV). Dabei ist zu beachten, dass ein Verstoß nicht unbedingt ein Delikt, also eine vollzogene strafbare Handlung, sein muss. Aber auch das „Nichtstun" kann eine vorsätzliche oder fahrlässige Handlung sein.

§ 25 Ordnungswidrigkeiten

(1) Ordnungswidrig im Sinne des § 25 Abs. 1 Nr. 1 des Arbeitsschutzgesetzes handelt, wer vorsätzlich oder fahrlässig

> *1. entgegen § 10 Abs. 1 Satz 1 nicht sicherstellt, dass die Arbeitsmittel geprüft werden*

> *2. entgegen § 10 Abs. 2 Satz 1 ein Arbeitsmittel nicht oder nicht rechtzeitig prüfen lässt oder*

> *3. entgegen § 10 Abs. 2 Satz 2 ein Arbeitsmittel einer außerordentlichen Überprüfung nicht oder nicht rechtzeitig unterzieht*

Im § 10 wird die Pflicht zur Durchführung von Prüfungen festgeschrieben. Sollte durch das Nichtprüfen Leben oder die Gesundheit von Beschäftigten gefährdet werden, wird es ein Straftatbestand! Hier ist größte Vorsicht geboten, denn gerade durch defekte elektrische Geräte und Anlagen können definitiv Menschenleben gefährdet werden. Dann würde also ein Richter wahrscheinlich sofort an § 26 denken:

§ 26 Straftaten

(1) Wer durch eine in § 25 Abs. 1 bezeichnete vorsätzliche Handlung Leben oder Gesundheit eines Beschäftigten gefährdet, ist nach § 26 Nr. 2 des Arbeitsschutzgesetzes strafbar.

(2) Wer eine in § 25 Abs. 3 bezeichnete Handlung beharrlich wiederholt oder durch eine solche Handlung Leben oder Gesundheit eines Anderen oder fremde Sachen von bedeutendem Wert gefährdet, ist nach § 17 des Gerätesicherheitsgesetzes strafbar.

Wichtig:

Gerade mit § 26 wird eine neue Qualität in die Rechtssprechung über die Prüfung von Arbeitsmitteln eingeführt. Erstmalig können Verstöße als Straftatbestand geahndet werden! In § 2 Abs. (2) steht hinter dem Wort „oder" nicht mehr „beharrlich wiederholt". Diese Formulierung wird wahrscheinlich Generationen von Rechtsanwälten Beschäftigung geben. Es reicht, wenn man buchstabengetreu liest, also schon „durch eine solche Handlung Leben oder Gesundheit eines Anderen oder fremde Sachen von bedeutendem Wert gefährdet", um in einen Straftatbestand zu kommen! Hier werden erste Urteile wohl bald Klarheit schaffen, wie der Absatz 2 zu lesen ist.

2.2.3.1 Praxisbeispiel

Der Unternehmer Herr Boss lässt für seine 1000 elektrischen Geräte und Anlagen keine Prüfungen durchführen. Dies ist ein eindeutiger Verstoß gegen BetrSichV § 25 (1) und somit eine Ordnungswidrigkeit. Schon durch die BGV A3 wurde festgelegt:

Wenn ein Verantwortlicher keine Prüfungen gemäß BGV A3 § 5 (1) für die elektrischen Geräte und Anlagen durchführen lässt, ist es gemäß BGV A3 § 9 eine Ordnungswidrigkeit.

Und die BGV A3 in seiner Vorgängerbezeichnung VBG 4 trat 1979 in Kraft!

Dabei ist es egal, ob Herr Boss von dieser Verordnung weiß oder nicht. Denn es gilt der allgemein bekannte Grundsatz: Unwissenheit schützt nicht vor Strafe!

Herr Boss gerät hierdurch in ein zweites, viel maßgeblicheres Problem: Dass er nicht prüfen lässt, kann ein Richter auch als Vorsatz auslegen. Da durch dieses eventuell vorsätzliche Handeln Menschenleben gefährdet werden könnten, kommt § 26 (1) zum Tragen. Hier liegt also der Straftatbestand des Vorsatzes vor. Das ist ein sehr ernst zu nehmender Vorwurf.

Wichtig ist, dass § 26 schon zur Geltung kommt, bevor im Unternehmen von Herrn Boss etwas passiert. Allein schon die Vermutung, dass durch seine Unterlassung, also das Nichtprüfen von Arbeitsmitteln, Menschen in Gefahr kommen können, reicht für die Abwendung von § 26 aus!

Damit beginnen die richtigen Probleme für Herrn Boss, denn das Nichtprüfen kann theoretisch somit zum Straftatbestand werden.

2.3 Inhaltliche Neuerungen

Außerhalb des rechtlichen Unterschieds gibt es mehrere inhaltliche Unterschiede **(Bild 2.2)**. Der rechtliche Unterschied wurde wegen seiner Brisanz für die Betreiber gesondert und zuerst behandelt.

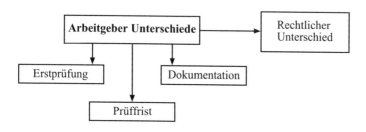

Bild 2.2 Inhaltliche Neuerungen durch die BetrSichV

2.3.1 Erstprüfung

Gemäß BGV A3 § 5 konnte man von der Pflicht zur Erstprüfung abweichen, da:

(4) Die Prüfung vor der ersten Inbetriebnahme nach Absatz 1 ist nicht erforderlich, wenn dem Unternehmer vom Hersteller oder Errichter bestätigt wird, dass die elektrischen Anlagen und Betriebsmittel den Bestimmungen dieser Unfallverhütungsvorschrift entsprechend beschaffen sind.

Die BetrSichV § 10 hingegen sagt:

(1) Der Arbeitgeber hat sicherzustellen, dass die Arbeitsmittel, deren Sicherheit von den Montagebedingungen abhängt, nach der Montage und vor der ersten Inbetriebnahme sowie nach jeder Montage auf einer neuen Baustelle oder an einem neuen Standort geprüft werden. Die Prüfung hat den Zweck, sich von der ordnungsgemäßen Montage und der sicheren Funktion dieser Arbeitsmittel zu überzeugen. Die Prüfung darf nur von hierzu befähigten Personen durchgeführt werden.

Hier bleibt von Gerichten in späteren Urteilen noch festzulegen, was der Gesetzgeber zukünftig mit „ ...Sicherheit von den Montagebedingungen ...“ meint. Theoretisch kann man davon ausgehen: Jedes elektrische Betriebsmittel wird montiert – ob beim Hersteller oder beim Kunden. Dies ist natürlich eine extreme Auslegung des Satzes und wird hoffentlich nicht zu Anwendung kommen.

Weiterhin könnte man meinen, dass eine Erstprüfung beim Hersteller genügt. Dann benötigt man allerdings das Prüfprotokoll, um eine rechtssichere und unangreifbare Nachweisführung zu haben. Wie bekommt man das Protokoll? Liefert es der Hersteller mit? Ist vielleicht eine Musterprüfung hinreichend? Sind die Prüfer beim Hersteller so kompetent, dass sie die elektrische Sicherheit für jedes von ihnen gefertigte Bauteil garantieren können? Denn es ist bekannt, dass nicht jeder Hersteller an jedem Gerät eine Endprüfung durchführt! Deswegen muss der § 4 BetrSichV „Anforderungen an die Bereitstellung und Benutzung der Arbeitsmittel" genauer betrachtet werden:

§ 4 BetrSichV

(1) Der Arbeitgeber hat die nach den allgemeinen Grundsätzen des § 4 des Arbeitsschutzgesetzes erforderlichen Maßnahmen zu treffen, damit den Beschäftigten nur Arbeitsmittel bereitgestellt werden, die für die am Arbeitsplatz gegebenen Bedingungen geeignet sind und bei deren bestimmungsgemäßer Benutzung Sicherheit und Gesundheitsschutz gewährleistet sind. Ist es nicht möglich, die Sicherheit und den Gesundheitsschutz der Beschäftigten in vollem Umfang zu gewährleisten, hat der Arbeitgeber geeignete Maßnahmen zu treffen, um eine Gefährdung so gering wie möglich zu halten. Die Sätze 1 und 2 gelten entsprechend für die Montage von Arbeitsmitteln, deren Sicherheit vom Zusammenbau abhängt.

(3) Der Arbeitgeber hat sicherzustellen, dass Arbeitsmittel nur benutzt werden, wenn sie gemäß den Bestimmungen dieser Verordnung für die vorgesehene Verwendung geeignet sind.

Gerade Absatz (3) ist dehnbar. Ein gekauftes Gerät kann theoretisch auch kaputt sein, man muss zumindest damit rechnen. Wird ein Beschäftigter durch dieses Arbeitsmittel geschädigt, könnte (3) zu Anwendung kommen, da man vorher nicht die Sicherheit geprüft hat. Denn auch oder gerade die Sicherheit ist ein Merkmal für den bestimmungsgemäßen Einsatz.

Weiterhin fordert der Absatz (1) mit der Aussage: *... hat der Arbeitgeber geeignete Maßnahmen zu treffen, um eine Gefährdung so gering wie möglich zu halten ...,* zum Mitdenken auf. Eine Erstprüfung ist eine sehr sichere und gut beweisbare Maßnahme zur Gefahrenabwehr.

Wie das Gerichte zukünftig sehen werden, wird sich zeigen. Empfohlen wird eindeutig, da es kein großer Aufwand für die Sicherheit ist, eine Erstprüfung vorzunehmen. Damit ist man garantiert auf der rechtlich sicheren Seite.

2.3.1.1 Praxisbeispiel:

Ein Unternehmen kauft neue Büroleuchten für die Schreibtische. Bei der Aufstellung und Inbetriebnahme einer der Leuchten fiel dem sachkundigen Elektriker etwas Eigenartiges auf. Bei der Überprüfung stellte er fest, dass der Schutzleiter und ein aktiver Leiter in der Leuchte zusammengeschlossen waren! Als er beim Hersteller nachfragte, sagte man ihm, dass so etwas selten sei, aber vorkommen könne. Denn es werde nur jede zehnte Leuchte gemäß Qualitätssicherung kontrolliert.

Eine CE-Kennzeichnung oder ein VDE-Zeichen in Verbindung mit einer nicht 100%igen Qualitätskontrolle kann also nicht für die Sicherheit des Betreibers bürgen! Demzufolge darf man nicht zwangsläufig davon ausgehen, dass eine CE-Kennzeichnung oder ein VDE-Zeichen für die Sicherheit eines Arbeitsmittels genügt, denn das widerspräche § 4 BetrSichV.

Hier kommt das CE-Zeichen in die Diskussion. Es gib nach wie vor den Irrglauben, das CE-Zeichen bürge für Sicherheit. Nein. Dem ist nicht so! Das CE-Zeichen sagt nur aus, dass für ein Produkt die Konformität mit verschiedenen Normen erklärt wurde. Und bei der Einführung oder Prüfung eines Produkts prüfen wir nicht auf Normen, sondern auf Sicherheit. Die Normen können dazu dienen, die Sicherheit zu unterstützen, aber sie ersetzen das eigene Nachdenken nicht!

Empfehlung:

Jedes neue elektrische Arbeitsmittel sollte unabhängig von allen Diskussionen eine Erstprüfung erhalten. Nur so kann eine optimale Rechtssicherheit gewährleistet werden. Wichtig: Nicht an der falschen Stelle sparen! Der Inhalt der Erstprüfung, es kann auch als Eingangsprüfung bezeichnet werden, muss durch den Betreiber definiert werden, wenn der Hersteller nichts festgelegt hat.

2.3.2   Dokumentation

Ein weiterer Unterschied ist die vorgeschriebene Dokumentation. Die BGV A3 schreibt im § 5:

(3) Auf Verlangen der Berufsgenossenschaft ist ein Prüfbuch mit bestimmten Eintragungen zu führen.

Hier besteht kein ausdrücklicher Zwang zur schriftlichen Dokumentation! Es sei denn, die Berufsgenossenschaft hat es verlangt. Auch liegt es im Ermessen der Berufsgenossenschaft, was Inhalt der Eintragungen sein soll. Denn es werden nur „bestimmte Eintragungen" verlangt. Aber: Ein verantwortungsvoller Prüfer, der sich seiner Sorgfaltspflicht voll bewusst ist, hat schon immer aus Gründen der Gefahrenabwehr dokumentiert. Der Gesetzgeber hat sich in der Betriebssicherheitsverordnung klarer ausgedrückt. Im § 11 der BetrSichV steht ausdrücklich:

... der Arbeitgeber hat die Ergebnisse der Prüfungen nach § 10 (Pflicht zur Prüfung) aufzuzeichnen ... .

Empfehlung:

Eine praktikable und sinnvolle Art der Dokumentation schafft Rechtssicherheit! Beispiele für Protokolle enthält der Anhang.

Ob die Messwerte dokumentiert werden müssen, wird sich noch zeigen. Derzeit liegen keine richterlichen Entscheidungen vor. Um auf Nummer sicher zu gehen, sollte man dennoch dokumentieren.

Ein anderer Weg zur vereinfachten Dokumentation wird derzeit von Herrn Dipl.-Ing. Bödeker entwickelt. Grundansatz ist, den Aufwand bei manuellen Messungen zu reduzieren. Inwieweit dieser Weg rechtssicher sein wird, ist noch zu beweisen. Derzeit sind keine Aussagen möglich, da das Konzept gerade erarbeitet wird (Sachstand Mai 2005).

2.3.3 Prüffristen

Die Prüffristen sind das zeitliche Intervall von der vorherigen zur nächsten Prüfung. Die BGV A3 § 5 sagt im Absatz (1):

... die Fristen sind so zu bemessen, dass entstehende Mängel, mit denen gerechnet werden muss, rechtzeitig festgestellt werden. ...

Zusätzlich gibt es im Anhang der BGV A3 Tabellen mit den vorgeschlagenen Prüffristen. Mittels einer 2-%-Regelung können die Prüffristen bereichsbezogen erhöht oder verringert werden. Die BetrSichV wird erheblich konkreter und verlangt im Paragraphen über die Gefährdungsbeurteilung (BetrSichV § 3):

(3) Für Arbeitsmittel sind insbesondere Art, Umfang und Fristen erforderlicher Prüfungen zu ermitteln. ...

Es muss also die Prüffrist über eine Gefährdungsbeurteilung ermittelt werden. Wichtig: Es gibt keine andere rechtlich korrekte Möglichkeit, die Prüffrist zu ermitteln!

Die Vorschläge der BGV A3 können als Richtwerte herangezogen werden. Wenn man allerdings diese Richtwerte verwenden will, so müssen sie mit einer Gefährdungsbeurteilung bestätigt werden. Eine einfache Übernahme der Richtwerte gemäß der Begründung „das war schon immer so, und wir verwenden es einfach so weiter" widerspricht somit § 3 BetrSichV.

2.4 Prüfer für elektrische Geräte und Anlagen

Wer darf eigentlich die elektrischen Anlagen und Geräte prüfen? In der Praxis kursieren verschiedene Varianten. Zur Klärung wird hier die BetrSichV zitiert. Die BetrSichV sagt im § 2 (7) Folgendes:

(7) Befähigte Person im Sinne dieser Verordnung ist eine Person, die durch ihre Berufsausbildung, ihre Berufserfahrung und ihre zeitnahe berufliche Tätigkeit über die erforderlichen Fachkenntnisse zur Prüfung der Arbeitsmittel verfügt.

Hier setzt die Berufsausbildung, Qualifikation und die praktische Erfahrung des Elektrotechnikers an. Berufsfremde Personen dürfen also nicht zur Prüfung elektrischer Geräte eingesetzt werden! Aber nur ein Weiterbildungskurs alleine reicht nicht zur vollen Übernahme der Verantwortung (wichtig für den Auftraggeber!) aus. Das ist aber nichts Neues, die BGV A3 setzt gleiche Kriterien. Allerdings muss man die Begriffe vorher festlegen:

Eine „Befähigte Person zur verantwortlichen Prüfung elektrischer Geräte und Anlagen" **(Bild 2.3)** gemäß BetrSichV ist gleichbedeutend der „Verantwortlichen Elektrofachkraft" gemäß BGV A3. Denn: Die BetrSichV hat mit der sehr groben Definition des Begriffs der „Befähigten Person" Verunsicherung bei Praktikern erzeugt. Ist die „Elektrotechnisch unterwiesene Personen" auch eine „Befähigte Person"? Wenn ja, wo ist dann der Unterschied zur „Verantwortlichen Elektrofachkraft"?

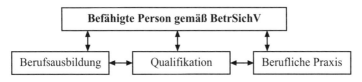

Bild 2.3 Befähigte Person gemäß BetrSichV

Vorschlag zur Abhilfe:

Die „Befähigte Person" sollte immer mit einer möglichst genauen Bezeichnung ihrer Befähigung versehen werden. Eine „Elektrotechnisch unterwiesene Personen" könnte „Befähigte Person für die Prüfung elektrischer Geräte unter Anleitung" genannt werden.

Im Kapitel „Checklisten" und auf der CD-ROM sind Vorschläge für Bestellformulare zu finden.

Wichtig:

Gemäß BGV A3 dürfen auch Unterwiesene Personen prüfen, aber nur unter Aufsicht einer Verantwortlichen Elektrofachkraft. Denn für die BGV A3 gilt, dass die Verantwortung nur bei der „Verantwortlichen Elektrofachkraft" liegt. Ist keine im Unternehmen vorhanden, tritt der Betreiber haftungsmäßig an deren Stelle!

Um den exakten Stellenwert der „Befähigten Person" genauer zu definieren, muss § 3 BetrSichV tiefer analysiert werden:

(3) ... Ferner hat der Arbeitgeber die notwendigen Voraussetzungen zu ermitteln und festzulegen, welche Voraussetzungen die Personen erfüllen müssen, die von ihm mit der Prüfung oder Erprobung von Arbeitsmitteln zu beauftragen sind.

Dies ist eine sehr wichtige Textstelle im Gesetz! Bei einer Auftragsvergabe, egal ob intern oder extern, muss sich der Betreiber über den Prüfer und dessen Qualifikation Gedanken machen. Denn man darf nicht zwangsläufig davon ausgehen, dass derjenige „es schon kann"!

Dieser gedankliche Ansatz würde gegen die notwendigen Sorgfaltspflichten eines Unternehmens oder einer Institution gemäß Bürgerlichem Gesetzbuch verstoßen. Man muss zur Absicherung des Betreibers folgende drei Anforderungen an den zukünftigen Prüfer stellen:

- Berufsausbildung eines Elektrotechnikers oder artverwandter Berufe?
- Qualifikation für die Prüfung der Arbeitsmittel vorhanden (Schulung über BG, TÜV etc.)?
- Praktische Erfahrung für die Prüfung vorhanden? Wird regelmäßig weitergebildet?

Dieses Auswahlverfahren muss schriftlich dokumentiert werden. Dann gibt es im Problemfall keine Beweisschwierigkeiten vor Gericht.

Tipp vom Sachverständigen:

Im Kapitel „Checklisten" und auf der CD-ROM befindet sich ist eine Checkliste über ein mögliches Auswahlverfahren für einen zukünftigen Prüfer elektrischer Geräte und Maschinen. Bitte ebenfalls dokumentieren, im Falle einer späteren Beweisführung!

Wichtig für die Fremdvergabe:

Haftung ist nicht delegierbar! Wenn Arbeiten fremdvergeben werden, so muss man aus Sorgfaltsgründen den Auftragnehmer so auswählen, dass er den Kriterien zur Bestellung der „Befähigten Person" genügt. Nur so kann sich der Auftrageber bestmöglich absichern, da er als Betreiber von Arbeitsmitteln in letzter Konsequenz immer dafür haftet (vgl. Haftung).

Leider interpretieren Vergeber von öffentlichen Aufträgen immer wieder Folgendes falsch: Nicht der billigste Anbieter sollte den Auftrag bekommen, sondern der günstigste Anbieter. Dabei muss die rechtliche Absicherung auch beachtet werden, da sonst der öffentliche Dienstherr als Betreiber der Arbeitsmittel in die strafrechtliche Verantwortung gezogen wird.

2.4.1.1 Beispiel

Das Straßenverkehrsamt in Musterstadt will zukünftig selbst prüfen. Da alle Ämter dem staatlichen Sparzwang unterliegen, will man möglichst günstig arbeiten. Es werden Kostenvoranschläge über Messgeräte eingeholt. Der günstigste Anbieter wird eingeladen.

Der Messgeräteverkäufer Herr Egal stellt allerdings schnell fest, dass im ganzen Amt kein Elektrotechniker vorhanden ist. Auf seine Nachfrage, wer denn prüfen soll, wird ihm vom Amtsleiter Herrn Gewissenhaft gesagt, dies solle der Hausmeister machen.

Herr Egal sieht seine Verkäufe in Gefahr und erklärt Folgendes: Man könne den Hausmeister zur „Elektrotechnisch unterwiesenen Personen" schulen, denn in den Durchführungsbestimmungen der BGV A3 steht:

Stehen für die Mess- und Prüfaufgaben geeignete Mess- und Prüfgeräte zur Verfügung, dürfen auch elektrotechnisch unterwiesene Personen prüfen.

Zudem habe er zufällig ein Messgerät dabei, das diesen Anforderungen genügt. Dabei packte Herr Egal ein Messgerät mit einer sogenannte „Rot-Grün"-Anzeige aus, bei denen keine Messwerte angezeigt werden, sondern nur, ob ein Prüfling im Grenzwertbereich ist oder nicht.

Der Amtsleiter Herr Gewissenhaft gerät in große Gefahr! Herr Egal hätte mit dem Zitat aus dem Anhang der BGV A3 recht, wenn er vollständig zitieren würde. Es fehlte:

..., dürfen auch elektrotechnisch unterwiesene Personen unter Leitung und Aufsicht einer Elektrofachkraft prüfen.

Mit anderen Worten:

Wenn nur eine „Elektrotechnisch unterwiesene Person" prüft und keine Elektrofachkraft (welche ein Elektrotechniker sein muss) vorhanden ist, haftet der Vorgesetzte (vgl. Haftung) für die Durchführung der Prüfung. Denn er ist für die Organisation der Prüfungen zuständig.

Herr Gewissenhaft würde, obwohl er von der Elektrotechnik und der Gefährdung durch elektrischen Strom keine Ahnung hat, mit in der Haftung stehen.

Zudem steht in keinem Gesetzestext, dass ein Messgerät mit einer „Rot-Grün-Anzeige" ein „geeignetes" Messgerät ist. Diese Formulierung kommt aus dem Marketing einiger Messgerätehersteller.

Damit wird den Kunden kein Gefallen getan, denn eine Rechtssicherheit ist nicht gewährleistet. Bitte nicht solche Messgeräte verwenden!

Konzept der zukünftigen Technischen Regel für Betriebssicherheit TRBS 1201

Die Technische Regel für Betriebssicherheit TRBS 1201 „Prüfungen von Arbeitsmitteln und überwachungsbedürftigen Anlagen" soll 2007 verabschiedet werden.

Achtung: Die Anwendung einer Technischen Regel oder DIN VDE befreit nicht von der persönlichen Haftung!

Die zukünftige TRBS 1201 schließt alle Arbeitsmittel ein. In diesem Band der VDE-Schriftenreihe werden allerdings nur die elektrischen Arbeitsmittel betrachtet. Diese finden in der TRBS 1201 jedoch nur geringe Beachtung. Darüber hinaus gibt es auch zur BetrSichV widersprechende Aussagen.

Beispiel: Es wird eine Prüffrist von nur einem Jahr als Höchstfrist für ortsveränderliche Arbeitsmittel angesetzt. Für ortsfeste Arbeitsmittel werden dagegen maximal vier Jahre angesetzt, was bei weitem praxisnäher ist.

Damit würde die in der BetrSichV geforderte und sehr fortschrittliche Gefährdungsbeurteilung unterlaufen. Getreu dem alten Motto: „Bloß nicht denken, dafür handeln."

Den Verantwortlichen der TRBS 1201 sei hierzu gesagt: Das ist rückschrittlich! Denn nun werden beispielsweise alle PC schlagartig zu ortsfesten Arbeitsmitteln erklärt und nur noch alle vier Jahre geprüft. Dabei ist der allseits bekannte Kaltgerätestecker wohl eine beliebte Fehlerquelle!

Ortsveränderliche und ortsfeste Arbeitsmittel

Diese Begriffe sind in der BetrSichV nicht mehr zu finden. Gleichwohl sind diese Begriffe aber in der TRBS 1201 vorhanden, jedoch ohne sie genauer zu definieren. Der Praktiker weiß: Es gibt verschiedene Auslegungsvarianten dieser Begriffe. Wie also damit umgehen?

Ob ortsfeste oder ortsveränderliche Arbeitsmittel, es steht fest, sie müssen geprüft werden. Dabei variiert die anzuwendende Norm, nicht aber die Notwendigkeit der Prüfung auf Sicherheit!

In vielen Unternehmen werden nur die ortsveränderlichen Arbeitsmittel, die so genannten Handgeräte, geprüft. Aber die Drehmaschine, das Rolltor oder der Fahrstuhl sind auch Arbeitsmittel. Alles, was im Arbeitsleben mit den Beschäftigten bei der Arbeit in Berührung kommen kann, sind Arbeitsmittel. Sie müssen also betrachtet werden. Und der Großteil ist in irgendeiner Art und Weise elektrifiziert!

„Normale" Arbeitsmittel

Dieser Bereich umfasst alle Arbeitsmittel außer den überwachungsbedürftigen Anlagen. Also alle Prüfungen nach § 3 Abs. 3 BetrSichV und nach § 10 BetrSichV. Es gibt einen Sollzustand und einen Istzustand.

Ordnungsprüfungen

Die Ordnungsprüfung definiert die organisatorischen Fragen:

- Sind die erforderlichen Unterlagen vorhanden?
- Sind die erforderlichen Unterlagen logisch bzw. sachlich richtig?
- Ist schon eine Gefährdungsbeurteilung durchgeführt worden?
- Wenn ja, ist sie relevant, oder muss sie überarbeitet werden?
- Gibt es von den Behörden Auflagen hinsichtlich der technischen Prüfungen?

Wenn diese Punkte geklärt sind, kann die technische Prüfung erfolgen.

Technische Prüfungen

Nichts Neues für den Praktiker! Denn jetzt werden die sicherheitstechnischen Merkmale des Arbeitsmittels untersucht. Die Verfahren dazu sind arbeitsmittelspezifisch festzulegen. Das sind:

- Sichtprüfung
- elektrische Prüfung
- Funktionsprüfung

Sichtprüfung

Die Sichtprüfung besteht aus dem optischen und akustischen Erkennen von Ungeregelmäßigkeiten, Fehlern oder Mängeln. Die Sichtprüfung untersucht immer ein Arbeitsmittel von außen, also ohne einen Eingriff!

Beispiel:

- Gehäuse beschädigt?
- Zugentlastung funktionsfähig?
- Alle sicherheitsrelevanten Aufschriften lesbar?

Elektrische Prüfung

Die elektrischen Prüfungen sind zum Beispiel nach den aktuellen DIN-VDE-Normen durchzuführen. Man könnte auch theoretisch auf eigene und andere Weise prüfen, wären dann aber in der Beweispflicht, dass die eigenen Prüfungen im Problemfall mindestens genauso gut sind wie die der anwendbaren DIN-VDE-Normen!

Beispiel:

- DIN VDE 0701
- DIN VDE 0702
- DIN VDE 0751

Funktionsprüfung

Hier ist zu prüfen, ob das Arbeitsmittel seinem Zweck gemäß einsetzbar ist. Also anschalten und prüfen, ob sich das Arbeitsmittel erwartungsgemäß verhält.

Hinweis:

Unterstützend und sehr fortschrittlich sind permanent überwachende Messsysteme (zum Beispiel Schutzleiterüberwachung). Achtung: Sie ersetzen aber nicht vollständig die elektrische Prüfung!

Aufzeichnungspflicht

Die zukünftige TRBS 1201 sagt, es bestehe keine Aufzeichnungspflicht, wenn unterwiesene Personen prüfen.

Sehr wichtig: Auch wenn in der später gültigen Technischen Regel die Art der Dokumentation aufgeweicht, sehr vereinfacht oder gar nicht gefordert wird:

Vor Gericht steht man spätestens im Zivilverfahren in der Beweislast. Das heißt, Prüfer und Betreiber müssen beweisen, was sie getan oder nicht getan haben. Hier hilft nur eine gute Dokumentation! Das ist langjährige gerichtliche Erfahrung!

Sich darauf zu berufen, dass eine Technische Regel etwas nicht verlangt, ist vor Gericht wahrscheinlich nicht relevant.

Es gilt immer der Stand der Technik: Denn man muss alles tun, um eine Gefahr abzuwenden. Und mit den heutigen technischen Hilfsmitteln wie Messgeräten oder Software ist eine ausführliche Dokumentation definitiv Stand der Technik – und demzufolge anzuwenden!

Denn auch Technische Regeln können falsch sein. Beweis:

Die Berücksichtigung des technischen Regelwerks allein schließt eine Haftung nicht aus!
OLG Hamm (AZ 19 U 113/02 – nicht veröffentlicht)

Überwachungsbedürftige Arbeitsmittel

Als überwachungsbedürftige Anlage nach § 1 Abs. 2 Satz 1 Nr. 3 BetrSichV sind alle Geräte, Schutzsysteme oder Sicherheitseinrichtungen sowie Kontroll- und Regelvorrichtungen zu bezeichnen. Dem Explosionsschutz muss besondere Aufmerksamkeit gewidmet werden, da ungeeignete Arbeitsmittel in Explosionsschutzzonen maßgebliche Schäden verursachen können.

Ordnungsprüfungen

Bei der Ordnungsprüfung wird Folgendes festgestellt:

- Sind die erforderlichen Unterlagen vorhanden und vollständig?
- Sind die Unterlagen logisch bzw. sachlich richtig?
- Ist schon eine Gefährdungsbeurteilung durchgeführt worden?
- Wenn ja, ist sie relevant, oder muss sie überarbeitet werden?
- Gibt es veränderte Einsatzbedingungen?
- Gibt es von den Behörde Auflagen hinsichtlich der technische Prüfungen?
- Sind die Prüfparameter festgelegt?
- Liegen Prüfergebnisse der letzten wiederkehrenden Prüfungen vor?
- Liegt eine CE-Kennzeichnung (Anschaffung nach 1995) vor?
- Betriebsanleitungen des Herstellers?
- Ausnahmegenehmigungen?
- Prüfbücher?

Technische Prüfungen

Auch bei den überwachungsbedürftigen Arbeitsmitteln gelten dieselben Grundregeln wie bei anderen Arbeitsmitteln:

- Sichtprüfung plus Detailprüfung

- elektrische Prüfung
- Funktionsprüfung

Sichtprüfung

Die Sichtprüfung besteht auch hier aus dem optischen und akustischen Erkennen von Ungeregelmäßigkeiten oder Fehlern.

Beispiel:

- Warnaufschriften vorhanden?
- Erdung in Ordnung?
- Gehäuse nicht beschädigt?
- Keine unnormalen Lagergeräusche?
- Keine überhitzten Lager?

Detailprüfung

Die Detailprüfung kann zusätzlich zur Sichtprüfung gezielt nach Fehlern suchen, die nur durch Eingriffe oder spezielle Erfahrungen zu erkennen sind.

Beispiel:

- Öffnen des Gehäuses, wenn dort eine Schwachstelle vermutet wird, zum Beispiel Korrosionsschäden

Elektrische Prüfung

Die elektrische Prüfung ist gemäß den geltenden DIN-VDE-Normen durchzuführen. Dabei ist die Eignung der Arbeitsmittel hinsichtlich der Explosionsschutzzone zu beachten! Achtung: Das Explosionsschutzdokument muss vorliegen!

Beispiel:

- DIN VDE 0701
- DIN VDE 0702

Funktionsprüfung

Auch hier gilt: Was nützt das sicherste Arbeitsmittel, wenn es nicht funktioniert?

- Prüfung der sicheren Funktion für Schutzsysteme
- Prüfung der sicheren Funktion von Sicherheits-, Kontroll- und Regelvorrichtungen
- Prüfung der Lüftungseinrichtungen

Erstprüfung (Inbetriebnahme)

Achtung: In diesem Bereich ist die Erstprüfung Pflicht!

Bei diesen Prüfungen gemäß § 14 BetrSichV sind zu prüfen:

- Arbeitsmittel, Schutzsysteme und Sicherheits-, Kontroll- oder Regelvorrichtungen

- auf ordnungsgemäße Zündquellenfreiheit in der Prozessumgebung
- Verbindungselemente auf Zustand und deren Installation auf Explosionssicherheit
- sicherheitsrelevante Wechselwirkungen zwischen Arbeitsmitteln, Schutzsystemen, Sicherheits-, Kontroll- oder Regelvorrichtungen und den Verbindungselementen

Beispiele:

- Verlegeart der Kabel
- Überspannungs- und Blitzschutz
- Potentialausgleich

Aufzeichnungspflicht

Hier besteht eine Aufzeichnungspflicht. Allerdings ist die Formulierung: „Prüfungen können auch in Form einer Prüfplakette oder im elektronischen System erfolgen" sehr irreführend.

Also was nun? Soll dokumentiert werden, oder reicht eine Prüfplakette? Auch hier gilt:

Vor Gericht muss man beweisen können, was man getan oder nicht getan hat. Hier hilft nur die Dokumentation!

2.4.2 Technische Regel für die Betriebssicherheit TRBS 1203

Seit dem 18. November 2004 gibt es eine neue Technische Regel [4]. Technische Regeln (TRBS) geben dem Stand der Technik, der Arbeitsmedizin und der Hygiene entsprechende Regeln und sonstige gesicherte arbeitswissenschaftliche Erkenntnisse für die Bereitstellung und Benuzung von Arbeitsmitteln sowie überwachungsbedürftiger Anlagen wieder. Diese TRBS werden vom Ausschuss für Betriebssicherheit ermittelt und vom Bundesministerium für Wirtschaft und Arbeit im Bundesarbeitsblatt bekannt gegeben.

Die Technischen Regeln konkretisieren die Betriebssicherheitsverordnung hinsichtlich der Ermittlung und Bewertung von Gefährdungen sowie der Ableitung von geeigneten Maßnahmen. Bei Anwendung der beispielhaft genannten Maßnahmen kann der Arbeitgeber insoweit die Vermutung der Einhaltung der Vorschrift der Betriebssicherheitsverordnung für sich geltend machen. Wählt der Arbeitgeber eine andere Lösung, hat er die gleichwertige Erfüllung der Verordnung schriftlich nachzuweisen.

Der Arbeitgeber darf also nur befähigte Personen mit der Prüfung von Arbeitsmitteln auf Grundlage der Gefährdungsbeurteilung nach § 3 BetrSichV beauftragen. Es werden nachfolgend die Anforderungen des § 2 (7) BetrSichV näher erklärt.

2.4.2.1 Berufsausbildung

Die Befähigte Person muss eine Berufsausbildung abgeschlossen haben, die es ermöglicht, ihre beruflichen Kenntnisse nachvollziehbar festzustellen. Die Feststellung soll auf Berufsabschlüssen und vergleichbaren Nachweisen beruhen.

Bemerkung:

Auch die TRBS 1203 wird nicht sehr konkret. Hier ist Spielraum vorhanden, wenn der Arbeitgeber es im Vorfeld nachvollziehbar schriftlich dokumentiert.

2.4.2.2 Berufserfahrung (Qualifikation)

Berufserfahrung setzt voraus, dass die Befähigte Person eine nachgewiesene Zeit im Berufsleben praktisch mit Arbeitsmitteln umgegangen ist. Dabei hat sie genügend Anlässe kennen gelernt, die Prüfung auszulösen, zum Beispiel im Ergebnis der Gefährdungsbeurteilung oder aus arbeitstäglicher Beobachtung

Bemerkung:

Auch hier gilt, immer dokumentieren!

2.4.2.3 Zeitnahe praktische Tätigkeit

Eine zeitnahe praktische Tätigkeit im Umfeld der anstehenden Prüfungen des Prüfgegenstands und eine angemessene Weiterbildung sind unabdingbar. Die Befähigte Person muss Erfahrungen in der Durchführung der anstehenden Prüfung oder vergleichbarer Prüfungen gesammelt haben. Die befähigte Person muss über Kenntnisse zum Stand der Technik hinsichtlich des zu prüfenden Arbeitsmittels verfügen.

Bemerkung:

Erst üben, dann prüfen lassen. Und eine Weiterbildung muss ermöglicht sein.

2.4.2.4 Weisungsfreistellung

Die Befähigte Person unterliegt bei ihrer Prüftätigkeit keinen fachlichen Weisungen und darf deswegen nicht benachteiligt werden.

Hinweis:

Hier hat der Ausschuss ganze Arbeit geleistet. Die Weisungsfreistellung ist rechtlich sehr wichtig für Arbeitgeber und Befähigte Person. Im Kapitel „Checklisten" gibt es dafür Beispiele.

2.4.3 Weitere fachliche Anforderungen an den Prüfer

Es werden besondere fachliche Anforderungen an eine Befähigte Person (Prüfer) gestellt [3].

2.4.3.1 Qualifikation des Prüfers

Kenntnisse, die sicherstellen, dass die Prüfungen an den im Unternehmen vorhandenen elektrischen Geräten und Maschinen ordnungsgemäß durchgeführt werden. Dazu genügen in der Regel, wie schon bekannt:

- abgeschlossene Berufsausbildung oder gleichwertige Kenntnisse
- elektrotechnisch unterwiesene Person
- Ausbildung hinsichtlich des Prüfens entsprechend den Anforderungen an eine Elektrofachkraft für festgelegte Tätigkeit

Weiterhin:

- Erfahrungen beim Prüfen aus der Zusammenarbeit mit einer Elektrofachkraft beim Prüfen aller im Unternehmen vorhandenen Arten/Typen elektrischer Geräte
- Einweisung in die Prüfaufgabe durch den verantwortlichen Prüfer, ständige aktualisierende Unterweisungen
- Erfahrungen im Umgang mit technischen Werkzeugen und technischen Geräten
- Einweisung in die Softwareumgebung (wenn vorhanden)

2.4.3.2 Wissen, das der Prüfer haben muss und umsetzen kann

- Grundanliegen der Betriebssicherheitsverordnung, der Unfallverhütungsvorschriften und der anderen gesetzlichen Vorgaben
- Grundkenntnisse über Schutzmaßnahmen, Schutzklasse, Schutzart
  Grundkenntnisse über den Aufbau elektrischer Geräte sowie ihrer Funktion und der Wirksamkeit der Schutzmaßnahmen an diesen Geräten
- Kenntnisse über die Besonderheiten der zu prüfenden Geräte (z.B. Hitze, Druck) und den dadurch notwendigen besonderen Umgang mit diesen Geräten (nach Prüfanweisung!)
- Kenntnisse über Abweichungen vom üblichen Prüfablauf bzw. der üblichen Bewertung bei bestimmten Geräten (nach Prüfanweisung!)
- Kenntnisse über Grundanliegen, Aufbau und Inhalt der Normen DIN VDE 0701/0702/0113 etc.
- Grundkenntnisse über Funktionsablauf und Prüfverfahren der übergebenen Prüfgeräte **(Bild 2.4)**
- Kenntnisse über die Gefährdungen durch Elektrizität, ausführliche Kenntnisse der Gefährdungen beim Prüfen, ihrer Ursachen und das zu ihrer Abwehr nötige Verhalten
- Grundkenntnisse über die Datenverarbeitung bei Verwendung einer Software

Bild 2.4 Auswahl an Messgeräten für die BetrSichV elektrischer Geräte und Maschinen

Anmerkung: Das Vorhandensein dieses Wissens ist vom verantwortlichen Prüfer zu kontrollieren und zu bestätigen. Dazu die Checklisten benutzen!

2.4.3.3 Arbeiten, die der Prüfer ausführen muss

- Abarbeiten und striktes Einhalten der vorgegebenen Arbeits- bzw. Prüfanweisungen

- Identifizierung der zur Prüfung angelieferten Geräte und deren Zuordnung zu Geräteaufstellung, Prüfanweisung, Prüfgeräten u. a.

- Entscheidung über die anzuwendenden Prüfgeräte und Prüfverfahren im Rahmen der vorgegebenen Arbeits-/Prüfanweisung

- Besichtigen der von ihm zu prüfenden Geräte hinsichtlich offensichtlicher Fehler

- Erkennen von Unregelmäßigkeiten, Spuren von Fremdeingriffen, falscher Anwendung oder Überlastung an den zu prüfenden Geräten

- Anschließen der Prüflinge an die vorgegebenen Prüfgeräte

- Ablesen der Anzeigen (digital und analog) der Prüfgeräte, Beurteilen der angezeigten Werte durch Vergleich mit den Vorgaben der Prüfanweisung

- sichere Handhabung bei Verwendung einer Software

- Information in der Fachliteratur bzw. durch Fragen an den verantwortlichen Prüfer über die rechtlichen und technischen Belange der Arbeitsaufgabe

In den Checklisten am Ende des Buchs sind diese Punkte als Formular wiedergegeben. Bitte ausdrucken, ausfüllen und dem Prüfer aushändigen. Das Duplikat gehört in die Personalunterlagen!

2.5 Zusammenfassung

Die Betriebssicherheitsverordnung (BetrSichV) ist eine neue rechtliche Qualität für den Betreiber. Die wesentlichen Unterschiede zur BGV A3 sind in folgenden Punkten zu finden (**Bild 2.5**):

Unterschiede	BetrSichV	BGV A3
Pflicht zur Dokumentation	ja	nein
Pflicht zur Erstprüfung	ja	teilweise nein
Prüffristenermittlung	Gefährdungsbeurteilung	gemäß § 5 (1)
Möglicher Straftatbestand	ja	nein

Bild 2.5 Unterschiede BetrSichV zu BGV A3

Damit ist bewiesen,

- dass die BetrSichV in drei Punkten schärfer als die BGV A3 formuliert wurde
- und dass Verstöße gegen die BetrSichV eine rechtlich viel stärkere Auswirkung haben

Eine Verordnung hat weiterhin einen rechtlich höheren Stellenwert als eine Ausführungsbestimmung der Berufsgenossenschaften. Wie hart Richter Verstöße gegen die Betriebssicherheitsverordnung (BetrSichV) in Zukunft ahnden, wird die Praxis zeigen. Man sollte allerdings davon ausgehen, dass die Betriebssicherheitsverordnung (BetrSichV) in Zukunft wie ein so genanntes „Schutzgesetz" behandelt wird. Diese Schutzgesetze, wie das Arbeitsschutzgesetz (ArbSchG) oder das Arzneimittelgesetz, werden von den Richtern mit besonderer Beachtung behandelt und Verstöße dem entsprechend geahndet. Da die Betriebssicherheitsverordnung (BetrSichV) auf das Arbeitsschutzgesetz (ArbSchG) [5] aufbaut und verweist, wird sie wohl zukünftig wie ein Schutzgesetz behandelt. Dies begründet sich z. B. im gleich benannten § 3 „Gefährdungsbeurteilung" sowie in Verweisen auf § 25 „Ordnungswidrigkeit" und § 26 „Straftatbestand".

Weiterhin gilt grundsätzlich, dass vor Gericht entsprechende Sorgfalt stark entlastend wirkt. Wenn Richter erkennen, dass Beklagte sich im Vorfeld Gedanken über ihr Handeln gemacht haben, entgehen diese meist dem Vorwurf Vorsatz und grober Fahrlässigkeit.

Man könnte die Betriebssicherheitsverordnung ketzerisch sogar als eine Art Krise der Veratwortlichen verstehen, denn das Wort *Krise im Chinesischen setzt sich aus zwei Schriftzeichen zusammen – das eine bedeutet Gefahr und das andere Gelegenheit.* John F. Kennedy (29.05.1917 – 22.11.1963)

3 Haftung

3.1 Haftungsgrundlage

Um die Tragweite der rechtlichen Veränderungen durch Einführung der Betriebssicherheitsverordnung (BetrSichV) verdeutlichen zu können, muss das Thema
Haftung (**Bild 3.1**) ausführlicher behandelt werden. Viele Nichtjuristen denken,
mit Vergabe eines Auftrags sind sie mittels eines schriftlichen oder mündlichen
Vertrags aus der Haftung. Dies ist nicht immer so! Das deutsche Recht entspricht
in den seltensten Fällen dem, was ein Techniker als logisch empfinden würde.
Aber das Recht ist nachvollziehbar, wenn man sich mit einigen Rechtsgrundsätzen
beschäftigt.

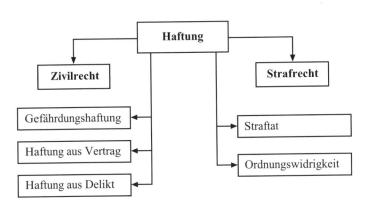

Bild 3.1 Aufteilung der Haftung

Jeder Richter erkennt es positiv an, wenn ein Beschuldigter nachweisen kann, dass
er seinen Sorgfaltspflichten nachgekommen ist. Dabei kommt es ihm zunächst nicht
so sehr auf Normen, DIN-VDE-Bestimmungen und den Stand der Technik an. Denn
ein Richter ist, das muss man sich immer vor Augen halten, Generalist. Er muss in
der Regel eine breit gefächerte Palette bedienen. Dazu gehören beispielsweise Ehe-
scheidungs- oder Erbrechtsverfahren. Zwischendurch kommen elektrotechnische
Probleme zur Entscheidung. Und das mit Technikern als Betroffene, die denken,
jeder Richter sei ein Physikprofessor und Hobbyelektroniker. Dem ist aber nicht so!

Wichtig ist es, dem Richter alles so zu erklären, dass er das Problem auch als „elektrotechnischer Laie" versteht.

Prinzipiell gilt, dass keine Haftung ohne Verschulden zustande kommt. Dies ist für jedes Straf- und Zivilverfahren eine grundlegende Aussage.

Es gibt dabei eine Ausnahme, die Gefährdungshaftung. Doch bevor die unterschiedlichen Haftungsarten näher erklärt werden, sollte zunächst gemäß Bild 3.1 die Aufteilung der Haftung in Zivil- und Strafrecht unterschieden werden.

3.1.1   Strafrecht

Das Strafrecht ergibt sich aus dem Strafrechtsanspruch des Staates. Der Staat kann aber nur bestrafen, wenn er vorher ein entsprechendes Gesetz oder eine Verordnung erlassen hat.

Es gilt der Rechtsgrundsatz: Keine Strafe ohne vorheriges klares Gebot oder Verbot mit Strafandrohung für den Fall des Verstoßes.

3.1.2   Zivilrecht

Das Zivilverfahren dient dem Interessenausgleich zwischen den Parteien. Nicht nur der Bürger, sondern auch beispielsweise der Fiskus kann Partei sein. Der Staat tritt dann wie eine Person des Privatrechts auf.

Die Zivilprozessordnung (ZPO) stellt Beweislastregeln auf, nach denen der Zivilprozess durchgeführt wird. Gibt es mehrere Personen, die gleichzeitig zur Haftung gegenüber einem Geschädigten verpflichtet sind, so haften diese grundsätzlich als Gesamtschuldner. Jeder hat im Außenverhältnis für den vollen Schaden einzustehen, im Innenverhältnis aber zu gleichen Teilen.

Wichtig:

Es gibt einen Grundsatz: Wer etwas zu seinen Gunsten behauptet, muss selbst auch den Beweis führen. Dies unterscheidet maßgeblich das Zivil- vom Strafverfahren, in dem der Staat die Rechtsverletzung zu beweisen hat.

3.1.3   Gefährdungshaftung

Eine Gefährdungshaftung tritt aufgrund gesetzlicher Sonderregelungen zum Schutz des Verbrauchers ein, wenn ein Hersteller oder Vertreiber ein fehlerhaftes Produkt in den Verkehr bringt. Dies gilt beispielsweise nach dem Produkthaftungsgesetz.

Hier ist ein Verschulden als Haftungsgrundlage, sei es aus Vorsatz oder Fahrlässigkeit, nicht mehr erforderlich.

3.1.3.1 Praxisbeispiel

Ein Unternehmen stellt Bohrmaschinen her und vertreibt diese. Ein Kunde erleidet durch einen Kurzschluss des Geräts einen Unfall. Dabei ist es egal, ob es ein gewerbsmäßiger oder privater Kunde war. Ein Sachverständiger untersucht die Bohrmaschine. Stellt er fest, dass ein Material- oder Konstruktionsfehler vorliegt, haftet der Hersteller.

Um solchen Problemen vorzubeugen, muss jeder Hersteller eine CE-Konformitätserklärung für seine Produkte vorweisen. Eine solche CE-Kennzeichnung schützt nicht vor der Gefährdungshaftung. Sie stellt vielmehr eine Verfahrensanweisung dar, mit der der Hersteller oder Inverkehrbringer die Produkte auf Sicherheit überprüfen und dies auch dokumentieren kann.

3.1.4 Haftung aus Vertrag

Voraussetzung einer Haftung aus Vertrag ist immer das Zustandekommen eines Vertrags zwischen zwei oder mehreren Parteien. Verstößt eine oder mehrere Parteien gegen Inhalte des Vertrags, so tritt ein sogenannter Haftungsfall ein. Es werden im Bereich der Betriebssicherheitsverordnung (BetrSichV) zwei verschiedene Vertragsformen (**Bild 3.2**) häufiger auftreten.

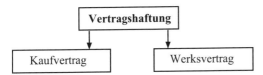

Bild 3.2 Vertragshaftung

Wird etwas gekauft, so kommt ein Kaufvertrag zustande. Wenn etwas hergestellt oder ein Werk erbracht wird, so kommt Werkvertragsrecht zur Anwendung. In beiden Fällen gilt, dass, wenn die vertraglichen Pflichten schuldhaft verletzt oder sie auch nur mangelhaft erfüllt werden, Schadensersatz verlangt werden kann. Wie dieser Schadensersatz im konkreten Fall aussieht, ob Nachbesserung, Preisnachlass oder Ähnliches verlangt werden kann, ist eine Detailfrage.

3.1.4.1 Praxisbeispiel

Ein Unternehmen kauft eine Rollenbahn beim Hersteller und lässt sie von einem Handwerksbetrieb aufbauen und einrichten. Es kommt mit dem Hersteller ein Kaufvertrag zustande und mit dem Handwerker ein Werksvertrag. Funktioniert die Rollenbahn nicht oder nicht richtig, so muss ermittelt werden, welcher Vertragspartner seine Pflichten verletzt hat. Es werden oft Sachverständige eingeschaltet. Sie klären, ob die Rollenbahn bei Lieferung mangelhaft war oder ob bei der Aufstellung fehlerhaft montiert wurde.

3.1.5 Haftung aus Delikt

Dieser Bereich ist besonders bei Verstößen gegen die Betriebssicherheitsverordnung (BetrSichV) zu beachten. Ein Delikt kann auch eine Straftat sein. Um den haftungsmäßigen Deliktsbegriff näher zu definieren, wird das Bürgerliche Gesetzbuch (BGB) [6] herangezogen.

§ 823 Abs. 1 BGB

Wer vorsätzlich oder fahrlässig das Leben, den Körper, die Gesundheit, die Freiheit, das Eigentum oder ein sonstiges Recht eines anderen widerrechtlich verletzt, ist dem anderen zum Ersatz des daraus entstehenden Schadens verpflichtet.

§ 823 Abs. 2 BGB

Dieselbe Verpflichtung trifft denjenigen, der gegen ein den Schutz eines anderen bezweckendes Gesetz verstößt.

Wichtig:

Die Formulierung „ *... gegen ein den Schutz eines anderen bezweckendes Gesetz verstößt ...*" muss für Nichtjuristen näher erläutert werden. Gemäß laufender Rechtsprechung sind beispielsweise Gerätesicherheitsgesetz (GSG) und Arbeitsschutzgesetz (ArbSchG) „Schutzgesetze" im Sinne des § 823 Abs. 2 BGB.

Zur Betriebssicherheitsverordnung (BetrSichV) fehlen derzeit noch Urteile; es besteht jedoch kein begründeter Zweifel daran, dass auch die Betriebssicherheitsverordnung (BetrSichV) als „Schutzgesetz" im Sinne dieser Norm anerkannt werden wird.

Begründet werden kann dies u. a. dadurch, dass sich die Betriebssicherheitsverordnung (BetrSichV) auf die Gefährdungsbeurteilung gemäß Arbeitsschutzgesetz (ArbSchG) bezieht. Dies geschieht definitiv bei der Festlegung von Prüffristen (vgl. Kapitel Prüffristenermittlung). Des Weiteren beziehen sich die §§ 25 und 26 der Betriebssicherheitsverordnung (BetrSichV) ausdrücklich auf das Arbeitsschutzgesetz (ArbSchG).

Nicht übersehen werden sollte die Möglichkeit, Schmerzensgeld einzufordern. Auch hier steht die Grundlage im Bürgerlichen Gesetzbuch:

§ 253 BGB „Schmerzensgeld"

... wegen eines Schadens, der nicht Vermögensschaden ist, kann Entschädigung in Geld ... gefordert werden.

Deutsche Gerichte sind bei der Bemessung der Höhe des Schmerzensgelds traditionell zurückhaltend. Entscheidungen wie in den Vereinigten Staaten, wo für einfache Verstöße Millionenklagen zugelassen werden, gibt es glücklicherweise nicht in Deutschland.

3.2 Verschulden

Die Verschuldensfrage entsteht beispielsweise, wenn eine Haftung aus einem Vertrag oder einem Delikt hergeleitet werden soll. Ein vorwerfbares Fehlverhalten, so kann man Verschulden auch bezeichnen, kann für eine Führungskraft in zweierlei Hinsicht problematisch werden. Einerseits kann Schadensersatz gefordert werden, andererseits kann ein Ermittlungsverfahren wegen der Verletzung von Strafvorschriften die Folge sein.

Deswegen gilt eine Besonderheit beim Unternehmensstrafrecht:

Die Verantwortlichen können für eine Verletzung von Strafnormen herangezogen werden. Dabei müssen sie dieses Verschulden nicht unbedingt auch selbst begangen haben, sondern es kann eine Rechtsverletzung durch ihnen Unterstellte ausreichen. Mit anderen Worten: Vorgesetzte haften auch teilweise für ihre Arbeitnehmer.

Der Gesetzgeber unterscheidet zwei grundlegende Formen des Verschuldens (**Bild 3.3**).

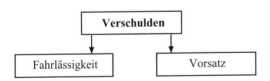

Bild 3.3 Verschulden

Beide Formen schließen sich gegenseitig aus. Es gilt also immer nur Vorsatz oder Fahrlässigkeit. Die Unterscheidung ist allerdings oft eine Gratwanderung. Wo hört Fahrlässigkeit auf, und wo fängt Vorsatz an? Hier kann man nicht pauschalisieren oder eine klare Abgrenzung ziehen. Der Richter hat im Einzelfall zu entscheiden. Dabei kommt es auf die Persönlichkeit des Täters, seine Ausbildung und die äußeren Umstände an.

3.2.1 Vorsatz

Vorsatz ist das Wissen und Wollen des rechtswidrigen Erfolgs. Der Handelnde muss den rechtswidrigen Erfolg voraussehen und in seinen Willen aufnehmen. Dabei genügt es, wenn die Rechtsverletzung für möglich gehalten und zudem billigend in Kauf genommen wird (sog. dolus eventualis).

Der Vorsatz (**Bild 3.4**) unterscheidet sich in drei grundlegende Varianten.

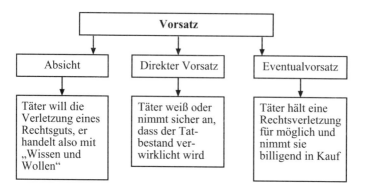

Bild 3.4 Vorsatz

3.2.1.1 *Praxisbeispiel*

Bei der Auftragsvergabe der Prüfung von 1000 elektrischen Arbeitsmitteln wurde von allen Anbietern der billigste genommen. Er hatte die elektrische Prüfung pro Arbeitsmittel für 1,35 € angeboten. Sachbearbeiter Herr Billig ließ sich vorsichtshalber die Auftragsvergabe vom Technischen Leiter extra unterschreiben.

Ein halbes Jahr nach der Prüfung löste eine der Kaffeemaschinen einen Brand mit Personenschaden aus. Der Staatsanwalt ermittelt und verlangt die Protokolle der Prüfungen. Das einzige, was an Protokollen verfügbar war, ist eine Auflistung, wie viele Geräte pro Raum geprüft wurden.

Dies genügt dem Staatanwalt nicht, da er nicht erkennen kann, welches Gerät wann und von wem mit welchen Ergebnis geprüft wurde (vgl. BetrSichV §§ 10, 11). Der Staatsanwalt sieht einen klaren Verstoß gegen die Betriebssicherheitsverordnung (BetrSichV).

Der Technische Leiter läuft Gefahr, in den Straftatbestand des Vorsatzes zu geraten. Er hat, obwohl ihm mit seiner Fachkompetenz klar sein musste, dass man für 1,35 € pro Gerät nicht prüfen kann, den Auftrag unterschrieben. Es liegt ein klarer Verstoß gegen § 3 Betriebssicherheitsverordnung (BetrSichV) vor.

... (3) Für Arbeitsmittel sind insbesondere Art, Umfang und Fristen erforderlicher Prüfungen zu ermitteln. Ferner hat der Arbeitgeber die notwendigen Voraussetzungen zu ermitteln und festzulegen, welche die Personen erfüllen müssen, die von ihm mit der Prüfung oder Erprobung von Arbeitsmitteln zu beauftragen sind.

In Zahlen:

Wenn alles optimal läuft, können zwischen sechs und zehn Geräte pro Stunde geprüft werden. Dies bedeutet, der Fremdauftragnehmer erhält gemäß Vertrag zwischen 8,10 € und 13,50 € pro Stunde. Es hätte dem Technischen Leiter auffallen müssen, dass dies kein normaler Verrechnungsstundensatz für einen verantwortlichen und kompetenten Elektrotechniker ist.

Hier hätten dem Technischen Leiter Zweifel an der Kompetenz des Fremdauftragnehmers kommen müssen. Er hätte sich fragen müssen, ob ein Unternehmen, welches zu solchen Preisen anbietet, für die wichtige Aufgabe der Prüfung gemäß Betriebssicherheitsverordnung (BetrSichV) kompetent ist. Denn die Qualität der Arbeit steht meist in Zusammenhang mit dem Preis, der dafür verlangt wird.

Hätte der Technische Leiter eine plausible Erklärung für den Preis vom Fremdauftragnehmer im Vorfeld erhalten, wäre er seinen Sorgfaltspflichten gemäß § 3 BetrSichV nachgekommen.

Der Technische Leiter hat also billigend in Kauf genommen, dass die Arbeiten nicht so ausgeführt wurden, wie es zum Schutz der Beschäftigten nötig gewesen wäre.

Wichtig:

Fällt die Entscheidung zu Gunsten eines sehr niedrigen Preises, ist somit unbedingt schriftlich zu begründen, warum man diesen Auftrag so vergeben hat. Die Begründung alleine, es sei der billigste Anbieter, ist nicht ausreichend und verstößt gegen die Sorgfaltspflicht.

3.2.2 Fahrlässigkeit

Fahrlässig handelt, wer die im Verkehr erforderliche Sorgfalt außer Acht lässt.

Wichtig:

Auch hier findet sich die Aufforderung, bei jedwedem Tun und Handeln immer die erforderliche Sorgfalt an den Tag zu legen.

Der Begriff Fahrlässigkeit wird nach **Bild 3.5** in zwei grundlegende Arten unterschieden. Diese beiden Arten werden wiederum unterteilt in:

* leichte Fahrlässigkeit
* mittlere Fahrlässigkeit
* grobe Fahrlässigkeit

Wichtig:

Bei Schadensersatzforderungen, die aus grober Fahrlässigkeit resultieren, tritt der Haftpflichtversicherer oftmals nicht ein, oder er nimmt Rückgriff beim Versicherten!

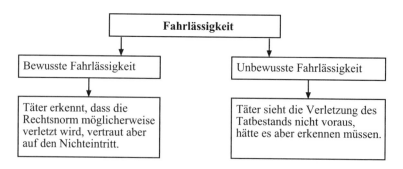

Bild 3.5 Fahrlässigkeit

3.2.2.1 Praxisbeispiel

Ein Verantwortlicher sieht, wie ein von ihm beauftragter Fremdauftragnehmer mit einer nicht fachgemäß reparierten Verlängerungsleitung arbeitet. Er geht vorbei, ohne etwas zu sagen. Der Fremdauftragnehmer verursacht einen Kurzschluss und kommt dabei zu Schaden.

Ob sich der Richter bei diesem Sachverhalt für eine bewusste oder unbewusste Fahrlässigkeit entscheidet, ist von Detailfragen und von der Fachkompetenz des Verantwortlichen abhängig.

Bei einem elektrotechnisch unbedarften Verantwortlichen würde ein Richter wahrscheinlich „unbewusste Fahrlässigkeit" annehmen.

Bei einer Elektrofachkraft könnte das Urteil auch „bewusste Fahrlässigkeit" heißen! Denn eine Elektrofachkraft kann die Gefahren durch eine nicht fachgemäß reparierte Verlängerungsleitung besser einschätzen.

Auf jeden Fall muss der Verantwortliche damit rechnen, dass er wegen fahrlässig verursachten Schadens gerichtlich in Anspruch genommen wird.

3.3   Täter

Es wurde immer wieder vom „Täter" gesprochen, ohne festzulegen, wer Täter sein kann. Zum Täter wird eine Person im weitesten Sinne immer dann, wenn ein Verschulden vorliegt.

Grundsätzlich wird beim Verschulden immer der Arbeitgeber oder Betreiber zum Täter. Weiterhin können jedoch auch andere verantwortliche Personen zum Täter werden, wie z. B.:

- Organe juristischer Personen (Vorstand der AG, Geschäftsführer der GmbH)

- Gesellschafter einer Personenhandelsgesellschaft
- Betriebsleiter
- Fach- und Führungskräfte („beauftragte Personen")
- Abteilungsleiter

Auch durch Auftragsvergabe an fremde Dritte, beispielsweise Fremdauftragnehmer, kann die strafrechtliche Inanspruchnahme nicht „abgegeben" werden.

Im Rahmen der Prüfung des gesamten strafrechtlichen Verschuldens ist jedoch eine Betrachtung aller Umstände erforderlich. Das Verschulden wird im Einzelfall individuell nach den Umständen des Falles und den persönlichen und fachlichen Voraussetzungen des Betroffenen bewertet.

Wichtig:

Ein „Besitzer" kann Aufgaben und Verantwortung an seinen angestellten Geschäftsführer delegieren. Ob er allerdings beim anhängigen Gerichtsverfahren teilweise mit in die Haftung genommen wird, bleibt immer im Einzelfall zu klären. Es ist aber nicht auszuschließen!

3.3.1.1 Praxisbeispiel

Der Lehrling hat betrunken einen Unfall mit erheblichen Schadenfolgen herbeigeführt. Ein Elektrotechniker wurde verletzt. Damit hat sich der Lehrling zunächst selber strafbar gemacht, da er eine Körperverletzung verursacht hat.

Wenn der Elektromeister die Trunkenheit erkannt hat und nicht dagegen eingeschritten ist, hat er sich selbst auch strafbar gemacht.

Der zuständige Abteilungsleiter bzw. die Aufsichtsebene macht sich in dem Augenblick strafbar, wenn ein Verstoß gegen die „Organisationsverantwortung" vorliegt. Dies wäre der Fall, wenn der Meister schlecht ausgewählt oder geschult wurde.

In diesem konstruierten Fall würde es drei Täter geben. An jeden der drei Täter würden allerdings andere Beurteilungsmaßstäbe angelegt.

3.4 Betreiber

In verschiedenen Zusammenhängen wird der Begriff „Betreiber" genannt. Wenn es darum geht, wer für das Prüfen von Arbeitsmitteln verantwortlich ist, wird beispielsweise bei Leasing- oder Leihgeräten gerne die Verantwortung hin- und hergeschoben.

Als Merksatz gilt Folgendes: „Betreiber ist, wer die tatsächliche Verfügungsgewalt über das Arbeitsmittel hat."

3.4.1.1   Praxisbeispiel

Die Firma von Herrn Neu hat 25 Computer geleast. Herr Neu verwendet die Computer in seiner Firma wie er es möchte, er hat also die Verfügungsgewalt. Demzufolge ist Herr Neu auch für die Prüfung der Computer verantwortlich.

Abhilfe:

Herr Neu würde im Vertrag mit der Leasingfirma vereinbaren, dass diese Firma die Leasinggeräte selbst prüft. Dann müsste er allerdings die Prüfdokumentation auch anfordern, um damit seinen Nachweispflichten im Schadenfall nachzukommen bzw. sich entlasten zu können.

3.5   Pflichtendelegierung

Es ist zwar möglich, Pflichten zu delegieren, aber nicht die volle Verantwortung! Prinzipiell gilt, dass jedwede Delegierung schriftlich zu erfolgen hat. In Ausnahmefällen, wenn beispielsweise Gefahr in Verzug ist, kann eine ausdrückliche mündliche Delegierung erfolgen. Dies geschieht am besten vor Zeugen, um nicht später in Beweisnotstand zu geraten. Am besten und sichersten ist allerdings immer die schriftliche Form.

3.5.1   Inhalte einer Delegierung

Eine Delegierung muss mit einer Instruktion, Einweisung oder Schulung verbunden sein. Die Delegierung wird erst dann wirksam, wenn der Delegierte tatsächlich den Inhalt, den Umfang, die Auswirkungen und das Ausmaß der Delegierungsaufgabe erkennt.

Der Delegierte muss natürlich auch persönlich in der Lage sein, die ihm gestellte Aufgabe bewältigen zu können.

Eine Form der Delegierung ist die Bestellung (**Bild 3.6**). Eine mögliche Form als Beispiel zur Erläuterung der Inhalte. Auf der beiliegenden CD-ROM sind diese Beispiele zur Nutzung hinterlegt:

Bestellung zur
„Verantwortlichen Elektrofachkraft" gemäß BGV A3 und zur
„Befähigten Person für die Unterweisung zur Prüfung und
für die Prüfung von Elektrogeräten, -maschinen
und -installationen" gemäß BetrSichV

Name, Vorname:
(Personalnummer wenn möglich)

Arbeits-/Bestellungsbereich:
(Aufgabe, Ort und Zeit)

Betreiber der Geräte, Maschinen und/oder Anlagen:
(Arbeitgeber)

Hiermit wird die oben genannte Person durch den Arbeitgeber zur Verantwortlichen Elektrofachkraft/Befähigten Person für die Unterweisung zur Prüfung und zur Prüfung elektrischer Geräte, Maschinen- und Anlagen bestellt.

Grundlagen der Bestellung:

- § 2 BetrSichV
- § 9 OWiG
- § 15 SGB VII
- § 13 ArbSchG
- § 12 BGV A1
- § 1 BGV A3

Die persönlichen und beruflichen Voraussetzungen für die Tätigkeit der Verantwortlichen Elektrofachkraft/Befähigten Person gemäß BetrSichV § 2 Abs. 7 sind erfüllt und werden als Anhang dokumentiert.

Für den Bestellungsbereich innerhalb des beschriebenen Arbeitsgebiets ist die Verantwortliche Elektrofachkraft/Befähigte Person in jeder Hinsicht für ihre Aufgabe weisungsfrei gestellt.

Eine Kopie dieser Bestellung ist der Verantwortlichen Elektrofachkraft/Befähigten Person auszuhändigen und eine weitere Kopie in der Personalakte zu hinterlegen.

Eine Haftpflichtversicherung für den zu verantwortenden Bestellungsbereich ist für die Verantwortliche Elektrofachkraft/Befähigte Person dringend anzuraten.

Der Verantwortlichen Elektrofachkraft/Befähigten Person stehen geeignete Mess- und Prüfeinrichtungen sowie alle für ein sicheres Arbeiten erforderlichen Hilfsmittel und Schutzeinrichtungen zur Verfügung.

Eine regelmäßige Weiterbildung ist gemäß Durchführungsbestimmung zum Energiewirtschaftsgesetz zu ermöglichen.

Ort und Datum:

----------------------------------   ---

Arbeitgeber   Elektrofachkraft/Befähigte Person

Bemerkung: Es werden die Begriffe „Elektrofachkraft" und „Befähigte Person" wegen der bestmöglichen rechtlichen Absicherung gleichzeitig verwendet.

Bild 3.6 Pflichtendelegierung oder Bestellung

Erklärung:

- Name, Vorname und Personalnummer für eine zweifelsfreie Zuordnung.
- Arbeits-/Bestellungsbereich sollten mit Aufgabenbeschreibung sowie Orts- und Zeitangaben versehen werden.
- Betreiber der Geräte, Maschinen und/oder Anlagen zeigt auf den Besitzer oder Hauptnutzer.
- Es muss exakt definiert werden, für was die Person bestellt wird.
- In den Grundlagen der Bestellung werden alle relevanten Texte aufgezeichnet.
- Im Weiteren werden die „Spielregeln" der Bestellung erläutert. Dabei müssen der Weiterbildung und den geeigneten Mess- und Prüfgeräten Beachtung geschenkt werden.
- Das Ganze ist zu unterzeichnen und anzulegen.

3.5.2 Weisungsfreistellung

Eine Delegierung an einen abhängig Beschäftigten muss, um eine einwandfreie Wirksamkeit zu haben, mit einer Weisungsfreistellung verbunden sein. Das bedeutet, dass der Delegierte für den Arbeitsbereich, den die Delegierung umfasst, selbstständig Entscheidungen treffen darf. Diese Entscheidung ist dann gültig und kann nicht mehr kurzfristig durch die direkten Vorgesetzen aufgehoben werden. Die Weisungsfreistellung ist seit dem 18. November 2004 Bestandteil der TRBS 1203.

3.5.2.1 Praxisbeispiel

Die verantwortliche Elektrofachkraft Herr Kurz bemerkt bei einem Rundgang einen maßgeblichen Isolationsschaden an einer Taktstraße. Da dort Beschäftigte arbeiten und Herr Kurz um die Sicherheit der Leute fürchtet, schaltet er die Anlage zum Reparieren ab.

Sein vorgesetzter Schichtleiter Herr Eifrig fürchtet um die Planzahlen und schaltet die Anlage wieder an mit der Bemerkung, dass dieser Isolationsschaden in den letzten drei Wochen ja auch kein Problem war. Zudem könne Herrn Kurz den kleinen Schaden irgendwann später beheben.

Die massiven Einwände des Elektrotechnikers Herrn Kurz werden von Herrn Eifrig überhört. Deswegen schaltet der Elektriker Herr Kurz die Taktstraße erneut ab.

Daraufhin erhält er eine Abmahnung von seinem Vorgesetzten Herrn Eifrig und die Vorladung zum Personalchef.

Herrn Kurz kann nichts passieren, da er außer seiner schriftlichen Bestellung (vgl. Beispiel Musterbestellung) zur Verantwortlichen Elektrofachkraft auch eine Weisungsfreistellung hatte.

Er hat absolut richtig gehandelt und mit Sorgfalt seine Aufgabe erfüllt. Der Personalchef wird wahrscheinlich ein sehr ernstes Gespräch mit dem Schichtleiter Herrn Eifrig führen.

Wichtig:

Hätte Herr Kurz nicht über eine Weisungsfreistellung verfügt, müsste er mit Konsequenzen rechnen. Denn er hätte im ersten Schritt keine Befugnis gehabt, die Taktstraße abzuschalten. Würde es sich im Nachhinein herausstellen, dass der Isolationsschaden gar nicht vorhanden war, könnten theoretisch Schadensersatzforderungen wegen der Ausfallzeit geltend gemacht werden.

Auch dieses Problem stellt sich für die Verantwortliche Elektrofachkraft nicht, wenn sie weisungsfrei gestellt wurde (vgl. Musterbestellung).

3.6   Vorgesetzte

Nachdem die Pflichtendelegierung und die Weisungsfreistellung erklärt wurden, steht noch offen, wer überhaupt delegieren darf. Dies sind in erster Linie die Vorgesetzten (**Bild 3.7**). Wenn man die Position der Verantwortlichen Elektrofachkraft betrachtet und die sehr hohe Verantwortung sieht, empfiehlt es sich, vom höchstmöglichen Vorgesetzen die Delegierung unterschreiben zu lassen. Denn es muss in mittelbare und unmittelbare Vorgesetzte unterschieden werden.

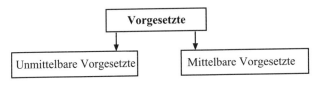

Bild 3.7 Vorgesetze

3.6.1 Unmittelbare Vorgesetzte

Dieser kann auch als „direkter Vorgesetzter" bezeichnet werden. Er ist derjenige, der in der Hierarchie direkt über beispielsweise der Elektrofachkraft steht. Diese Ebene hat die Aufgabe, alle relevanten Arbeitssicherheitsmaßnahmen zu treffen und aufrechtzuerhalten. Sie wird umgangssprachlich auch oft „Meisterebene" genannt.

3.6.2 Mittelbare Vorgesetzte

Die „indirekten Vorgesetzten" haben eine Kontroll-, Überwachungs- und Organisationspflicht. Sie tragen in erster Linie die Verantwortung dafür, dass kein Beschäftigter bei der Arbeit zu Schaden kommt. Um diese Pflichten zu erfüllen, delegieren diese Vorgesetzten Aufgaben weiter nach unten. Denn es ist verständlich, dass sich ein Geschäftsleiter oder Aufsichtsratsvorsitzender nicht selbst um die Erfüllung jeglicher gesetzlicher Vorschriften kümmern kann. Deswegen muss er die Möglichkeit haben, gewisse Pflichten weiterzudelegieren. Dabei kann er sich allerdings von der Haftung nicht vollständig befreien! Mit anderen Worten: Der mittelbare oder auch indirekte Vorgesetzte ist bei Verstößen immer in der Mithaftung, wenn er die Delegierung seiner Aufgaben oder Verantwortungen nicht rechtssicher durchgeführt hat.

Hinweis:

Kaum ein Unternehmen hat bisher mit der gebotenen Sorgfalt auf eine rechtssichere Delegierung geachtet. Verständlich, denn bisher waren Verstöße noch kein Straftatbestand. Eine Überprüfung der Form der Delegierung durch einen Sachverständigen erfordert keinen großen Aufwand. Eine gute Dokumentation der Delegierungen sichert die Vorgesetzten und die Befähigte Person (Verantwortliche Elektrofachkraft) im Haftungsfall hervorragend ab.

3.6.2.1 Beispiel Vorgesetzte

Der Elektromeister Herr Steck ist die mündlich berufene Verantwortliche Elektrofachkraft und der unmittelbare Vorgesetzte des Elektrotechnikers Schnell. Der direkte und damit unmittelbare Vorgesetzter von Herrn Steck ist der altgediente Techniker Herr Strom. Dessen Vorgesetzter ist zugleich Inhaber des Unternehmens.

Der Elektrotechniker Schnell verursacht einen Personenschaden, weil er versehentlich das Gehäuse einer reparierten Waschmaschine unter Strom setzte und Frau Krause einen elektrischen Schlag erlitt.

Herr Steck hätte die Arbeit von Herrn Schnell überwachen müssen. Der Techniker Herr Strom hätte weiterhin die Verantwortliche Elektrofachkraft schriftlich bestellen und richtig einweisen müssen.

Der Inhaber hätte, als mittelbarer Vorgesetzter des Schadensverursachers Herr Schnell, seinen Techniker Herrn Strom wohl besser kontrollieren oder Herrn Steck schriftlich als Verantwortliche Elektrofachkraft berufen sollen.

Fazit:

Bei einer nicht rechtssicher erfolgten Delegierung kann die Haftung bis zum Inhaber durchschlagen!

3.7   Schadensersatz Arbeitsunfall

In Deutschland sind für diese Fälle in erster Linie die Berufsgenossenschaften zuständig. Die Berufsgenossenschaften nehmen unter Umständen Rückgriff auf Betreiber oder Arbeitgeber. Dies geschieht vorrangig, wenn Vorsatz oder bewusste Fahrlässigkeit im Handeln der Verantwortlichen gesehen wird.

Wenn der Schadensersatz innerhalb der eigenen Berufsgenossenschaften ausgeglichen werden kann, so ist die Haftungsfrage meist unproblematisch, so beispielsweise, wenn ein eigener Arbeitnehmer einen schweren Arbeitsunfall erleidet.

Wird hingegen ein Fremdarbeitnehmer verletzt, der zudem noch einer anderen Berufsgenossenschaft angehört, so kann es problematisch werden. Hier sollte anwaltlicher Rat eingeholt werden.

Hinweis:

Sollte es sich als erforderlich erweisen, anwaltlichen Rat einzuholen, so sollte nicht an der falschen Stelle gespart werden! Eine lebenslang zu zahlende Unfallrente wäre ungleich teurer als ein qualifizierter Rechtsanwalt, der sich in der speziellen Materie auskennt!

Die Forderungen aus einem Schaden können in einem Zivilverfahren geltend gemacht werden. Hier greift die Forderung auf die verursachende Person durch! Mit anderen Worten: Es kann passieren, dass der Verursacher eine lebenslange Rente oder eine größere Summe als Schadenswiedergutmachung zahlen muss. Bei Verstößen gegen die Betriebessicherheitsverordnung (BetrSichV) sind zukünftig vermehrt solche Zivilprozesse zu befürchten.

3.8   Zusammenfassung

Wenn eine durchdachte innerbetriebliche Struktur der Pflichten- und Verantwortungsdelegierung eingehalten wird, ist die Haftungsproblematik gut beherrschbar.

Schriftliche Berufungen und Dokumentationen sind im Problemfall die beste Absicherung.

Sollte doch etwas passieren, ist es anzuraten, bevor man sich zur Sache äußert, einen kompetenten Rechtsanwalt zu konsultieren. Gerade wenn man persönlich auch unter Schock steht, werden oft Äußerungen gemacht, die falsch verstanden werden können. Wesentliche Grundlagen dieses Kapitel beruhen auf Unterlagen von Rechtsanwalt Claus Eber [7], einem Spezialisten für die rechtliche Auslegung der Betriebssicherheitsverordnung. Eine zusätzliche Überarbeitung erfolgte durch Rechtsanwalt Dr. Gerhardt Prengel, Koblenz.

Johann Wolfgang von Goethe (28.8.1749 – 23.3.1832) sagte über das Thema dieses Kapitels Folgendes:

„Wenn man alle Gesetze studieren wollte, so hätte man gar keine Zeit, sie zu übertreten.“

4 Gefährdungsbeurteilung

Das Verständnis für die Gefährdungsbeurteilung zur Prüffristenermittlung gemäß § 3 BetrSichV setzt Grundwissen über die Gefährdungsbeurteilung gemäß § 5 ArbSchG voraus.

Derzeit wachsen Arbeitsschutz und Prüftätigkeit immer mehr zusammen. Der zentrale Punkt dabei ist die Gefährdungsbeurteilung und die Frage, warum es derzeit zwei Stellen gibt, die etwas Ähnliches einsetzen? Zum einen die Sicherheitsfachkraft, zum anderen die Elektrofachkraft (Befähigte Person). Warum kann man die Synergie nicht nutzen? Bei der Darstellung der rechtlichen Grundlagen und der arbeitsschutzmäßigen Ziele der Gefährdungsbeurteilung wird auf Unterlagen des Umweltreports [8] Bezug benommen.

4.1 Intention den Gesetzgebers

Arbeitgeber haben für sichere Arbeitsplätze zu sorgen. Dieser Grundsatz gilt seit Beginn des modernen Arbeitsschutzrechts. Die Art und Weise, wie Sicherheit am Arbeitsplatz zu gewährleisten ist, hat im Laufe der Entwicklung eine eingehende gesetzliche Ausgestaltung erfahren. Das gegenwärtige Arbeitsschutzrecht richtet sich nach diversen normativen Regelungen, die ineinander greifen. Grundsätzliche Regelungen sind das Arbeitsschutzgesetz (ArbSchG) und die Arbeitsstättenverordnung (ArbStättV). Sie sind arbeitsplatzorientiert! Darüber hinaus bestehen unterschiedlichste Regelungen, die dem Schutz vor bestimmten Gefahren dienen. Dies gilt etwa für die Gefahrstoffverordnung mit den Regelungen zum Umgang mit Gefahrstoffen (§ 16 GefStoffV). Die Anforderungen werden auf untergesetzlicher Ebene durch innerbetriebliche Vorschriften, Arbeitsanweisungen, Technische Regeln, berufsgenossenschaftliche Vorschriften, DIN-VDE-Normen und weiteren technischen Normierungen konkretisiert.

Ein ganz wichtiger Teil des betrieblichen Arbeitsschutzes ist die 2002 in Kraft getretene Betriebssicherheitsverordnung (BetrSichV). Sie regelt in Abschnitt 2 (§§ 3 bis 11 BetrSichV) und den Anhängen, wie der Einsatz sicherer Arbeitsmittel gewährleistet werden soll. Die Neuregelung hat u.a. die ehemalige Arbeitsmittelbenutzungsverordnung ersetzt. Anforderungen der allgemeinen Arbeitsmittelsicherheit und Einzelvorschriften für bestimmte überwachungsbedürftige Anlagen wurden zusammengeführt. Die sicherheitstechnischen Anforderungen an diese Anlagen sind im Kapitel 3 geregelt. Sie waren bislang in Einzelregelungen geregelt, etwa der Druckbehälterverordnung, der Dampfkesselverordnung oder der Aufzugsverordnung, die mit dem Inkrafttreten der Betriebssicherheitsverordnung außer Kraft traten. In einigen Bereichen gibt es Übergangsbestimmungen, aber dies gilt nicht für die elektrischen Anlagen und Geräte.

Wesentliches Bindeglied des Arbeitsschutzgesetzes und der Betriebssicherheitsverordnung ist die Gefährdungsbeurteilung nach § 5 ArbSchG und § 3 BetrSichV.

4.2 Praktische Durchführung des Arbeitsschutzes

Das Arbeitsschutzrecht verlangt technische, organisatorische und personenbezogene Maßnahmen. Einheitliches Ziel ist es, die Sicherheit und den Gesundheitsschutz der Beschäftigten bei der Ausübung ihrer Tätigkeit durch die Festlegung geeigneter Maßnahmen zu sichern und zu verbessern.

Dieses Ziel wird nicht durch allgemeine, statische Vorgaben verfolgt. Entscheidend ist vielmehr das jeweilige Erfordernis vor Ort. Arbeitsschutz ist daher relativ. Die notwendigen Maßnahmen richten sich nach der Gefährlichkeit des Arbeitsplatzes, den technischen Vorrichtungen und der Tätigkeit. Nach ihnen muss das erforderliche Schutzniveau bestimmt werden.

4.2.1 Ausgangspunkt Gefahr

Die Ermittlung des erforderlichen Maßes des Arbeitsschutzes bedarf einer Erhebung der möglichen Gefahren am Arbeitsplatz. Das Arbeitsschutzrecht nennt diese Erhebung Gefährdungsbeurteilung. Auf ihr muss jede Folgemaßnahme aufbauen. Die Gefahrenorientierung des Arbeitsschutzes gewinnt zunehmend an Bedeutung. Das moderne Arbeitsschutzrecht zeigt deutliche Deregulierungstendenzen. So kommt die zum 25. August 2004 in Kraft getretene neue Arbeitsstättenverordnung mit nur noch acht Paragraphen und allgemeinen Vorschriften aus. Details wurden in textliche Anhänge verschoben. Die vormalige Arbeitsstättenverordnung hatte noch 58 Einzelregelungen. Die Bundesregierung sieht hierin ein Beispiel für den Abbau angeblich unnötiger Detailregelungen. An ihre Stelle treten allgemeine Schutzziele. Dem Arbeitgeber bleibt überlassen, mit welchen Schutzmaßnahmen er diese Schutzziele erreicht!

4.2.2 Kernbegriff Gefährdungsbeurteilung

Kernbegriff und Ausgangspunkt des betrieblichen Arbeitsschutzes sowohl nach dem Arbeitsschutzgesetz (ArbSchG) als auch nach der Betriebssicherheitsverordnung (BetrSichV) ist die Gefährdungsbeurteilung. Nach ihr müssen sich die Maßnahmen des Arbeitgebers zum Schutz seiner Arbeitnehmer richten. § 5 ArbSchG verpflichtet den Arbeitgeber, mittels einer Beurteilung die für die Beschäftigten mit ihrer Arbeit verbundenen Gefahren zu ermitteln. Diese Pflicht wird nun durch § 3 BetrSichV konkretisiert und vertieft. Die Regelung erweitert die Gefährdungsbeurteilung auf die Ermittlung der notwendigen Maßnahmen für die Bereitstellung und Benutzung von sicheren Arbeitsmitteln. Hierbei sind die detaillierten Anhänge 1 bis 5 BetrSichV sowie die allgemeinen Grundsätze nach § 4 ArbSchG zu beachten. Auch Wechselwirkungen mit anderen Arbeitsmitteln, Arbeitsstoffen und der Arbeitsumgebung müssen berücksichtigt werden. Sie sind die Gefahren, die von außen auf die Arbeitsmittel einwirken.

Die Gefährdungsbeurteilung verlangt einen Prozess in sich greifender und wiederkehrender Maßnahmen. Ziel ist die Ermittlung und Bewertung von Ursachen und Bedingungen, die zu Unfällen bei der Arbeit und arbeitsbedingten Gesundheitsgefahren führen können. Nur wer die Gefährdungen in seinem Betrieb wirklich kennt, kann effektiv die richtigen Mittel einsetzen, um den Schutz seiner Beschäftigten zu gewährleisten und zu verbessern. Die Betrachtung erstreckt sich auf alle Stadien des betrieblichen Alltags. Sie beginnt mit der Einrichtung von Arbeitsplätzen oder der Beschaffung von Arbeitsmitteln und setzt sich fort über die erste Inbetriebnahme, die Unterweisung bis hin zur laufenden Prüfung und die Außerbetriebnahme.

4.2.3 Schritte zum effektiven Arbeitsschutz

Um die erforderlichen Maßnahmen ergreifen zu können, müssen Gefahrenbereiche abgegrenzt werden. Dies sind Bereiche, die einer einheitlichen Betrachtung unterzogen werden können, da an ihnen identische oder zumindest gleichartige Gefahren bestehen. Innerhalb der Betrachtungseinheiten sind die möglichen Gefährdungen zu ermitteln. Die ermittelten Gefahren müssen auf ihre Relevanz untersucht werden. Aufgrund der Bewertung der ermittelten Gefährdungen müssen die erforderlichen Schutzmaßnahmen festgelegt und ergriffen werden. Erkannte Schwachstellen müssen beseitigt werden. Die ergriffenen Maßnahmen müssen nach § 7 ArbSchG dokumentiert und einer Wirksamkeitskontrolle unterzogen werden.

Wichtig:

Noch eingehender ist die Wirksamkeitskontrolle nach § 3 Abs. 3 BetrSichV. Die Regelung verlangt vom Arbeitgeber Festlegungen zu Art, Umfang und Fristen der erforderlichen Prüfungen von Arbeitsmitteln. Dies umfasst nicht nur die technische Sicherheit, sondern auch die Prüfung, ob die Sicherheit des Arbeitsmittels noch den Gefahren und dem Stand der Technik entspricht.

4.2.3.1 Betrachtungsbereiche abgrenzen

Erster Schritt der Gefährdungsbeurteilung ist die Festlegung von Betrachtungsbereichen. Die Abgrenzung der maßgebenden Arbeitsbereiche muss gefahrenbezogen erfolgen. Es sind solche Einheiten zu bilden, in denen sich absehbar gleiche Risiken realisieren können. Dies können sowohl große Einheiten, etwa ein ganzes Lager mit vielen Mitarbeitern, als auch kleine Einheiten, wie ein einzelnes Büro mit nur wenigen Beschäftigten, sein. Maßgebend für die Abgrenzung sind die Art der Tätigkeit, die eingesetzten Stoffe und Arbeitsmittel sowie die von ihnen ausgehenden Sicherheits- und Gesundheitsrisiken.

4.2.3.2 *Gefährdungen erkennen*

Innerhalb der Gefahrenbereiche müssen die bestehenden Risiken und möglichen Gefahren ermittelt werden. Dies verlangt eine einheitliche Ermittlung aller Umstände, die für sich oder in Wechselwirkungen mit anderen Umständen (Arbeitsmitteln, Arbeitsstoffen, Arbeitsplatzgestaltung oder Arbeitsumgebung) auf die Sicherheit und die Gesundheit der Beschäftigten Einfluss haben können. Vorrangig, aber nicht abschließend, sind folgende Faktoren zu berücksichtigen:

- Gestaltung und Einrichtung der Arbeitsstätte und der Arbeitsplätze, bauliche Gestaltung der Arbeitsräume und Verkehrswege, ergonomische Gestaltung der Arbeitsplätze
- Gestaltung, Auswahl, Beschaffenheit und Einsatz von Maschinen, Geräten und Anlagen
- Einsatz oder Entstehen von Gefahren
- Gestaltung von Arbeits- und Fertigungsverfahren, Arbeitsabläufen und Arbeitszeit
- Qualifikation und Unterweisung der Beschäftigten

Bei der Betrachtung sind alle Gefahren zu erfassen. Dies umfasst sowohl klassische Unfall- und Verletzungsrisiken wie die mechanische Gefährdung, Lärm oder Strahlung als auch ungünstige Rahmenbedingungen wie psychische Belastungen, erschwerte Informationsaufnahme oder Gefährdungen durch organisatorische Mängel. Für gleichartige Arbeitsplätze mit identischen Arbeitsbedingungen ist die Ermittlung der Gefahren eines Arbeitsplatzes oder einer Tätigkeit ausreichend. Dies gilt auch dann, wenn die Arbeitsplätze in unterschiedlichen, aber gefahrenseitig identischen Betrachtungsbereichen liegen.

4.2.3.3 *Welche Gefährdungsfaktoren können auftreten?*

Innerhalb der Gefährdungsermittlung müssen alle Risiken erfasst werden. Mögliche technische Gefahren sind mechanische Gefährdungen (ungeschützt bewegte Maschinenteile, gefährliche Oberflächen, bewegte Transportmittel, mobile Produktionsteile, rutschige Böden, Stolper- oder Absturzstellen), elektrische Gefährdungen (z. B. Durchströmung, Lichtbögen), Gefahrstoffe sowie Brand- und Explosionsgefährdung.

Der Arbeitsumgebung zurechenbare Gefahren können physikalische Faktoren (Klima, Beleuchtung, Lärm, Vibration, Strahlung), Hindernisse bei der Wahrnehmung von Informationen (Signale, Symbole, Anzeigen) oder die Handhabung von Gerätschaften und Hilfsmitteln sein.

Darüber hinaus müssen auch die physische Belastung (Heben und Tragen von Lasten, erzwungene Körperhaltung, erhöhte Kraftanstrengung) und psychische Belastungen (Art der Tätigkeit, Arbeitsaufgabe, Arbeitsteilung, Arbeitszeit, soziale Bedingungen, Arbeitsabläufe) berücksichtigt werden.

Besondere Aufmerksamkeit muss der zureichenden Qualifikation und Unterweisung der Beschäftigten zukommen. Wer mit dem Umgang mit Schutzvorrichtungen nicht vertraut ist, kann sich nicht schützen. Auf besondere Gefahren muss wiederkehrend hingewiesen werden. Eine der größten Gefahrenquellen ist der routinierte Leichtsinn. Ihr muss von den Sicherheitsverantwortlichen wirksam begegnet werden. Es muss kontrolliert werden, ob ein hinreichendes Gefahrenbewusstsein besteht. Die Verwendung von Schutzeinrichtungen darf nicht unbeaufsichtigt auf alle Zeiten den Gefährdeten überlassen werden. Ebensowenig dürfen Verstöße gegen Sicherheitsvorschriften geduldet werden.

4.2.3.4   Berücksichtigung aller Betriebszustände

Die Gefahren müssen für alle Betriebszustände ermittelt und beurteilt werden, bei denen Gefährdungen auftreten können. Primär natürlich für den Normalbetrieb.

Darüber hinaus aber auch für Inbetriebnahme und Probebetrieb sowie die vorübergehende Stilllegung. Besonderes Augenmerk ist auf atypische Zustände zu richten, etwa Instandsetzung, Wartung und Störungen von Anlagen. Die Änderung von Routinen sind häufige Gefahrenquellen. Hier hat die Betriebssicherheitsverordnung zu Verschärfungen der sicherheitstechnischen Prüfung geführt. Nach bestimmten sicherheitsrelevanten Vorkommnissen müssen Arbeitsmittel besonders geprüft werden.

4.2.3.5   Gefährdungen bewerten

Die Gefährdungen müssen auf ihre Relevanz untersucht werden. Hierzu sind die Gefahren hinsichtlich der Wahrscheinlichkeit des Schadenseintritts und des Ausmaßes des Schadens zu bewerten. Es ist zu prüfen, ob die Arbeitsplatzgestaltung allen geltenden Vorschriften sowie den technischen- und berufsgenossenschaftlichen Regeln entspricht. Die Übereinstimmung von Anlagen mit harmonisierten europäischen und deutschen Normen muss geprüft werden. Ergänzend hierzu, und sofern solche Vorschriften oder Regeln nicht bestehen, sind der Arbeitsplatz und die Arbeitsmittel mit bewährten Lösungen zu vergleichen.

In diesem Stadium ist zu prüfen, ob die Beschäftigten durch vorhandene Maßnahmen ausreichend geschützt sind. Ist dies der Fall, ist das Risiko eines Schadenseintritts als so gering zu bewerten, dass keine gegenwärtigen Maßnahmen erforderlich sind. Die Bewertung der Gefahr und die Prüfung der besonderen Schutzmaßnahmen muss den möglichen Verletzungen oder Gesundheitsgefährdungen entsprechen. Schwerwiegende Risiken aufgrund besonders gefährlicher Umstände machen eine eingehendere Bewertung erforderlich, als sie für mögliche Bagatellschäden notwendig ist. Innerhalb der Bewertung ist die Rangfolge des § 4 ArbSchG zu berücksichtigen. Primär müssen sichere Arbeitsbedingungen geschaffen werden. Erst wenn hinreichende technische Sicherheit nicht oder nicht mit vertretbarem Aufwand gewährleistet werden kann, können die Gefahren durch allgemeine oder individuelle Schutzmaßnahmen beschränkt werden.

Der Gesetzgeber weiß, dass es ein „Nullrisiko" nicht gibt. Nach § 4 Abs. 1 Nr. 1 ArbSchG muss die Arbeit nur so gestaltet sein, dass eine Gefährdung für Leben und Gesundheit möglichst vermieden und die verbleibende Gefährdung möglichst gering gehalten wird. Dies setzt eine Prognose möglicher Schäden voraus. Nach den allgemeinen und betrieblichen Erfahrungen muss ermittelt werden, mit welchen Verletzungen oder Gesundheitsbeeinträchtigungen ernsthaft zu rechnen ist. Hierbei darf sich der Arbeitgeber auch schwerwiegenden theoretischen Gefahren nicht gänzlich verschließen, sofern sie nicht außerhalb jeder Lebenserfahrung liegen. Dies verlangt die Sorgfaltspflicht gegenüber den Beschäftigten!

4.2.3.6   Gefährdungen beseitigen

Nach Ermittlung und Bewertung einer Gefahr muss sie beseitigt werden. Die Maßnahmen, die erforderlich sind, um die vorhandenen Gefährdungen zu beseitigen, müssen festgelegt werden. Gefahren, die nicht beseitigt werden können, müssen gemindert werden. Sie müssen soweit eingegrenzt werden, dass sie als beherrschbar anzusehen sind. Dies kann durch technische oder organisatorische Maßnahmen geschehen. Denkbar sind der Einsatz neuer, grundsätzlich sicherer Technik, die Einführung sicherheitstechnischer Hilfsmittel sowie organisatorische und individuelle Schutzmaßnahmen.

Die Maßnahmen stehen in der Rangfolge des § 4 ArbSchG (**Bild 4.1**). Das bedeutet, sichere Technik steht vor organisatorischen Schutzmaßnahmen und diese vor dem personenbezogenen Schutz. Die Gefahr muss vorrangig an der Quelle bekämpft werden. Wenn möglich, ist das erkannte Risiko zu beseitigen. Schutzniveau sind bestimmt durch den Stand der Technik, die Arbeitsmedizin und die Hygiene. Auch die gesicherten arbeitswissenschaftlichen Erkenntnisse sind zu berücksichtigen.

Es gilt also bei der Erstellung von Schutzmaßnahmen die Reihenfolge wie in Bild 4.1 dargestellt unbedingt einzuhalten.

Der Arbeitgeber muss die Belange besonders schutzbedürftiger Beschäftigter (Schwangere, Jugendliche, Schwerbehinderte etc.) beachten.

Kann den Gefahren nicht sofort begegnet werden, muss der Arbeitgeber Wichtigkeit, Termine und Verantwortlichkeiten festlegen. Er muss bestimmen, welche Maßnahme bis wann durch wen verwirklicht wird. Er kann sich hierbei sowohl seiner Sicherheitsfachkräfte und Sicherheitsbeauftragten als auch der Verantwortlichen für den jeweiligen Gefahrenbereich (Werks-, Abteilungs- oder Gruppenleiter, Meister etc.) bedienen. Erforderlich ist jedoch, dass die Verantwortlichen über genügend Entscheidungsmacht verfügen, um die Maßnahme konkret umzusetzen. So muss

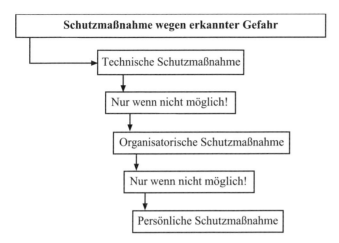

Bild 4.1 Reihenfolge der Schutzmaßnahmen

etwa für die Nachrüstung einer unsicheren Maschine oder die Beschaffung zusätzlicher persönlicher Schutzausrüstungen ein hinreichendes Budget bereit gestellt werden.

4.2.3.7 Wirkung kontrollieren

Entsprechend der gesetzten Prioritäten muss die Maßnahme kontrolliert werden. Dies umfasst zuerst die Prüfung, ob die festgesetzte Maßnahme tatsächlich von den Verantwortlichen umgesetzt wurde. Werden gesetzte Fristen nicht eingehalten, muss der Arbeitgeber gesondert aktiv werden. Dem Verantwortlichen muss entweder eine letzte Frist zur Umsetzung gesetzt oder die Aufgabe entzogen und anders delegiert werden. Zur Durchsetzung stehen dem Arbeitgeber alle Sanktionsmaßnahmen des Arbeitsverhältnisses (Weisungsrecht, Abmahnung, Kündigungsandrohung etc.) zur Verfügung.

Letztlich müssen die getroffenen Maßnahmen wiederkehrend geprüft werden. Mit der erstmaligen Bewertung der Risiken am Arbeitsplatz hat der Arbeitgeber seinen Aufgaben nur für den Augenblick Genüge getan. Um der weiteren Entwicklung zu entsprechen, müssen die Arbeitsbedingungen fortlaufend auf Veränderungen überwacht werden.Über die Umsetzung der Maßnahme hinaus muss auch ihre Wirksamkeit geprüft werden. Dies erfordert eine Bewertung, ob die Maßnahme das vormalige Risiko wie erhofft beseitigt oder so weit eingegrenzt hat, dass die Gefahr als beherrschbar betrachtet werden kann. Ist dies nicht der Fall, muss nachgebessert werden. Erscheint eine Nachbesserung nicht möglich, muss nach alternativen Maßnahmen gesucht werden.

Folgende Fragen stellen sich dann:

- Entsprechen sie noch den gegebenen Gefahren?
- Haben sich die Gefahren verändert oder vergrößert?
- Gibt es neue Erkenntnisse aus Technik, Arbeitsmedizin und Hygiene?
- Wurden betriebliche Maßnahmen vorgenommen, die eine Neubewertung der Gefahrenlage erforderlich machen (etwa die Erhöhung der Stückzahl je Arbeitnehmer)?

Hierbei sollen der Rat der Fachkraft für Arbeitssicherheit, des Betriebsarztes und des Sicherheitsbeauftragten einbezogen werden. Ihnen fallen Veränderungen oftmals am schnellsten auf, die eine Überprüfung der Arbeitsschutzmaßnahmen notwendig machen. Auch eine Häufung bestimmter Arbeitsunfälle erkennen die Sicherheitsverantwortlichen und die Betriebsärzte am ehesten. Ihre Feststellungen müssen bei der Wirksamkeitskontrolle ebenso wie Mitteilungen der Beschäftigten bzw. ihrer Vertreter (Betriebsrat) berücksichtigt werden. Dies kann je nach Umfang der Gefahren bis zur Einführung eines geordneten Verfahrens zur Berücksichtigung des Arbeitsschutzes bei betrieblichen Änderungen gehen. Folgende Fragen sind relevant:

- Wer hat wann welchen möglichen Schwachpunkt aufgezeigt?
- Wer geht der Anzeige nach?
- Wer prüft, ob Maßnahmen notwendig sind?
- Wer schlägt dem Arbeitgeber die erforderlichen Maßnahmen vor?
- Wann und durch wen werden sie ergriffen?
- Dieser Prozess ist in das Arbeitsschutzmanagement zu integrieren.

4.2.4 Gefährdungsbeurteilung

Alle diese Gefahren und Maßnahmen fließen in der Gefährdungsbeurteilung zusammen.

4.2.4.1 *Ergebnisse und Maßnahmen dokumentieren*

Nach § 6 ArbSchG muss ein Arbeitgeber mit zehn oder mehr Beschäftigten über die nach Art der Tätigkeiten und der Zahl der Beschäftigten erforderlichen schriftlichen Unterlagen zur Arbeitsplatzsicherheit verfügen. Dies wird Gefährdungsbeurteilung genannt.

Tipp des Sachverständigen:

Auch bei weniger als zehn Beschäftigten wird dringend die schriftliche Dokumentation empfohlen. Damit ist eine Beweisführung im Gefahrfall sehr viel einfacher!

Aus den Unterlagen müssen das Ergebnis der Gefährdungsbeurteilung, der festgelegten Maßnahmen und das Ergebnis ihrer Überprüfung hervorgehen. Feste Fristen sieht das Arbeitsschutzgesetz nicht vor. Erforderlich war daher bislang nur eine angemessene Regelmäßigkeit der Überprüfung.

Wichtig:

Hier hat die Betriebssicherheitsverordnung zu einer Verschärfung geführt. Der Arbeitgeber muss nun nach § 3 Abs. 3 BetrSichV vorab festlegen, innerhalb welcher Frist die Arbeitsmittel erneut auf ihre Sicherheit zu überprüfen sind. Die Frist ist zu dokumentieren!

Werden Prüfungen nach dem Arbeitsschutzgesetz und der Betriebssicherheitsverordnung zusammen durchgeführt, lässt sich eine unverwünschte Doppelprüfung vermeiden. Die Prüfung und die Dokumentation können zusammengefasst werden. Dies gilt auch für Maßnahmen der allgemeinen Gefährdungsbeurteilung und der sicherheitstechnischen Prüfung überwachungsbedürftiger Anlagen nach der Betriebssicherheitsverordnung. Auch diese Maßnahmen können organisatorisch mit den allgemeinen Prüfungen zusammengefasst werden, um Doppelarbeiten zu vermeiden.

4.2.4.2 Gefahrenanalyse: Strukturierung und Dokumentation

Das Hauptproblem und die größte Arbeitsleistung der Gefährdungsbeurteilung ist die Gefahrenanalyse.

In ihrem Rahmen bietet sich die Einbeziehung von Arbeitnehmern an. Sie kennen zumindest die technischen Gefahren ihrer Arbeitsumgebung am unmittelbarsten. Zu ihrer Einbeziehung bietet sich ein Miteinander des jeweiligen Fachverantwortlichen (Sicherheitsfachkraft, Sicherheitsbeauftragter, Befähigte Person) und der Mitarbeiter im einzelnen Beurteilungsbereich an. Durch systematische Befragungen der Mitarbeiter und ihrer unmittelbaren Vorgesetzten lassen sich zumindest die wesentlichen Gefahren am Arbeitsplatz ermitteln.

Die Befragung kann durch Erhebungs- und Beurteilungsbögen strukturiert werden. Weitere Gefahren müssen die Fachverantwortlichen durch Untersuchungen des Arbeitsplatzes und seiner Gefahren selbst erheben.

Die Beurteilung der Arbeitsbedingungen erfolgt zum einen tätigkeitsbezogen, zum anderen gefährdungsbezogen. Um gleichartige Arbeitsbedingungen zu beurteilen, können Beurteilungsformulare oder -vorgehensweisen für typisierte Arbeitsplätze entwickelt werden. Sie können Gefährdungsklassen und Gefährdungstypen enthalten, um die Beurteilung zu strukturieren.

Anhand der Beurteilungsformulare werden die Gefährdungen ermittelt und dokumentiert. Bei elektrischen Betriebsmitteln muss ermittelt werden, welche Gefahrenmerkmale gegeben sind (werden sie regelmäßig geprüft, haben sie CE-Kennzeichnung etc.). Dies ist fortzusetzen, bis die Gefahr klar ermittelt und dokumentiert ist.

Danach wird überprüft, ob die zur Beseitigung oder Begrenzung der Gefährdung vorgeschlagenen Maßnahmen erfüllt bzw. nicht erfüllt sind oder ob vorhandene

Maßnahmen entfallen können. Hierzu können die Beurteilungsformulare empfohlene Schutzmaßnahmen für bestimmte Gefährdungsklassen und Gefährdungstypen vorgeben. Entspricht der Arbeitsplatz der Empfehlung und sind keine Umstände erkennbar, die eine andere als die empfohlene Maßnahme erfordern, kann der Arbeitsplatz als sicher bewertet werden.

Mit der Verwendung von Beurteilungsformularen wird die Dokumentationspflicht erfüllt. Führt die Erhebung dazu, dass alle erforderlichen Maßnahmen an einem Arbeitsplatz erfüllt sind, ist dies durch die Sicherheitsverantwortlichen auf dem Beurteilungsformular zu vermerken. Müssen Maßnahmen ergriffen werden, ist auch dies schriftlich festzuhalten. Dies kann mit dem Vorschlag geeigneter Maßnahmen und der Festlegung einer Umsetzungsfrist verbunden werden. Hierdurch wird dokumentiert, wer bis wann welche Maßnahme umzusetzen hat.

Die strukturierte Erhebung schützt auch vor unnötigen Kosten. Sofern die Analyse ergibt, dass Maßnahmen aufrecht erhalten blieben, obwohl eine vormalige Gefahr gar nicht mehr besteht, kann die Maßnahme entfallen. Dies kommt beispielsweise in Betracht, wenn ein gefährlicher Stoff durch einen ungefährlichen ersetzt wurde und die Notwendigkeit persönlicher Schutzausrüstungen nicht mehr gegeben ist. Anhand des Beurteilungsformulars kann bei Kontrollen festgestellt werden, ob die frühere, Maßnahmen begründende Gefahr noch besteht oder weggefallen ist. Die Unterlagen dienen damit der betrieblichen Transparenz und Kommunikation. Sie sind das von Personen unabhängige Gedächtnis des Betriebs. Auch bei Zuständigkeitswechseln kann zuverlässig ermittelt werden, welche Gefahren früher bestanden und wie ihnen begegnet wurde.

4.2.4.3 Besondere Prüfmaßnahmen

Über die allgemeinen Prüfverpflichtungen hinaus sieht die Betriebssicherheitsverordnung gesonderte Verpflichtungen für besonders gefahrgeneigte Arbeitsmittel vor.

Arbeitsmittel, deren Sicherheit von den Montagebedingungen abhängt, müssen nach der Montage und vor der ersten Inbetriebnahme von hierzu befähigten Personen geprüft werden (§ 10 Abs. 1 BetrSichV). Auch Arbeitsmittel, die Schäden verursachenden Einflüssen unterliegen, müssen regelmäßig nach den vom Betreiber selbst gesetzten Fristen durch befähigte Personen überprüft und erforderlichenfalls erprobt werden (§ 10 Abs. 2 S. 1 BetrSichV). Nach außergewöhnlichen Ereignissen (Unfällen, Veränderungen an den Arbeitsmitteln, längerer Nichtbenutzung oder Naturereignissen) muss der Arbeitgeber gewährleisten, dass Arbeitsmittel einer außerordentlichen Überprüfung auf mögliche Schäden unterzogen werden (§ 10 Abs. 2 S. 2, 3 BetrSichV). Die Prüfung muss so erfolgen, dass Schäden rechtzeitig entdeckt und behoben werden können, damit ein sicherer Betrieb gewährleistet ist.

Bei diesen Maßnahmen handelt es sich um rein technische Überprüfungen, die sich durch besondere Prüfungsanlässe auszeichnen. Sie finden daher losgelöst von der allgemeinen Gefährdungsbeurteilung nach dem Arbeitsschutzgesetz statt. Die Prüfungen und ihre Ergebnisse sind auch gesondert aufzuzeichnen.

Werden anlässlich dieser Prüfungen Umstände offenbar, die Zweifel an der allgemeinen Arbeitsplatz- und Arbeitsmittelsicherheit aufkommen lassen, müssen sie selbstverständlich behoben werden. Die außerordentlichen Prüfungen dürfen die allgemeine Arbeitsmittel- und Arbeitsplatzsicherheit nicht außer Acht lassen.

4.2.4.4 Arbeitnehmerschutz und Eigensicherung

Wird die Gefährdungsbeurteilung nach dem beschriebenen Verfahren vorgenommen, kommt der Arbeitgeber seinen gesetzlichen Verpflichtungen nach. Es schützt damit sowohl seinen Arbeitnehmer vor Gefahren am Arbeitsplatz als auch sich selbst. Das erforderliche Schutzniveau wird erreicht und aufrechterhalten. Schwachstellen werden im Zuge der laufenden Überprüfung aufgedeckt. Sie können beseitigt werden. Der Arbeitnehmerschutz wird erhöht.

Der Arbeitgeber kann sich aufgrund der zutreffenden Gefährdungsbeurteilung mit hinreichender Sicherheit darauf verlassen, dass er und der Arbeitnehmer bei Arbeitsunfällen und Arbeitserkrankungen Versicherungsschutz der Berufsgenossenschaft und der Sozialversicherungsträger genießen. Haftungsrisiken für Schäden der Arbeitnehmer werden ausgeschlossen. Betriebsstillstände aufgrund von Arbeitsunfällen werden reduziert.

Eine sorgfältige Gefährdungsbeurteilung und die Gewährleistung des erforderlichen Schutzniveaus liegt daher im ureigensten Interesse des Arbeitgebers. Nur durch sie kann er sich vor Sanktionen und Haftungsrisiken schützen. Mit der geordneten Dokumentation kann er jederzeit den Beweis führen, dass seine Arbeitnehmer hinreichend vor Gefahren geschützt waren. Letztlich wird mit der Dokumentation auch sichergestellt, dass kostenträchtige Maßnahmen nicht aufrechterhalten bleiben, obwohl ihr Grund entfallen ist. Dies kann im Einzelfall zu deutlichen Kostenreduzierungen führen.

4.3   Kombinierte Gefährdungsbeurteilung

Da durch die Forderungen der BetrSichV die Gefährdungsbeurteilung einen verstärkten Stellenwert bekommen hat, wird erstmalig eine kombinierte Gefährdungsbeurteilung (**Bild 4.2**) sinnvoll. Am Beispiel von Bild 4.2 Gefährdungserfassung wird die Vorgehensweise deutlich. Der Arbeitplatz „Verpackung" soll gemäß § 5 ArbSchG und § 3 BetrSichV für den Betriebszustand „Normalbetrieb/Einrichten" beurteilt werden.

Dabei werden die bekannten Fragen gemäß § 5 ArbSchG und weitere, selbst erdachte Fragen zusätzlich über die Arbeitsmittel gestellt.

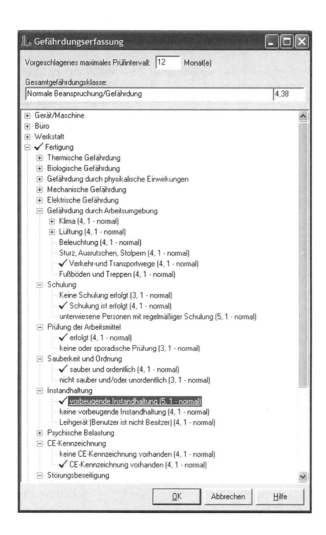

Bild 4.2 Gefährdungserfassung

Die selbst gewählten Fragen sind betriebsspezifisch festzulegen. Ein Grundkatalog von häufig wiederkehrenden Fragen ist auf der CD-ROM vorhanden.

Die Punkte „CE-Kennzeichen vorhanden" bis zur „Vorbeugenden Instandhaltung" wurden tabellarisch aufgelistet und mit ihrer soeben automatisch ermittelten Gefährdungsklasse und einem vorgeschlagenen Prüfintervall angezeigt **(Bild 4.3)**.

74

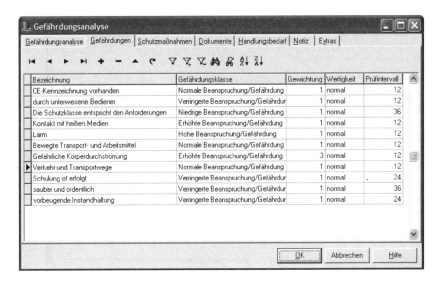

Bild 4.3 Gefährdungen

Als zweiter Schritt, vorzugsweise automatisch bei Verwendung einer geeigneten Software, werden für die festgestellten Gefährdungen, wie in Bild 4.3 dargestellt, Schutzmaßnahmen **(Bild 4.4)** generiert. Weitere Schutzmaßnahmen können auch zusätzlich hinzugefügt werden. Dabei wird, wie schon beschrieben, die Reihenfolge der zu verwendenden Schutzmaßnahmen technisch, organisatorisch und dann erst personenbezogen eingehalten.

Aus den ermittelten Einzelprüffristen gemäß Bild 4.3 wird dann über die Gewichtung und die Wertigkeit eine Gesamtprüffrist ermittelt **(Bild 4.5)**.

Für die am Arbeitsplatz verwendeten Arbeitsmittel ist also für den Betriebszustand „Normalbetrieb/Einrichten" die Mindestprüffrist von 12 Monaten festgelegt worden.

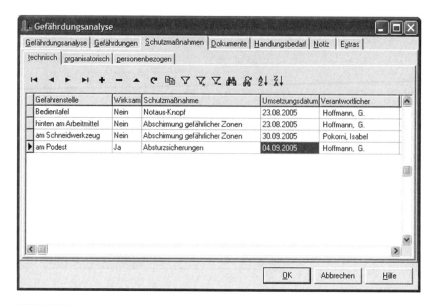

Bild 4.4 Schutzmaßnahmen

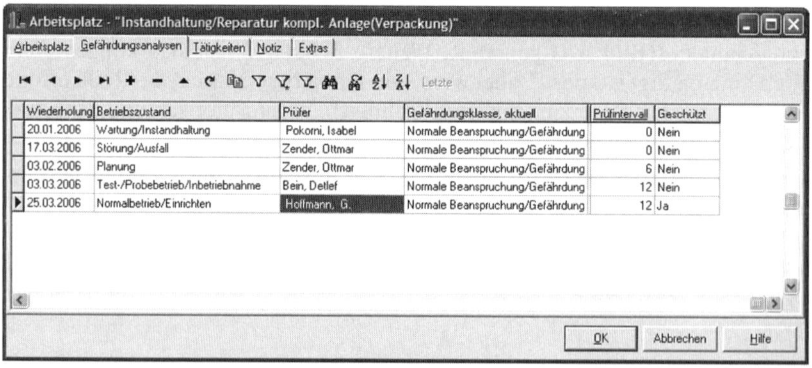

Bild 4.5 Gesamtprüffrist und Gefährdungsklasse

4.4   Zusammenfassung

Das zentrale Werkzeug zur Beurteilung der Arbeitsplätze und für die Absicherung des Unternehmens ist die Gefährdungsbeurteilung. Eine sinnvolle und kombinierte Durchführung einer Gefährdungsbeurteilung gemäß § 5 ArbSchG für die Arbeitsplätze und § 3 BetrSichV für die Arbeitsmittel spart Zeit und Geld.

Ob die Gefährdungsbeurteilung manuell auf einem Blatt Papier durchgeführt wird oder automatisiert mittels einer geeigneten Software, bleibt dem Anwender überlassen.

Jeder Mensch macht Fehler. Das Kunststück liegt darin, sie dann zu machen, wenn keiner zuschaut. Peter Ustinov (16.4.1921 – 28.3.2004)

5 Prüffristenermittlung

5.1 Allgemein

Die rechtssichere Prüffristenermittlung kann nur über eine sogenannte Gefährdungsbeurteilung erfolgen. Eine normale Gefährdungsbeurteilung gemäß Arbeitsschutzgesetz beschäftigt sich nicht mit den Gefahren, die auf ein Arbeitsmittel einwirken, sondern dort werden nur die Gefahren betrachtet, die am Arbeitsplatz auftreten und gleichzeitig auf den Arbeitnehmer wirken. Dies können ähnliche Gefahren sein, müssen aber nicht! Also muss eine modifizierte Gefährdungsbeurteilung verwendet werden. Zur besseren Unterscheidung zur Gefährdungsbeurteilung gemäß ArbSchG oder zur kombinierten Gefährdungsbeurteilung wie im letzten Kapitel wird diese im Folgenden auch „Prüffristenermittlung" genannt.

Bei der Gefährdungsbeurteilung für elektrische Geräte und Anlagen (Prüffristenermittlung) müssen nur die äußeren Gefahren, die auf das Arbeitsmittel wirken und deren Funktionssicherheit beeinträchtigen, betrachtet werden. Die Formulare einiger Verlage im Arbeitsschutzbereich lassen vermuten, es gäbe Vordrucke und allgemeine Vorgehensweisen. Doch das ist falsch, es gibt keine allgemeingültige Vorgehensweise bei der Prüffristenermittlung! Jedes Unternehmen hat andere Voraussetzungen und Sicherheitsziele zu erfüllen. Die Alfred Ritter GmbH in Waldenbuch hat andere Spezifika als die Turbinenreparatur der Lufthansa A.E.R.O. in Alzey. Aber beide haben Arbeitsmittel und Beschäftigte!

Weiterhin hat jedes Unternehmen unterschiedliche interne Arbeitsumgebungen, wie z. B. Büro, Serienfertigung, Einzelfertigung oder Lehrlingswerkstatt.

Demzufolge kann man kein „Ausfüllprotokoll" zücken, sondern es gilt sich schon im Vorfeld Gedanken über die möglichen Gefahren in seinem Unternehmen und dessen internen Umgebungen zu machen.

Allerdings gibt es Punkte, die bei fast jedem Unternehmen oder jeder Institution wichtig sind, wie z. B.:

- Ist das Gerät für den Einsatzzweck geeignet?
- Gibt es eine CE-Kennzeichnung (Geräte ab Baujahr 1995)?
- Sind die Beschäftigten im Umgang mit dem Arbeitsmittel unterwiesen worden (Schulung)?
- Erfolgt eine regelmäßige Prüfung der Arbeitsmittel?
- Häufigkeit der Benutzung?
- Entspricht die Schutzart der Anwendung?

Im zweiten Praxisbeispiel wird eine neue Art von Formularen erklärt, die unter bestimmten Umständen empfehlenswert sind. Dabei muss allerdings in Kauf genommen werden, dass keine Möglichkeiten der automatisierten Auswertung vorhanden sind und ein größerer Verwaltungsaufwand bei vielen Arbeitsmitteln entsteht.

5.2 Praxisbeispiel „Softwaregestützt"

Dieses Beispiel wird anhand des Arbeitsmittels Bohrmaschine erklärt. Mit derselben Vorgehensweise können andere Arbeitsmittel ebenfalls beurteilt werden, z. B. Computer oder Drehmaschinen.

Es ist egal, welches Softwareprodukt zur Beurteilung und Inventarisierung eingesetzt wird. Grundbedingung ist, dass die Software ein Tool für Gefährdungsbeurteilungen hat.

Schritt 1

Auf Anweisung der Geschäftsleitung werden alle Handbohrmaschinen aus den Werkstätten und Hallen zukünftig auf der Baustelle eingesetzt. Also werden auch andere äußere Gefahren auf diese Bohrmaschinen einwirken, da sich die Umgebung „Werkstatt" deutlich von der Umgebung „Baustelle" unterscheidet. Dies wurde auch schon bei der BGV A3 berücksichtigt, da die Prüffristenempfehlung für Baustellen bei drei Monaten lag, die Prüffristenempfehlung für die Werkstatt allerdings bei sechs Monaten.

Begründet wird dies durch die rauere Arbeitsumgebung. Im Freien kann es auf die Bohrmaschinen regnen, es ist mit mehr Schmutz zu rechnen usw.

In **Bild 5.1** Auflistung der Arbeitsmittel werden Arbeitsmittel aufgelistet. Hier befinden sich außer den Handbohrmaschinen auch alle anderen Arbeitsmittel.

Den Arbeitsmitteln sind außer einer eindeutigen Kennzeichnung die Angaben über den derzeitigen Zustand (z. B. „Geprüft" oder „Erhebliche Sicherheitsmängel") zugeordnet, ebenso das Datum der nächsten Prüfung, der Standort, der Gerätetyp etc.

Auch hier gilt: Jedes Unternehmen, jede Institution hat seine eigenen Anforderungen und erforderlichen Angaben.

Schritt 2

Um eine Prüffristenermittlung durchzuführen, müssen die zu betrachtenden Arbeitsmittel, im Beispiel die Handbohrmaschinen, separiert werden. Dies geschieht durch das Filtern oder Auswählen **(Bild 5.2)** nach dem Kriterium „Alle Handbohrmaschinen aus allen Werkstätten und Hallen".

Geräte [Eigene Geräte, 12345 Musterdorf Musterweg]

Daten Tabellen Prüfen Datensatz Spalten Filtern Sortieren Suchen Extras Filterausdrücke GEPI ?

Inventar-Nr.	Serien-Nr.	Status	Art	Typ	Gefährdungsklasse	Standort	Datum der näch
00118	023141	Erfasst	Tischleuchte	TL 300	3: Erhöhte Beanspruchung/Gefährdung	Zimmer 259	18.01.2005
00106	048106	Erfasst	Tischleuchte	TL 300	3: Erhöhte Beanspruchung/Gefährdung	Zimmer 253	16.12.2005
00072	0815	Geprüft	Waschmaschine	Super Sauber	4: Normale Beanspruchung/Gefährdung	512	08.12.2005
00119	107842	Erfasst	Tischleuchte	TL 300	3: Erhöhte Beanspruchung/Gefährdung	Zimmer 259	16.12.2005
00306	108439	Erfasst	Stehleuchte	SL-2 / 150W	4: Normale Beanspruchung/Gefährdung	Zimmer 255	
00001	111	Teilgeprüft	Handbohrmaschine	PRCr 10/6 II B	6: Niederige Beanspruchung/Gefährdung	Halle 1	31.12.2004
00311	111	Geprüft	Handbohrmaschine	PRCr 10/6 II B	6: Niederige Beanspruchung/Gefährdung	Werkstatt	31.12.2004
400363	1111	Erhebliche Sicherheitsmängel	Waschmaschine	Super Sauber	4: Normale Beanspruchung/Gefährdung	512	
00301	1234	Erfasst	Bohrhammer	BOHA 2000 L	4: Normale Beanspruchung/Gefährdung	Werkstatt	
00063	123456	Erfasst	Tischleuchte	TL 300	3: Erhöhte Beanspruchung/Gefährdung	Büro	16.12.2005
00300	1234567	Erhebliche Sicherheitsmängel	Fernsehgerät	TV-16X	4: Normale Beanspruchung/Gefährdung	Büro	
00060	1234576	Erfasst	Fernsehgerät	TV-16X	4: Normale Beanspruchung/Gefährdung	Eingangshalle	08.12.2004
00003	12785412	Erfasst	Kaffeemaschine	4095	4: Normale Beanspruchung/Gefährdung	Kaffee / Tee- Kü	20.01.2005
00062	1294567	Erfasst	Fernsehgerät	TV-16X	4: Normale Beanspruchung/Gefährdung	Büro	08.12.2004
00101	1323	Erfasst	Elektronik-Pendelhub-Sti	CST 6230 E	4: Normale Beanspruchung/Gefährdung	Werkstatt	
00100	132450	Geprüft	Tischleuchte	TL 300	3: Erhöhte Beanspruchung/Gefährdung	Zimmer 250	18.12.2005
00001	134535	Geprüft	Stehleuchte	SL-2 / 150W	4: Normale Beanspruchung/Gefährdung	Büro	02.07.2000
00208	137-059	Erfasst	Handbohrmaschine	ASXE 636S-1	4: Normale Beanspruchung/Gefährdung	Werkstatt II	23.01.2005
00064	137108	Erfasst	Tischleuchte	TL 300	3: Erhöhte Beanspruchung/Gefährdung	Eingangshalle	16.12.2005
00058	137461	Erfasst	Stehleuchte	SL-2 / 150W	4: Normale Beanspruchung/Gefährdung	Eingangshalle	08.12.2004
00111	154391	Erfasst	Tischleuchte	TL 300	3: Erhöhte Beanspruchung/Gefährdung	Zimmer 255	16.12.2005
00209	167-549	Erfasst	Handbohrmaschine	ASXE 636S-1	4: Normale Beanspruchung/Gefährdung	Werkstatt II	23.01.2005
00211	167-778	Erfasst	Handbohrmaschine	ASXE 636S-1	4: Normale Beanspruchung/Gefährdung	Werkstatt II	23.01.2005
00067	173714	Erfasst	Tischleuchte	TL 300	3: Erhöhte Beanspruchung/Gefährdung	Büro	16.12.2005
00303	1790	Erfasst	Bohrhammer	BOHA 2000 L	4: Normale Beanspruchung/Gefährdung	Halle 1	
00052	179431	Erfasst	Stehleuchte	SL-2 / 150W	4: Normale Beanspruchung/Gefährdung	Eingangshalle	08.12.2004
00004	18647924	Erfasst	Kaffeemaschine	4095	4: Normale Beanspruchung/Gefährdung	Kaffee / Tee- Kü	

Bild 5.1 Auflistung der Arbeitsmittel

Geräte [Filter an] [Deutscher Maschinenbau Hauptgeschäftsstelle, 12345 Waldheim Boschstr.]

Daten Tabellen Prüfen Datensatz Spalten Filtern Sortieren Suchen Extras Filterausdrücke GEPI ?

Inventar-Nr.	Serien-Nr.	Status	Art	Typ	Gefährdungsklasse	Standort	Datum der nächsten Prüfung
00001	111	Teilgeprüft	Handbohrmaschine	PRCr 10/6 II B	6: Niederige Beanspruchung/Gefährdung	Halle 1	31.12.2004
00311	111	Geprüft	Handbohrmaschine	PRCr 10/6 II B	6: Niederige Beanspruchung/Gefährdung	Werkstatt	31.12.2004
00208	137-059	Erfasst	Handbohrmaschine	ASXE 636S-1	4: Normale Beanspruchung/Gefährdung	Werkstatt II	23.01.2005
00209	167-549	Erfasst	Handbohrmaschine	ASXE 636S-1	4: Normale Beanspruchung/Gefährdung	Werkstatt II	23.01.2005
00211	167-778	Erfasst	Handbohrmaschine	ASXE 636S-1	4: Normale Beanspruchung/Gefährdung	Werkstatt II	23.01.2005
00202	247-318	Erfasst	Handbohrmaschine	ASXE 636S-1	4: Normale Beanspruchung/Gefährdung	Werkstatt II	23.01.2005
00210	249-374	Erfasst	Handbohrmaschine	ASXE 636S-1	4: Normale Beanspruchung/Gefährdung	Werkstatt II	23.01.2005
00200	318-794	Erfasst	Handbohrmaschine	ASXE 636S-1	4: Normale Beanspruchung/Gefährdung	Werkstatt II	23.01.2005
00204	351-674	Erfasst	Handbohrmaschine	ASXE 636S-1	4: Normale Beanspruchung/Gefährdung	Werkstatt II	23.01.2005
00205	455-217	Erfasst	Handbohrmaschine	ASXE 636S-1	4: Normale Beanspruchung/Gefährdung	Werkstatt II	23.01.2005
00201	710-943	Erfasst	Handbohrmaschine	ASXE 636S-1	4: Normale Beanspruchung/Gefährdung	Werkstatt II	23.01.2005
00203	913-054	Erfasst	Handbohrmaschine	ASXE 636S-1	4: Normale Beanspruchung/Gefährdung	Werkstatt II	23.01.2005
00207	922-347	Erfasst	Handbohrmaschine	ASXE 636S-1	4: Normale Beanspruchung/Gefährdung	Werkstatt II	23.01.2005
00206	956-217	Erfasst	Handbohrmaschine	ASXE 636S-1	4: Normale Beanspruchung/Gefährdung	Werkstatt II	23.01.2005
00018	SR-12034	Geprüft	Handbohrmaschine	PRCr 10/6 II B	4: Normale Beanspruchung/Gefährdung	Werkstatt II	15.12.2004
00013	SR-24087	Erfasst	Handbohrmaschine	PRCr 10/6 II B	4: Normale Beanspruchung/Gefährdung	Werkstatt II	03.01.2005
00012	SR-24671	Erfasst	Handbohrmaschine	PRCr 10/6 II B	4: Normale Beanspruchung/Gefährdung	Werkstatt II	03.01.2005
00017	SR-64129	Erfasst	Handbohrmaschine	PRCr 10/6 II B	4: Normale Beanspruchung/Gefährdung	Werkstatt II	03.01.2005
00014	SR-69780	Erfasst	Handbohrmaschine	PRCr 10/6 II B	4: Normale Beanspruchung/Gefährdung	Werkstatt II	23.04.2005
00019	SR-79547	Erfasst	Handbohrmaschine	PRCr 10/6 II B	4: Normale Beanspruchung/Gefährdung	Werkstatt II	03.01.2005
00011	SR-81623	Erfasst	Handbohrmaschine	PRCr 10/6 II B	4: Normale Beanspruchung/Gefährdung	Werkstatt II	03.01.2005
00015	SR-84127	Erfasst	Handbohrmaschine	PRCr 10/6 II B	3: Erhöhte Beanspruchung/Gefährdung	Werkstatt II	03.01.2005
00016	SR-94872	Erfasst	Handbohrmaschine	PRCr 10/6 II B	4: Normale Beanspruchung/Gefährdung	Werkstatt II	11.04.2005

Bild 5.2 Selektion der Arbeitsmittel

Hier zeigt sich die Überlegenheit einer EDV-gestützten Arbeitsmittelverwaltung. Es wird allerdings viel Zeit und damit Geld gespart, wenn die Arbeitsmittel vorher schon inventarisiert wurden. Danach kann mit sehr geringem Aufwand separiert werden.

Bei der Betrachtung der Handbohrmaschinen ist es relativ egal, welchen Typs und von welchem Hersteller sie sind. Denn auf ähnliche Handbohrmaschinen wirken dieselben äußeren Gefahren. Dabei muss darauf geachtet werden, dass keine Profi-Bohrmaschinen mit sogenannten „Baumarkt"-Bohrmaschinen verglichen werden, da diese für andere Einsatzbedingungen konzipiert sind.

Wichtig:

Die Elektrofachkraft oder der Verantwortliche muss mit Sachverstand gefährdungs-mäßig ähnliche Geräte für eine Prüffristenermittlung auswählen! Dabei können auch unterschiedliche Gerätetypen zusammen betrachtet werden, wie z.B. ein Trennschneider und eine Stichsäge.

Schritt 3

Der Standort für die Bohrmaschinen wird neu vergeben. Es werden im Beispiel (**Bild 5.3**) alle Standorte wie „Werkstatt II", „Werkstatt" und „Halle 1" auf den gemeinsamen neuen Standort „Baustelle" gesetzt.

Auch hier zeigt sich die Überlegenheit der EDV-gestützten Arbeitsmittel-Verwaltung. Mit einem Mausklick wird der neue Standort zugeordnet. Dabei ist es für eine Software egal, ob Veränderungen für eines oder für tausend Geräte durchgeführt werden.

Im rechten Bereich von Bild 5.3 werden unterschiedliche Termine für die nächste Prüfung aufgelistet. Es gibt bereits geprüfte Bohrmaschinen und viele nur erfasste (inventarisierte) Bohrmaschinen. Für alle aber gilt, sie werden ab jetzt in einem neuen Bereich eingesetzt, welcher andere äußere Gefährdungen als die bisherigen Arbeitsbereiche hat. Also müssen auch neue Prüffristen festgelegt werden.

Schritt 4

Die eigentliche Gefährdungsbeurteilung bzw. Prüffristenermittlung wird jetzt durchgeführt. Sehr viel Arbeit erspart man sich, wenn einige wichtige Arbeitsum-gebungen (**Bild 5.4**) vordefiniert werden. Im Beispiel werden verschiedene Werk-stätten, die Fertigung, das Büro und die Baustelle angelegt. Jede Umgebung hat dabei für die jeweils zu erwartenden Gefährdungen allgemeine und spezielle Fragen.

Es wird für das Beispiel das Szenario „Baustelle" gewählt, weil der neue Standort der Arbeitsmittel die Baustelle sein wird.

Schritt 5

Die Fragen des Szenarios „Baustelle" (**Bild 5.5**) werden beantwortet.

Geräte [Filter an] [Herr Klaus Beispiel, 56666 Beisspielstadt Beispielstr.33]

Daten Tabellen Prüfen Datensatz Spalten Filtern Sortieren Suchen Extras Filterausdrücke GEPI ?

Inventar-Nr.	Serien-Nr.	Status	Art	Typ	Gefährdungsklasse	Standort	Datum der nächsten Prüfung
00001	111	Teilgeprüft	Handbohrmaschine	PRCr 10/6 II B	6: Niederige Beanspruchung/Gefährdung	Baustelle	31.12.2004
00311	111	Geprüft	Handbohrmaschine	PRCr 10/6 II B	6: Niederige Beanspruchung/Gefährdung	Baustelle	31.12.2004
00208	137-059	Erfasst	Handbohrmaschine	ASXE 636S-1	4: Normale Beanspruchung/Gefährdung	Baustelle	23.01.2005
00209	167-549	Erfasst	Handbohrmaschine	ASXE 636S-1	4: Normale Beanspruchung/Gefährdung	Baustelle	23.01.2005
00211	167-778	Erfasst	Handbohrmaschine	ASXE 636S-1	4: Normale Beanspruchung/Gefährdung	Baustelle	23.01.2005
00202	247-318	Erfasst	Handbohrmaschine	ASXE 636S-1	4: Normale Beanspruchung/Gefährdung	Baustelle	23.01.2005
00210	249-374	Erfasst	Handbohrmaschine	ASXE 636S-1	4: Normale Beanspruchung/Gefährdung	Baustelle	23.01.2005
00200	318-794	Erfasst	Handbohrmaschine	ASXE 636S-1	4: Normale Beanspruchung/Gefährdung	Baustelle	23.01.2005
00204	351-674	Erfasst	Handbohrmaschine	ASXE 636S-1	4: Normale Beanspruchung/Gefährdung	Baustelle	23.01.2005
00205	455-217	Erfasst	Handbohrmaschine	ASXE 636S-1	4: Normale Beanspruchung/Gefährdung	Baustelle	23.01.2005
00201	710-943	Erfasst	Handbohrmaschine	ASXE 636S-1	4: Normale Beanspruchung/Gefährdung	Baustelle	23.01.2005
00203	913-054	Erfasst	Handbohrmaschine	ASXE 636S-1	4: Normale Beanspruchung/Gefährdung	Baustelle	23.01.2005
00207	922-347	Erfasst	Handbohrmaschine	ASXE 636S-1	4: Normale Beanspruchung/Gefährdung	Baustelle	23.01.2005
00206	954-227	Erfasst	Handbohrmaschine	ASXE 636S-1	4: Normale Beanspruchung/Gefährdung	Baustelle	23.01.2005
00018	SR-12034	Geprüft	Handbohrmaschine	PRCr 10/6 II B	4: Normale Beanspruchung/Gefährdung	Baustelle	15.12.2004
00013	SR-24087	Erfasst	Handbohrmaschine	PRCr 10/6 II B	4: Normale Beanspruchung/Gefährdung	Baustelle	03.01.2005
00012	SR-24671	Erfasst	Handbohrmaschine	PRCr 10/6 II B	4: Normale Beanspruchung/Gefährdung	Baustelle	03.01.2005
00017	SR-64129	Erfasst	Handbohrmaschine	PRCr 10/6 II B	4: Normale Beanspruchung/Gefährdung	Baustelle	03.01.2005
00014	SR-69780	Erfasst	Handbohrmaschine	PRCr 10/6 II B	4: Normale Beanspruchung/Gefährdung	Baustelle	23.04.2005
00019	SR-79547	Erfasst	Handbohrmaschine	PRCr 10/6 II B	4: Normale Beanspruchung/Gefährdung	Baustelle	03.01.2005
00011	SR-81623	Erfasst	Handbohrmaschine	PRCr 10/6 II B	4: Normale Beanspruchung/Gefährdung	Baustelle	03.01.2005
00015	SR-84127	Erfasst	Handbohrmaschine	PRCr 10/6 II B	3: Erhöhte Beanspruchung/Gefährdung	Baustelle	03.01.2005
00016	SR-94872	Erfasst	Handbohrmaschine	PRCr 10/6 II B	4: Normale Beanspruchung/Gefährdung	Baustelle	11.04.2005

Bild 5.3 Neuen Standort zuordnen

Bild 5.4 Mögliche Beurteilungsszenarien

83

1. Frage nach der CE-Kennzeichnung

Für elektrische Geräte und Anlagen, die nach 1995 angeschafft wurden oder nach dieser Zeit maßgeblich sicherheitstechnisch verändert wurden, gilt die Pflicht zur CE-Kennzeichnung (vgl. EWG 89). Es dürfen keine Geräte ohne CE-Kennzeichnung betrieben werden!

2. Fragen nach der Häufigkeit der Benutzung

Verständlich ist, dass sich ein Gerät, das sehr oft genutzt wird, stärker verschleißt als ein wenig benutztes Gerät. Demzufolge sind höhere Gefährdungen zu erwarten.

3. Frage nach der Gefährdung durch die Arbeitsumgebung

Von außen einwirkende Einflüsse wie klimatische Schwankungen oder Korrosion stellen Gefahren für das Arbeitsmittel dar.

4. Frage nach Prüfung der Arbeitsmittel

Ebenfalls ein sehr wichtiges Kriterium. Es dürfen keine Arbeitsmittel ohne Prüfungen betrieben werden (vgl. BetrSichV).

5. Frage nach der Instandhaltung

Wurde im Beispiel ausgelassen, da sie demjenigen, der die Prüffrist ermittelt, als nicht relevant erschien. Auch hier gilt, dass die Elektrofachkraft oder der Verantwortliche kraft ihrer Erfahrung entscheiden müssen, nach welchen Kriterien sie beurteilen!

6. Frage nach der Schulung /Einweisung

Sehr wichtige und immer wieder auftretende Frage. Gemäß § 12 ArbSchG dürfen keine Arbeitnehmer ohne Schulung arbeiten. Die Gefährdung durch nicht geschulte Arbeitnehmer ist sehr hoch!

7. Frage nach der Feuchtigkeit

Gerade auf offenen Baustellen muss mit sehr viel Feuchtigkeit gerechnet werden. Für elektrische Geräte ist die ständig einwirkende Feuchtigkeit ein Gefahrenpotential.

8. Frage nach der Einsatzeignung

Im Arbeitsprozess sollten nur professionelle Arbeitsmittel eingesetzt werden. Wenn „Baumarktgeräte" eingesetzt werden, müssen natürlich erheblich kürzere Prüffristen das potentielle Sicherheitsproblem der fehlenden Einsatzeignung kompensieren.

9. Frage nach den Herstellerangaben

Beim Einsatz von Arbeitsmitteln müssen die Herstellerangaben beachtet werden, damit kein falscher Gebrauch das Arbeitsmittel beschädigt. Dazu gehört, dass die Unterlagen über die Geräte verfügbar und die Typenschilder lesbar sind.

10. Frage nach den Einsatzbedingungen

Der erhöhte Verschleiß eines Geräts wird nicht nur durch die Häufigkeit der Benutzung verursacht, sondern auch durch die Einsatzbedingungen. Die Elektrofachkraft

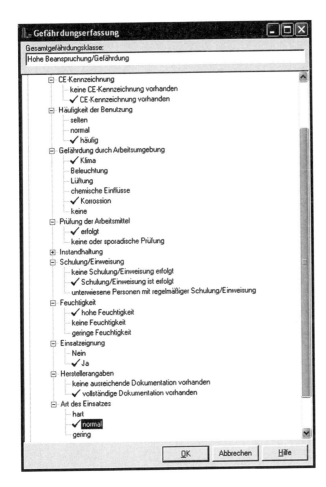

Bild 5.5 Gefährdungsbeurteilung zur Prüffristenermittlung

oder der Verantwortliche muss mit seiner Erfahrung entscheiden, wie sich die Einsatzbedingungen auf das Arbeitsmittel auswirken.

Im oberen Teil von Bild 5.4 ist die „Gesamtgefährdungsklasse" zu erkennen. Sie setzt sich aus den Einzelgefährdungen zusammen und wird bei Einsatz von Software mit einer mathematischen Formel berechnet. Dabei gehen die einzelnen Fragen in Abhängigkeit der Wichtigkeit in die Berechnung ein. Es gibt natürlich sogenannte Ausschlusskriterien bei einigen Fragen. So darf bei fehlender CE-Kennzeichnung keine normale Prüffrist erlaubt werden, sondern nur ein sehr kurzes

Intervall, um die CE-Kennzeichnung nachzuholen, oder um Maßnahmen zur Gefahrenabwehr zu ergreifen.

Im Beispiel wurde eine „Hohe Beanspruchung/Gefährdung" als Gesamtgefährdungsklasse ermittelt.

Schritt 6

Bisher wurde die Gefährdungsklasse ermittelt und kein Prüfintervall. Dies geschieht jetzt automatisch, indem das Ergebnis „Hohe Gefährdung" mit den vorher ebenfalls festgelegten, verschiedenen möglichen Prüfintervallen (**Bild 5.6**) für die Gerätetypen kombiniert wird. Im Beispiel hat die Elektrofachkraft oder der Verantwortliche festgelegt, bei welcher Gefährdungsklasse welche Prüffristen anzuwenden sind. Hier kommt wieder es wieder auf die Erfahrung an!

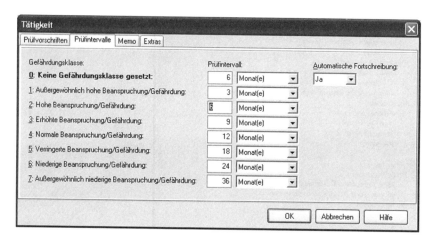

Bild 5.6 Raster der Prüfintervalle

Warum dieser auf den ersten Blick umständliche Weg?

● Um die bestmögliche rechtliche Absicherung zu erhalten!

Wenn der Fragenkatalog für die einzelnen Szenarien und die Zuordnung von Prüffristen zu Gefährdungsklassen feststeht, gilt:

● die gerichtliche Nachvollziehbarkeit ist definitiv gesichert

● bei späteren Gefährdungsbeurteilungen wird die Arbeit sehr einfach, da eine Entscheidungshilfe vorhanden ist

● es können mehrere Anwender damit arbeiten, weil der Entscheidungsweg einheitlich vorgegeben ist

- die Ergebnisse, auch von mehreren Anwendern, werden weitestgehend objektiv ermittelt
- es gibt eine strukturierte Vorgehensweise

Schritt 7

Das Ergebnis aus Schritt 6 wird bei **Bild 5.7** in der Spalte „Datum der nächsten Prüfung" deutlich. Die Prüffristen wurden neu gesetzt. Dabei unterscheidet die Software, ob eine Prüfung bereits erfolgt war. Dann schreibt sie den nächsten Termin, ausgehend vom Termin der letzten Prüfung, mit dem neuen Prüfrhythmus weiter. Bei den nur erfassten Geräten wird als nächster Prüftermin der Tag der erfolgten Gefährdungsbeurteilung bzw. Prüffristenermittlung gesetzt.

Sinnvoll ist es nun, einen einheitlichen Prüfrhythmus zustande kommen zu lassen. Dies geschieht, indem man alle Geräte zum nächstmöglichen Termin gemeinsam prüft. Ab dann wird automatisch ein einheitlicher Prüftermin weitergeschrieben.

Kontrolle der Prüffristenermittlung

Eine beliebige Handbohrmaschine wird nun geprüft. In nachfolgendem **Bild 5.8** ist beim Einzelgerät zu erkennen, dass:

- ein neuer Standort gesetzt wurde („Baustelle")
- eine neue Gefährdungsklasse ermittelt wurde („Hohe Gefährdung")

Inventar-Nr.	Serien-Nr.	Status	Art	Typ	Gefährdungsklasse	Standort	Datum der nächsten Prüfung
00001	111	Teilgeprüft	Handbohrmaschine	PRCi 10/6 II B	2: Hohe Beanspruchung/Gefährdung	Baustelle	03.01.2005
00311	111	Geprüft	Handbohrmaschine	PRCi 10/6 II B	2: Hohe Beanspruchung/Gefährdung	Baustelle	18.12.2004
00208	137-059	Erfasst	Handbohrmaschine	ASXE 636S-1	2: Hohe Beanspruchung/Gefährdung	Baustelle	03.01.2005
00209	167-549	Erfasst	Handbohrmaschine	ASXE 636S-1	2: Hohe Beanspruchung/Gefährdung	Baustelle	03.01.2005
00211	167-778	Erfasst	Handbohrmaschine	ASXE 636S-1	2: Hohe Beanspruchung/Gefährdung	Baustelle	03.01.2005
00202	247-318	Erfasst	Handbohrmaschine	ASXE 636S-1	2: Hohe Beanspruchung/Gefährdung	Baustelle	03.01.2005
00210	249-374	Erfasst	Handbohrmaschine	ASXE 636S-1	2: Hohe Beanspruchung/Gefährdung	Baustelle	03.01.2005
00200	318-794	Erfasst	Handbohrmaschine	ASXE 636S-1	2: Hohe Beanspruchung/Gefährdung	Baustelle	03.01.2005
00204	351-674	Erfasst	Handbohrmaschine	ASXE 636S-1	2: Hohe Beanspruchung/Gefährdung	Baustelle	03.01.2005
00205	455-217	Erfasst	Handbohrmaschine	ASXE 636S-1	2: Hohe Beanspruchung/Gefährdung	Baustelle	03.01.2005
00201	710-943	Erfasst	Handbohrmaschine	ASXE 636S-1	2: Hohe Beanspruchung/Gefährdung	Baustelle	03.01.2005
00203	913-054	Erfasst	Handbohrmaschine	ASXE 636S-1	2: Hohe Beanspruchung/Gefährdung	Baustelle	03.01.2005
00207	922-347	Erfasst	Handbohrmaschine	ASXE 636S-1	2: Hohe Beanspruchung/Gefährdung	Baustelle	03.01.2005
00206	954-227	Erfasst	Handbohrmaschine	ASXE 636S-1	2: Hohe Beanspruchung/Gefährdung	Baustelle	15.12.2004
00018	SR-12034	Geprüft	Handbohrmaschine	PRCi 10/6 II B	2: Hohe Beanspruchung/Gefährdung	Baustelle	03.01.2005
00013	SR-24087	Erfasst	Handbohrmaschine	PRCi 10/6 II B	2: Hohe Beanspruchung/Gefährdung	Baustelle	03.01.2005
00012	SR-24671	Erfasst	Handbohrmaschine	PRCi 10/6 II B	2: Hohe Beanspruchung/Gefährdung	Baustelle	03.01.2005
00017	SR-64129	Erfasst	Handbohrmaschine	PRCi 10/6 II B	2: Hohe Beanspruchung/Gefährdung	Baustelle	03.01.2005
00014	SR-69780	Erfasst	Handbohrmaschine	PRCi 10/6 II B	2: Hohe Beanspruchung/Gefährdung	Baustelle	03.01.2005
00019	SR-79547	Erfasst	Handbohrmaschine	PRCi 10/6 II B	2: Hohe Beanspruchung/Gefährdung	Baustelle	03.01.2005
00011	SR-81623	Erfasst	Handbohrmaschine	PRCi 10/6 II B	2: Hohe Beanspruchung/Gefährdung	Baustelle	03.01.2005
00015	SR-84127	Erfasst	Handbohrmaschine	PRCi 10/6 II B	2: Hohe Beanspruchung/Gefährdung	Baustelle	03.01.2005
00016	SR-94872	Erfasst	Handbohrmaschine	PRCi 10/6 II B	2: Hohe Beanspruchung/Gefährdung	Baustelle	03.01.2005

Bild 5.7 Zuordnung der neuen Prüfintervalle

- der Status der Bohrmaschine „Geprüft" ist
- ein neuer Prüftermin ansteht (3.6.2005)

Die stark beanspruchte Bohrmaschine mit dem Standort „Baustelle" wird alle sechs Monate wieder geprüft.

Die Prüffrist wurde rechtssicher über eine Gefährdungsbeurteilung ermittelt.

Dasselbe Beispiel über eine formulargestützte Vorgehensweise ist in Abschnitt 5.3 wiedergegeben.

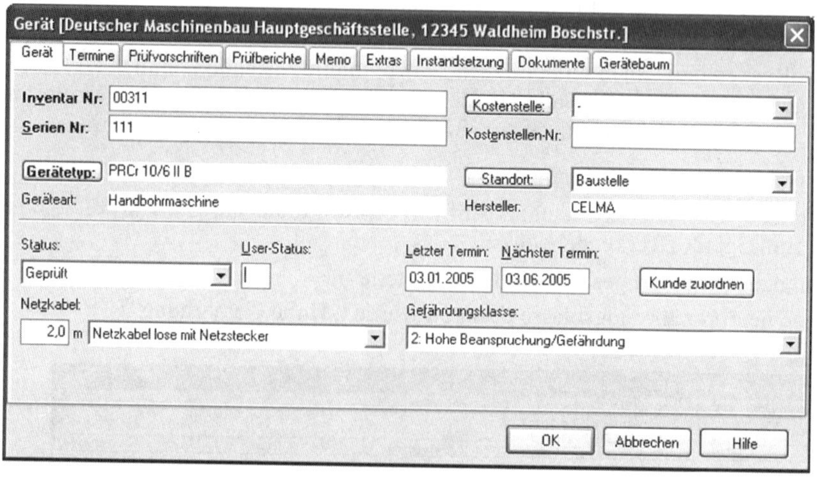

Bild 5.8 Stammdaten eines Arbeitsmittels

5.3   Praxisbeispiel „Formulargestützt"

Nicht jeder kann sich mit einer EDV-gestützten Vorgehensweise anfreunden. Andererseits ist für kleinere Arbeitsmittelbestände die Anschaffung einer Beurteilungs-Software unrentabel.

Auch diesem Personenkreis muss eine Gefährdungsbeurteilung möglichst rechtssicher zugänglich gemacht werden. Dipl.-Ing. Klaus Bödeker (Berlin) hat hierzu eine Vorgehensweise entwickelt, die für kleinere Unternehmen hoch interessant ist.

Diese Vorgehensweise unterscheidet sich nicht wesentlich von der des EDV-gestützten Formulars. Hier haben also zwei unterschiedliche Autoren einen sehr ähnlichen Weg zur Prüffristenermittlung gefunden. Dabei kommen Herr Bödeker aus der elektrotechnischen Praxis und die EDV-gestützte Vorgehensweise aus der Betrachtung der rechtlichen Aspekte und Anforderungen.

Es werden im Formular aufgrund von Fragen so genannte Gefährdungsklassen ermittelt. Diese bilden die Grundlage der zukünftig anzuwendenden Prüffrist der Wiederholungsprüfung.

Bestimmen des Prüftermins für elektrische Arbeitsmittel
Gefährdungsbeurteilung gemäß Betriebssicherheitsverordnung § 3

Unternehmen/Betriebsteil/Bereich [1]: *Industriebau Hohenlaufen/Metall- und Gerüstbau/Montage*

Prüffristenermittlung Nr. : 123-05

Geltungsbereich (<u>Anlage</u>/~~Maschine~~/~~Anlagenteil~~/<u>Betriebsmittel</u>/<u>Gerät(e)</u> [1]/*ohne ortsveränderliche Geräte*

Bezeichnung: *el. Anlage der Baustelle*	Standort **Hohensiegen – Industriegelände – Objekt 32A**
Erarbeitet von: *Müller*	gültig bis: *10/05*
am: *10.07.05*	Name: *Müller*

Bewertung: Zustand und Beanspruchung des Arbeitsmittels und Gefährdung des Anwenders/Ermitteln Prüfturnus

	Gefährdungsklasse →	1	2	3	4	5	6	7
		Spitzenniv.	sehr gut	gut	normal	beeinträchtigt	schlecht	sehr schlecht
	Zustand → Einwirkung/Gefährdung →	keine	s. niedrig	niedrig	normal	erhöht	hoch	sehr hoch

	MERKMALE				BEWERTUNG DER MERKMALE			
Zustand	Prüf- und CE-Zeichen	ja, beide	-----	-	---	- nur CE O	---	- ---	-- keins
	Gesamteindruck	Spitze	s. gut	gut	O wie üblich,	mäßig	schlecht	Mängel der Sicherheit vorhanden
	Verschleiß	keiner	kaum	wenig	keine Beeinträchtigung	bedenklich O	erheblich	
	Befestigungen Körper	Spitze	sehr gut	gut	wie üblich, O	bedenklich	schlecht	
	Befestigungen Leitg.				ausreichend O			
	Schutzart	-	viel besser	besser	wie üblich, O normgerecht	-------	- falsch	gefährlich
	Folgen v. Eigenbeweg.	keine	kaum	----	O	bemerkbar	übermäßig	zu stark
	Folgen innerer Medien	O	-----					
	Prüfergebnis	-------	Spitze	s. gut	gut, normgerecht	unwes. Mängel O	Sicherheitsmängel	Gefährdung
Einwirkung	Mech. Umgebung	keine	keine Auswirkung	unwesentlich	normal, O bemerkbar,	kleine stö- O rende	über- O mäßig	zu stark bis zerstörend
	Einwirkung Benutzer			O	keine stö-		störende	
	Dritte				renden Aus- O	Auswir- O	Auswir-	
	Einwirk. Atmosphäre				wirkungen O	kung	kung	
	Biolog. Einwirkung							
	Niveau Anwender	vorbildl.	sehr gut	gut	normal, noch O ausreichend	schlecht O	sehr O schlecht	negativ keine
	Niveau Wartung							
Gefährdung	Nässe und Staub	keine	kaum	keine Folg.	bestimmungs- O gemäß	vermehrt O	stark	zuviel, Gefahr
	leitender Staub		O					
	Ordnung	Spitze	s. gut	gut	wie üblich	schlecht O	s. schlecht	Gefahr
	Schwere der Arbeit	nicht	kaum	wenig	normal	erhöht	hoch O	s. hoch
	Temperatur (Schweiß)	kein	-----	-------	- wie üblich O	mäßig	stark	s. hoch
	hoher Standort	nein	---	---	- gering O	erhöht	erheblich	s. hoch
	Anwender- Arbeitsm. kontakt leitende mit Teile	keine	selten schwach	wenig schwach	normales Anfassen O	öfter, O fester	viel oder O kräftig oder großfläch.	viel und großflächig
	Fachkunde d. Anwend.	Spitze	s. gut	gut	ausreichend	wenig O	zu wenig	negativ

	Gefährdungsklasse Entscheidung →	1	2	3	4	5	6	7
Ergebnis	Prüfturnus Vorschlag →	...7 J......6 J........5 J.......4 J......3 J.......2 J......1 J........6 M..........1 M.........1 W.....?						
	Prüfturnus Entscheidung →					**6 Monate**		
	Bemerkung →	*Prüfung der Baustromverteiler auch nach jedem Umsetzen vor dem Wiedereinschalten*						

[1] Zutreffendes unterstreichen

89

5.4 Zusammenfassung

Der Gesetzgeber sieht keine andere Möglichkeit als die Gefährdungsbeurteilung für eine Prüffristenermittlung der Arbeitsmittel vor. Aber es hat sich eigentlich nicht viel geändert, denn die BGV A3 sagt im § 5:

„Die Fristen sind so zu bemessen, dass entstehende Mängel, mit denen gerechnet werden muss, rechtzeitig festgestellt werden."

Die Tabellen im Anhang der BGV A3 waren als Orientierungshilfe gedacht, wurden aber wie ein Dogma behandelt. Nun steht das eigene Nachdenken im Vordergrund, ohne das Wenn und Aber von Tabellen, die missverstanden werden können. Das haben schon Herr Egyptien und Herr Seibel, die „Väter" der VBG 4 und damit auch der BGV A3, schon immer so gewünscht und eingefordert.

5.5 Der Gesetzgeber schließt den Kreis der Gefährdungsbeurteilung

Der Gesetzgeber schreitet voran und macht aus den Einzelteilen ein Ganzes. Denn wenn man es auf der Zeitschiene sieht:

- gibt er eine Regelung im Arbeitsschutzgesetz (ArbSchG) [5] vor, in Kraft seit 1996

- gibt der Gesetzgeber eine Regelung seit 2002 in der Betriebssicherheitsverordnung (BetrSichV) [1] vor

- verlangt der Gesetzgeber ebenfalls eine Gefährdungsbeurteilung gemäß Gefahrstoffverordnung (GefStoffV) [17] seit 2005

Um die Risiken oder Prozesse richtig abschätzen zu können, wird die Gefährdungsbeurteilung angewendet. Bisher wurden die verschiedenen Arten der Gefährdungsbeurteilungen getrennt voneinander erstellt. Erstmals wurden sie in dem ab 1.1.2006 verbindlichen und zu erarbeitenden Explosionsschutzdokument gemäß GefStoffV [17] zumindest für die Bereiche Arbeitsstoff und Arbeitsplatz unter dem Aspekt der explosionsfähigen Atmosphäre zusammengefasst.

In diesen Bereich wird die kombinierte Gefährdungsbeurteilung an Bedeutung gewinnen. Diese wird außer im Kapitel 4 noch genauer im Band 120 der VDE-Schriftenreihe „Organisation der Prüfung von Arbeitsmitteln" [18] beschrieben.

6 Inventarisierung

6.1 Notwendigkeit

Im Gegensatz zur BGV A3 verlangt die BetrSichV nun per Gesetz eine Dokumentationspflicht der Prüfungen. In der BGV A3 steht:

§ 5 Prüfungen

(3) Auf Verlangen der Berufsgenossenschaft ist ein Prüfbuch mit bestimmten Eintragungen zu führen.

Also war es dem Betreiber bisher freigestellt, so die Berufsgenossenschaft es nicht ausdrücklich verlangte, zu dokumentieren. Es wurde allerdings in vielen Unternehmen, die Wert auf Rechtssicherheit legten, auch vor Einführung der Betriebssicherheitsverordnung schriftlich dokumentiert. Teilweise war die Qualität der Dokumentation oft nicht so, dass sie sofort zu einer Inventarisierung genutzt werden konnte.

In der BetrSichV steht als wesentliche Änderung zu den Aussagen der BGV A3:

§ 11 „Aufzeichnungen":

„... der Arbeitgeber hat die Ergebnisse der Prüfungen nach § 10 aufzuzeichnen ...".

Anmerkung: *Im § 10 BetrSichV ist die Pflicht zur Prüfung festgeschrieben!*

Demzufolge benötigt der Betreiber eine schriftliche Nachweisführung für die erfolgten Prüfungen. Um den geprüften Arbeitsmitteln die Ergebnisse der Prüfungen zuzuordnen, müssen allerdings die Arbeitsmittel individualisiert werden. Das bedeutet, dass jedes Arbeitsmittel eine eindeutige Bezeichnung erhält. Durch diese eindeutige Bezeichnung können wiederum dem Arbeitsmittel die durchgeführten Tätigkeiten, wie z. B. eine Prüfung, zweifelsfrei zugeordnet werden.

Diese Individualisierung wird praktischerweise durch eine Inventarisierung mit einer Zuordnung von einer Inventarnummer zum jeweiligen Arbeitsmittel durchgeführt. Diese Inventarnummer darf selbstverständlich nur einmal pro Arbeitsmittel und Betreiber vergeben werden.

Wichtig:

Werden Arbeitsmittel ausgemustert, darf keinesfalls die Inventarnummer sofort einem neuen Arbeitsmittel zugeordnet werden. Denn es würde bei einer späteren Überprüfung nicht das in der Vergangenheit geprüfte Arbeitsmittel gefunden werden, sondern das neu aufgenommene Arbeitsmittel. Es würden also die früher erfolgten Prüfungen falsch zugeordnet werden. Schlimmstenfalls könnte ein Staatsanwalt Verschleierungsversuche vermuten. Die ausgemusterten Arbeitsmittel sollten mindestens sechs Jahre in den Unterlagen weitergeführt werden. Praktischerweise sollte solch einem Arbeitsmittel ein Attribut wie z. B. „ausgemustert" oder „nicht mehr in Nutzung" beigefügt werden.

6.2 Möglichkeiten der Kennzeichnung

Die Varianten, ein Arbeitsmittel zu inventarisieren, sind zahlreich. Es werden allerdings nur drei praxiserprobte Varianten vorgestellt. Jedes Unternehmen oder jede Institution muss sich überlegen, welche Vorgehensweise praktikabel und bezahlbar ist. Es gibt leider nicht den Königsweg, und deshalb ist es teilweise auch notwendig, verschiedene Verfahren zu kombinieren. Beispielhaft sei die Alfred Ritter GmbH & Co. KG genannt. Im Bereich der elektrischen ortsveränderlichen Geräte und der Arbeitsmittel im Büro wird Barcode zu Inventarisierung verwendet. Im Bereich der Produktion wurde, da in der Lebensmittelbranche mit vielen Reinigungsmitteln gearbeitet wird, der lebensmittelechte und fast unzerstörbare Transponder zur Inventarisierung bevorzugt.

6.2.1 Inventarnummer als alphanumerisches Zeichen

Dem Arbeitsmittel wird eine eindeutige Zahl oder Zahlen-Buchstaben-Kombination zugeordnet. Die Varianten sind vielfältig und können frei kombiniert werden.

Vorgehensweise:

Die Nummer wird am Arbeitsmittel mittels Aufkleber oder direkt angebracht. Dies geschieht z. B. durch Stanzzeichen oder Aufschweißen.

Beispiel:

234456 oder AR-34535

Nachteil:

Eine automatische Erkennung des Arbeitsmittels ist nicht möglich. Bei vielen Arbeitsmitteln ist diese Methode kostenintensiver. Dieses Verfahren ist weiterhin fehlerbehafteter, da beim Ablesen und Übertragen der Inventarnummer durch den Prüfer Fehler gemacht werden können.

6.2.2 Inventarnummer als Barcode (optische Codierung)

Für diese Art der Kennzeichnung gibt es verschiedene Namen. Bekannt sind auch Bezeichnungen wie Strichcode oder Balkencode.

Die optischen Codierungen werden in verschiedenen Varianten angewandt. Die bekannteste Form für den Bereich der Arbeitsmittel ist der sogenannte Barcode **(Bild 6.1).**

Bild 6.1 Barcode

Die optischen Codierungen können sowohl Zahlen als auch Zahlen-Buchstaben-Kombinationen darstellen. Wenn ein Barcode fehlerfrei eingelesen wird, so ist eine einwandfreie Erkennung des gekennzeichneten Arbeitsmittels garantiert.

Optische Codierungen werden mit Hilfe spezieller Lesegeräte (z. B. Barcodeleser) optisch abgetastet. Diese Informationen werden entschlüsselt und einem Arbeitsmittel zugeordnet. Dies geschieht durch die elektronische Datenverarbeitung über eine Schnittstelle zwischen Barcodeleser und Computer oder Messgerätespeicher.

Bei den optischen Codierungen (**Bild 6.2**) wird zwischen ein- und mehrdimensionalen Codes unterschieden. In den mehrdimensionalen Codes können mehr Informationen untergebracht werden als in eindimensionalen Codes.

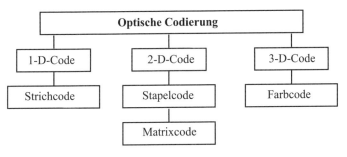

Bild 6.2 Optische Codierung

Bei den eindimensionalen Codes werden fünf europäische Normen favorisiert:

- EN 797 Strichcodierung Symbologiespezifikation EAN/UPC
- EN 798 Strichcodierung Symbologiespezifikation Codabar
- EN 799 Strichcodierung Symbologiespezifikation Code 128
- EN 800 Strichcodierung Symbologiespezifikation Code 39
- EN 801 Strichcodierung Symbologiespezifikation Code 2/5 Interleaved

Für den Einsatz bei Arbeitsmitteln ist es unerheblich, welcher Barcode verwendet wird. Allerdings ist in der Praxis eine Orientierung zum Code EN 128 bzw. EAN 128 im Bereich der Lagerwirtschaft und Logistik zu erkennen.

Die mehrdimensionalen Codes wurden nach 1988 entwickelt und stellen eine Verkettung mehrerer eindimensionaler Barcodes dar. Eine Prüfziffer über die gesamte Codeanordnung gewährleistet die erhöhte Datensicherheit des 2D- und 3D-Codes. Es können mehr Daten in den mehrdimensionalen Codes verarbeitet oder gespeichert werden.

Für den Bereich der Arbeitsmittel sind die mehrdimensionalen Codes nicht gebräuchlich und werden in Zukunft auch keine große Verwendung finden, da die Anwendung von Datenbanken zur Verwaltung von Informationen immer mehr an Bedeutung gewinnt.

Aus diesem Grund wird hier nur der sogenannte eindimensionale Code, der Barcode, betrachtet. Denn die Erstellung von eigenem Barcode ist bei eindimensionalen Codes kostengünstiger, ebenso die Anschaffung entsprechender Lesegeräte.

6.2.2.1   Erstellung von Barcodes

Barcodes können auf Wunsch vorgefertigt oder mit einem Laser- oder Tintenstrahldrucker auf Etiketten selbst hergestellt werden. Guten Barcodedruckern sind entsprechende Softwareprogramme beigelegt, die für die Erzeugung von Barcode ausgelegt sind. Ebenso haben professionelle Prüf- und Inventarprogramme die Möglichkeit, Barcode aus bestehenden Daten zu erzeugen.

6.2.2.2   Vorgehensweise bei der Inventarisierung mit Barcode

Es gibt zwei grundlegende Möglichkeiten, Arbeitsmittel zu erfassen.

Variante 1:

Ein vorgefertigter Barcodeaufkleber wird am Arbeitsmittel befestigt und einem Arbeitsmittel zugeordnet. In diesem Fall muss der Barcode nicht unbedingt die Inventarnummer darstellen. Vielmehr wird ein beliebiger Barcode einer Inventarnummer zugeordnet.

Variante 2:

Aus einer Datenbank werden die Inventarnummern über die EDV in Barcodes umgewandelt und ausgedruckt. Dafür werden vorgefertigte Etikettenbogen oder spezielle Drucker verwendet. Die damit erzeugten Barcodeaufkleber werden auf die jeweiligen Arbeitsmittel aufgeklebt.

Nachteil:

Normale Barcodes sind nicht für härtere Einsatzbedingungen ausgelegt. Sie können bei Beschädigung oder Verschmutzung nicht mehr gelesen werden. Man benötigt ein Lesegerät und muss eine elektronische Datenverarbeitung nutzen.

6.2.3 Inventarnummer mit Transponder verbinden (RFID)

Auf die Transpondertechnologie wird detaillierter als auf den Einsatz von Barcodes eingegangen, da Transponder zum Kennzeichnen von Arbeitsmitteln derzeit selten eingesetzt werden. Es existiert gegenwärtig kaum weiterführende neutrale Literatur, die sich mit der Kennzeichnung der Arbeitsmittel im Rahmen der BetrSichV auseinander setzt. Bei der Euphorie für die RFID-Technologie wird oft übersehen, dass Transponder kein Allheilmittel sind und Transponder nicht gleich Transponder ist. Aus diesen Gründen wird im folgenden Abschnitt die RFID-Technologie ausführlicher betrachtet.

Radio Frequency Identification (RFID) ist ein moderner Technologiestandard, basierend auf dem Datenaustausch mittels Radiowellen, eingesetzt zur Identifikation von Personen, Tieren und Objekten.

Es gibt die vielfältigsten Bauformen, und sie werden ständig weiter entwickelt. Die gebräuchlichsten Frequenzbereiche für die Inventarisierung von Arbeitsmitteln sind die 125/136-kHz-Transponder und die 13-MHz-Transponder.

Daneben gibt es Transponder für die Frequenzen 868 MHz und 2,45 GHz bis 5,8 GHz. Sie sind für den Bereich der Inventarisierung von Arbeitsmitteln nicht geeignet, da sie auf Metall schlecht auslesbar sind und im Preis erheblich höher liegen. Diese Transponder sind für größere Ausleseentfernungen und vor allem als Aktivtransponder gut einsetzbar.

6.2.3.1 Aufbau von Transpondern

Transponder bestehen aus einem Chip und einer Antenne (**Bild 6.3**). In Bild 6.3 ist in der Mitte der Chip für 125 kHz zu erkennen. Der außen liegende Ring aus gewickelten Kupferdraht ist die Antenne.

Bild 6.3 Aufbau eines Transponders von 125 kHz

In der Praxis wird für stärkere Beanspruchungen eine Schutzhülle um den Transponder benötigt. Praktischerweise wird bei der Bauform dieses Beispiels eine Bohrung in der Mitte angebracht, um den Transponder z. B. mit einer Schraube oder Niete befestigen zu können. In **Bild 6.4** ist solch ein geschützter Transponder mit Bohrung zu sehen.

Bild 6.4 Geschützte Bauform

Für den Frequenzbereich 13 MHz ist die prinzipielle Bauform ähnlich. Im Gegensatz zum 125-kHz-Bereich, in dem gewickelte Spulen oft als Antennen verwendet werden, wird im 13-MHz-Bereich vorrangig auf geätzte Spulen als Antennen zurückgegriffen. **Bild 6.5** zeigt den Aufbau eines 13-MHz-Transponders.

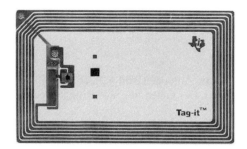

Bild 6.5 Aufbau eines Transponders 13,56 MHz

6.2.3.2 Einsatz von Transpondern

Prinzipiell wird zwischen Lese/Schreib- und Lese-Transpondern unterschieden. Die Lese/Schreib-Transponder können sowohl ausgelesen als auch mit Inhalten beschrieben werden. Diese Transponder sind etwas teurer als die Lese-Transponder (Read-only-Tags).

Unauslöschbar eingespeichert und nicht überschreibbar ist für beide Arten eine weltweit eindeutige Zahlen-Buchstaben-Kombination integriert.

Einige allgemeine Vorteile von RFID sind:

- kontaktlose Datenübertragung (keine Sichtverbindung erforderlich)
- durch andere Medien (z. B. Kunststoff, Holz etc.) lesbar
- schneller Datentransfer
- energiefreie Speicherung der Daten im Transponder (ohne Batterie)
- hält extremen Umgebungsbedingungen stand
- hohes Sicherheitsniveau möglich

Die wesentlichen Unterschiede (**Bild 6.6**) zwischen den beiden Systemen sind folgende:

Frequenz kHz	Lesereichweite unter Idealbedingungen	Praktikable Lese-Reichweite für Arbeitsmittel	Metallumgebung	Praktikable Bauformen
125	70 cm	bis 10 cm	geringerer Einfluss	viele
13,56	120 cm	bis 15 cm	größerer Einfluss	weniger

Bild 6.6 Unterschied bei 125-kHz- und 13,56-MHz-Transpondern

Diese Aussagen sind pauschaliert und müssen von Fall zu Fall neu untersucht werden. Sie sind nur als erste Richtwerte zu verstehen.

Wichtig:

Wenn Transponder als Kennzeichnung von Arbeitsmitteln eingesetzt werden sollen, ist eine neutrale Beratung gut investiertes Geld. Für fast jeden Betreiber gelten unterschiedliche Bedingungen, die bei der Auswahl des Transponders beachtet werden müssen.

6.2.3.3   *Bauformen von Transpondern*

Transponder gibt es in den unterschiedlichsten Bauformen, wie Scheckkartenformat, Münzform mit verschiedensten Durchmessern, Glasröhrchen, Schlüsselanhänger, Etikettenlabel usw. Und die Transponder unterscheiden sich dann noch dadurch, dass sie einen unterschiedlich großen Speicherbereich aufweisen oder als so genannte Read-Only-Tags nur eine weltweit einmalige und nicht veränderbare ID-Nummer eingebrannt haben. Die Preise für Transponder mit Speicher liegen im Bereich von 2 € bis 9 €. Die Read-Only-Tags liegen im Bereich ab 1 €. Selbstverständlich gilt auch hier wieder, dass Preise abhängig sind von Stückzahl, Bauform und ob sie einen Speicher enthalten.

Verschmutzungen verhindern nicht den Auslesevorgang.

Bauformbeispiele:

Bauform als Nagel **(Bild 6.7)**, Schraube **(Bild 6.8)** oder als Mutter **(Bild 6.9)**. Diese Transponder können mit einem Hammer problemlos eingeschlagen oder mit einem Schraubendreher oder Schraubenschlüssel befestigt werden.

Bild 6.7 Nagel-Transponder

Bild 6.8 Schrauben-Transponder

Bild 6.9 Muttern-Transponder

Als Glasröhrchen **(Bild 6.10)**, dient es zum Beispiel der Kennzeichnung von Steckdosen. Eine Bohrung im Durchmesser des Glasröhrchens wird neben der Steckdose in die Wand gesetzt. Dann wird das Glasröhrchen in diese Bohrung eingeführt und eventuell mit Putz, Heißwachs etc. fixiert. Auch bei einem kompletten Wechsel des Steckdosengehäuses bleibt diese Kennzeichnung erhalten.

Die „Coin"- oder „Chip"-Bauformen sind für ortsveränderliche Arbeitsmittel sehr geeignet. Sie werden von verschiedenen Herstellern in unterschiedlichen Durch-

Bild 6.10 Glasröhrchen-Tranponder

messern angeboten **(Bild 6.11)**. Ein Loch in der Mitte kann, aber muss nicht vorhanden sein. Die Anbringung am Arbeitsmittel erfolgt auch auf verschiedene Arten:

- anschrauben, anhämmern oder annieten
- mit Kontaktkleber ankleben
- mit Heißwachs ankleben (Vorsicht, nur bei Materialien mit einem ähnlichen Wärmeausdehnungskoeffizienten wie Kunststoff verwenden, also nicht z. B. auf Aluminium)

Bild 6.11 Transponder, Durchmesser 30 mm

Diese Transponder können sowohl im Arbeitsmittel angebracht sein als auch außen befestigt werden. Werden die Transponder innen angebracht, so empfiehlt es sich, definitiv festzulegen, wo sie befestigt werden. Denn bei einer Auslesereichweite von wenigen Zentimetern wäre es Zeitverschwendung, wenn der Prüfer mit dem Handlesegerät erst das Arbeitsmittel absuchen müsste, da ja der Transponder unsichtbar angebracht wurde. Praktikabel ist es z. B., den Transponder innen in der Nähe des Typenschilds zu platzieren, da man in der Arbeitsanweisung für die Inventarisierung/Prüfung festlegen kann, wo der Transponder mit einem Lesegerät zu suchen ist. Eine Innenanbringung lohnt sich für höherwertige Arbeitsmittel. Es ist ein hervorragender Diebstahlschutz bzw. für Dieb ein unkalkulierbares Risiko, da trotz ausgeschlagener Serien- oder Inventarnummer eine unsichtbare Kennzeichnung immer noch vorhanden ist.

Auch für höhere Temperaturbereiche gibt es Transponderbauformen. Ein Beispiel zeigt **Bild 6.12**.

Bild 6.12 Transponder für Temperaturen größer 100 °C

Das Scheckkartenformat (**Bild 6.13**) ist für eine Kennzeichnung von Arbeitsmitteln nur bedingt einsetzbar. Der Vorteil ist der günstige Preis. Diese Transponder werden vorrangig bei der Personen-Zugangskontrolle verwendet.

Bild 6.13 „Scheckkarten"-Transponder

Eine andere, für Arbeitsmittel brauchbare Bauform ist der „Schlüsselanhänger" (**Bild 6.14**). Er kann mit einem Draht oder Ähnlichem am Arbeitsmittel befestigt

Bild 6.14 „Schlüsselanhänger"-Transponder

werden. Diese Bauform entspricht auf dem ersten Blick einem „Coin" oder „Chip", welcher in einem anderen Gehäuse eingegossen wurde.

Weitere Formen:

Auf Wunsch sind fast alle Formen möglich, z. B. als Kabelbinder oder Tyvek-Band. Zu beachten ist aber, dass Sonderformen immer eine gewisse Stückzahl voraussetzen. Um keine falschen Begehrlichkeiten zu wecken: Unter „gewissen" Stückzahlen verstehen Transponderhersteller Größenordnungen ab 100 000 Stück!

6.2.3.4   Einsatz am Arbeitsmittel

Die Lese-Transponder (Read-only-Tags) haben also nur eine weltweit interne, eindeutige und nicht löschbare Zahlen-Buchstaben-Kombination. Für die Inventarisierung von Arbeitmitteln reichen diese Transponder aus, da alle zugehörigen Informationen im PC in einer Datenbank vorhanden sind und nicht notwendigerweise auch im Transponder selbst gespeichert werden müssen.

Vorgehensweise bei der Inventarisierung (**Bild 6.15**):

- der Transponderleser sucht nach der ID-Nummer eines Transponders
- wird ein Transponder durch den Suchvorgang über das vom Transponderleser erzeugte elektrische Feld erregt, sendet er seine ID-Nummer zurück
- der Transponderleser sucht in seiner Datenbank nach der ID-Nummer, und wenn nicht vorhanden ...
- wird die ID-Nummer der Inventarnummer oder Seriennummer eines Arbeitsmittels zugeordnet

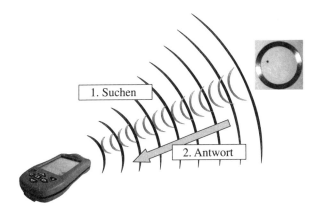

Bild 6.15 Prinzipielles Arbeiten mit Transpondern

6.2.3.5 Lesegeräte für Transponder

Diese Lesegeräte werden auch mit der englischen Bezeichnung „Reader" versehen. Für die Erkennung von Arbeitsmitteln können zwei verschiedene Arten von Transponderlesern (Reader) eingesetzt werden:

- stationäre Transponderleser (Standlesegeräte)
- mobile Transponderleser (Handlesegerät für PC, PDA)

Standlesegeräte (**Bild 6.16**) können an festen Arbeitsplätzen oder bei Ein- oder Ausgängen eingesetzt werden. Die Lesereichweite ist relativ groß. Ein Arbeitsmittel, das durch eine Tür getragen wird, kann durchaus erkannt werden. Aber auch hier gilt, dass dies im Einzelfall zu klären ist.

Bild 6.16 Stationäre Transponderleser

Bei der mobilen Anwendung sind Handlesegeräte nur mit gleichzeitigem PC-Einsatz nutzbar. Das bedeutet, dass ein PC oder Laptop, mit denen das Handlesegerät über eine physikalische Schnittstelle fest verbunden ist, ständig beim Inventarisieren oder Prüfen dabei ist. Diese Vorgehensweise ist in der Praxis nur bedingt einsetzbar.

Ein möglicher Ausweg ist die Verwendung eines Transponderlesers mit integriertem Speicher und Bluetooth-Schnittstelle. Über diese Funkschnittstelle kann ein Laptop oder PC innerhalb eines Radius von etwa 10 m die vom Transponderleser erkannte Transponder-ID in eine Datenbank einlesen und weiterverarbeiten.

Der Königsweg für die Vielprüfer ist die PDA-Anwendung (**Bild 6.17**). Denn für die kompromisslose Inventarisierung und Prüfung von ortsveränderlichen Arbeitsmitteln eignen sich am besten sogenannte PDA. Dieser Begriff steht für „Persönlicher Digitaler Assistent" und beschreibt handtellergroße Mini-Computer. Sie können mit verschiedenen Betriebssystemen arbeiten, z. B. mit PalmOS oder Pocket PC. Bild

6.17 zeigt einen industrietauglichen PDA (IP 67) mit integriertem Transponder oder Barcodeleser.

Bild 6.17 PDA mit eingebautem Transponder oder Barcodeleser

Wichtig für den Einsatz zum Inventarisieren und Prüfen von Arbeitsmitteln ist, dass diese PDA außer dem eingebauten Transponderleser eine freie Schnittstelle für das Messgerät besitzen. Über diese Schnittstelle wird später das Messgerät so angesteuert, wie es die Prüfung gemäß jeweils einschlägigen Normen für das erkannte Arbeitsmittel verlangt. Dies macht den Prüfer unabhängiger und beschränkt die Nacharbeit am PC auf das Übertragen der Daten.

Fazit
Transponder kosten in der Anschaffung mehr als Barcodes. Man benötigt ein Lesegerät, und es kann nur noch datenbankgestützt gearbeitet werden.

6.3 Inhalt der Inventarnummer

Bei den Vorüberlegungen zu einer Erstinventarisierung stellt sich die grundlegende Frage, was eine Inventarnummer aussagen soll.

Dabei kann in zwei grundverschiedene Ansätze unterteilt werden, dem Chaosprinzip und der Inventarnummer mit Logik.

6.3.1 Inventarnummer mit Logik

Gerade in der Vergangenheit wurden der Inventarnummer oft in Zahlen oder Buchstaben verschlüsselte Inhalte gegeben wie:

- Gerätetyp
- Standort
- Besitzer
- Kostenstelle
- Raum

6.3.1.1 Beispiel

Die Bezeichnung „A-12-34-001" soll nun näher erklärt werden:

A   entspricht dem Kundenkürzel

12   kennzeichnet den Standort

34   ist die Schlüsselnummer des Gerätetyps

001   ist die laufende Nummer des Geräts

An dieser Nummer können also Eingeweihte erkennen, um welche Angaben es sich handelt. Dieses System ist gut, wenn die Arbeitsmittel immer am selben Standort, beim selben Kunden, derselben Kostenstelle etc. verbleiben. Wenn das Arbeitsmittel einmal einen Wechsel erfährt, ist das System nicht mehr nachvollziehbar. Um das Problem zu beheben und das Prinzip weiter einzuhalten, müsste eine neue Inventarnummer vergeben werden. Dies kann allerdings ein Problem werden, weil es die Nachvollziehbarkeit erschwert. Das könnte vor Gericht im Problemfall als „Verschleierung" gedeutet werden (vergleiche „Notwendigkeit des Inventarisierens").

6.3.2 Chaosprinzip

Für die elektronische Form der Erstinventarisierung über eine Datenbank bietet sich das sogenannte „Chaosprinzip" an. Dabei ist der Wort Chaos auf den ersten Blick irreführend.

Vorgehensweise: Beliebige Barcodes oder Transponder werden am Arbeitsmittel angebracht. Danach wird eine automatische Erkennung des Barcodes oder Transponder mit einem geeigneten Lesegerät durchgeführt. Die Erkennungssoftware liest die jeweilige Nummer aus und vergleicht sie mit allen bekannten Arbeitsmitteln des Betreibers einer Datenbank. Wenn kein Arbeitsmittel mit dieser Nummer abgelegt ist, wird die Software ein Dialogfenster öffnen und fragen, ob das Arbeitsmittel neu erfasst oder einem bestehen Arbeitsmittel zugeordnet werden soll. Letzteres ist nur dann möglich, wenn vorher aus einem bereits bestehenden Datenbestand die Arbeitsmittel bekannt waren, sprich in irgendeiner Weise inventarisiert wurden. Dann wird den bekannten Arbeitsmitteln eine Transponder-Identifikationsnummer (ID-Nummer) oder freien Barcode zugeordnet.

Vorteil:

Das System ist sicher und schnell umsetzbar. Eine Aufkleberrolle **(Bild 6.18)** mit Barcodes von z. B. 0001 bis 9999 ist kostengünstig. Wenn die Rolle geteilt wird, kann sie auch zur gleichzeitigen Inventarisierung durch mehrere Personen eingesetzt werden, ohne dass Zuordnungskonflikte entstehen.

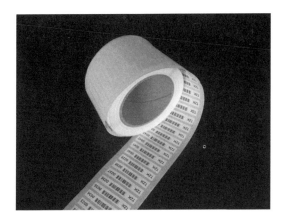

Bild 6.18 Rolle mit vorgefertigten Barcodes

Auch bei Verwendung von Transpondern kann das Chaosprinzip sehr gut eingesetzt werden, da die interne und unveränderliche Transpondernummer (ID-Nummer) sowieso eine Zuordnung zum Arbeitsmittel erhalten muss.

Das „Chaosprinzip" ist also eine arbeitserleichternde Lösung vor allem beim Einsatz von Datenbanken.

6.4 Zusammenfassung

Das Inventarisieren ist eine der zentralen Grundlagen der praktischen Anwendung der Betriebssicherheitsverordnung. Denn ohne sie wäre eine zweifelsfreie und nachweisbare Zuordnung der Prüftätigkeit zu einem bestimmten Arbeitsmittel nicht möglich. Und damit wäre eine erfolgte Prüfung im Gefahrfall nicht entlastend für den Arbeitgeber beweisbar.

Mit welchem Verfahren inventarisiert wird, ist egal und immer unternehmensspezifisch zu bedenken.

7   Kosteneinsparung

In der heutigen Zeit muss jeder für sich selbst und seine Tätigkeit die innerbetriebliche Existenzberechtigung nachweisen. Der eine ist seinem Vorgesetzten, der andere seinen Kunden gegenüber in der Pflicht. Vollkommen unpragmatisch aber gilt: Bringt man dem Unternehmen einen Nutzen, ist der Arbeitsplatz sicher.

Bisher hatten Elektrotechniker, die im eigenen Unternehmen prüfen, oft das Problem, nur als unnötige Kostenverursacher angesehen zu werden.

Das gilt nicht nur für das Prüfen ortveränderlicher Geräte und Anlagen, sondern auch für das Einhalten des Arbeitsschutzgesetzes und der Betriebssicherheitsverordnung. Um etwas Neues einzuführen oder auf den ersten Blick nur Kosten erzeugende Maßnahmen zu rechtfertigen, bedarf es vernünftiger Argumente.

Die Begründung, dass die Einhaltung eine berufsgenossenschaftliche oder gesetzliche Vorschrift sei, ist die denkbar schlechteste Argumentation im Kostenbereich.

Statt dessen muss Arbeitsschutz so interessant sein, dass jeder sich gerne damit befasst. Dies bringt Sicherheit für die Beschäftigten und hat einen volkswirtschaftlichen Nutzen. Denn die Rehabilitation der Unfallopfer, die lebenslangen Berufsunfähigkeitsrenten, der Betriebsausfall oder der maßgebliche Sachschaden müssen bezahlt werden.

Und die Unternehmen bestreiten ständig durch erhöhte Arbeitsleistung ein Mehr an Sozialabgaben und Beitragszahlungen. Dabei ist Vorbeugung sehr viel kostengünstiger als nachträgliches Reparieren! Dies liegt einfach daran, dass die Prävention nicht verständlicher gemacht oder besser verkauft wird und dass die Prävention von den verantwortlichen staatlichen Stellen nicht mehr forciert wird. Hierauf sollten verantwortliche Politiker ihr Augenmerk richten. Denn die staatlichen Stellen müssten schon aus volkswirtschaftlichen Gesichtspunkten als erste Interesse an bestmöglicher Prävention haben. Lippenbekenntnisse und Verweise auf leere Staatskassen sind nicht akzeptabel.

Doch seit der Einführung 2002 der Betriebssicherheitsverordnung (BetrSichV) gibt es die staatlich verankerte Pflicht für das Prüfen von Arbeitsmitteln. Durch Überlegungen und Ausnutzen von Synergien passiert Unglaubliches: Das Einhalten des Arbeitsschutzgesetzes (ArbSchG) und der Betriebssicherheitsverordnung (BetrSichV) wird finanziell interessant.

Mögliche Kosteneinsparungen (**Bild 7.1**) unterteilen sich in innerbetriebliche und volkswirtschaftliche Effekte. Das Hauptaugenmerk soll hier, da dies ein Buch für Praktiker ist, auf dem innerbetrieblichen Bereich liegen.

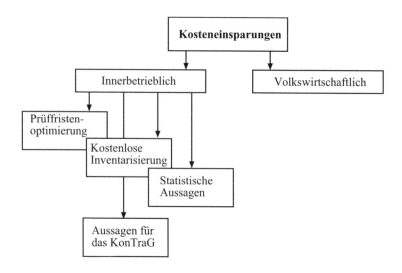

Bild 7.1 Kosteneinsparung mit BetrSichV

Der größte Nutzen aber liegt bei den meisten Unternehmen in der Optimierung der Prüffristen. Einige Unternehmen werden argumentieren, hier kann man nichts einsparen, weil hier noch nie oder wenig Kosten anfielen. Stimmt, denn es ist bekannt, dass ein Teil der Unternehmen und Institutionen bisher nicht oder nicht richtig geprüft hat.

Dies ist aber keine sachliche Begründung, denn die zukünftigen Kosten werden in keinem Verhältnis zu den kommenden Strafen stehen.

Allerdings: Diese Unternehmen befinden sich zusätzlich seit Ende 2002 in einer rechtlich prekären Situation, da das Nichtprüfen Straftatbestand sein kann!

7.1 Optimierung der Prüffristen

Prüffristenoptimierung (**Bild 7.2**) heißt nicht zwangsläufig Verlängerung der Prüffristen. Es bedeutet eine gefahrenabhängige und betriebsspezifische Festlegung der Intervalle von Prüfungen. Hier liegt trotzdem ein gewaltiges Einsparungspotential. Das ist aber keine Neuigkeit, die erst mit der BetrSichV gefordert wurde. In der BGV A3 steht:

... Die Fristen sind so zu bemessen, dass entstehende Mängel, mit denen gerechnet werden muss, rechtzeitig festgestellt werden ...

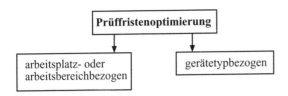

Bild 7.2 Prüffristenoptimierung

Leider wurde hier die BGV A3 immer wieder falsch interpretiert. Denn die Tabellen mit den vorgeschlagenen Prüffristen im Anhang der BGV A3 wurden als verbindlich betrachtet, und die dort benannte 2-%-Regelung wurde oft missverstanden. Bei der Optimierung gibt es zwei mögliche Grundansätze.

Wie geht man bei der Ermittlung von Prüffristen effizient und sicher vor? Ein sehr häufiger Ansatz ist die arbeitsplatzbezogene Vorgehensweise. Sie ist mit der Gefährdungsbeurteilung gemäß § 5 ArbSchG kombinierbar.

7.1.1 Arbeitsplatzbezogen

In einigen Unternehmen oder Institutionen ist es nur sinnvoll, die Arbeitsplätze oder den Arbeitsbereich zu betrachten. Dies ist gegeben, wenn die verwendeten Arbeitsmittel zwar unterschiedlichen Typs sind, aber gleiche Gefährdungen auf sie einwirken. Eine solche Vorgehensweise ist beispielsweise bei Büroarbeitsplätzen sinnvoll. Im Folgenden wird diese Prüffristenermittlung am Beispiel eines Arbeitsbereichs in der Fertigung beschrieben.

7.1.1.1 Praxisbeispiel „Arbeitsplatzbezogene Optimierung"

Ein Unternehmen hat in einem Betriebsbereich an sehr gefahrträchtigen Arbeitsmitteln 1,5 % der Gesamtmenge aller elektrischen Arbeitsmittel. Diese gefahrträchtigen Arbeitsmittel müssen sehr oft repariert werden. Das Unternehmen könnte nach der 2-%-Regelung die Prüffrist erhöhen. Aber damit erhöht sich auch die Prüffrist für diese besonders gefahrträchtigen Arbeitsmittel. So wird der Sicherheit im Unternehmen kein guter Dienst geleistet. Gleichzeitig gerät das Unternehmen in einen Konflikt mit der Sorgfaltspflicht gegenüber den Beschäftigten.

Durch die Betriebssicherheitsverordnung (BetrSichV) wird eine differenzierte Vorgehensweise verlangt. Es werden gefahrenmäßig ähnliche Arbeitsmittel am Arbeitsplatz betrachtet. Damit kann die Prüffrist für die gefährlichen Arbeitsmittel reduziert und gleichzeitig die Prüffrist für die anderen Arbeitsmittel verlängert werden.

In Zahlen:

Bei einer halbjährlichen Prüfung von insgesamt 1000 Arbeitsmitteln wird für den Prüfer ein interner Stundensatz von 38,10 € angesetzt. Es gibt folgende Arbeitsmittel:

- gefährliche Arbeitsmittel   15
- weniger gefährliche Arbeitsmittel   500
- Computer, Faxe, Drucker etc.   400
- einhauste Server etc.   85

Nach Durchführung einer Gefährdungsbeurteilung zur Prüffristenermittlung ergeben sich folgende Prüffristen:

- gefährliche Arbeitsmittel   alle 3 Monate
- weniger gefährliche Arbeitsmittel   1 Jahr
- Computer, Faxe, Drucker etc.   2 Jahre
- einhauste Server etc.   3 Jahre

Bild 7.3 zeigt die Werte, die zur Beispielrechnung in das der CD-ROM beiliegende Rechenprogramm eingegeben wurden. Dieses Programm „Prüfkostenrechner" kann kostenfrei benutzt werden.

Daraus ergeben sich folgende Pr fkosten gem § **Bild 7.4:**

- Gefährliche Arbeitsmittel: 381,00 €
- Normale Arbeitsmittel   3175,00 €
- Computer, Büro   1270,00 €
- Server, speziell Geräte   179,92 €
- Gesamt   5005,92 €

Wenn alle sechs Monate geprüft wird, entstehen Kosten von 12 700 € pro Jahr. Mit der Prüffristenermittlung gemäß BetrSichV werden optimierte Prüfkosten errechnet. Im vorliegenden Beispiel entstehen nur noch etwa 5000 €. Dies ist eine Kostenersparnis von 60 % pro Jahr bei gleichzeitiger Steigerung der Sicherheit gefährlicher Arbeitsmittel!

Wichtig:

Im Beispiel wurde angenommen, es können sechs Geräte pro Stunde geprüft werden. Diese Kalkulation stimmt nur, wenn der Prüfer ständig ohne zu suchen und ohne Störung arbeiten kann. Es sind keine Kleinreparaturen in diesem Preis mit inbegriffen! Jeder Praktiker kennt seine persönliche Kalkulation. Denn der Stundensatz von 38,10 € ist nicht sehr hoch angesetzt.

Interessanterweise gehen Einkäufer in der Praxis oft von Prüfkosten pro Gerät von weniger als 2 € aus. Wenn das kleine Softwareprogramm wieder als Rechenhilfe genutzt wird:

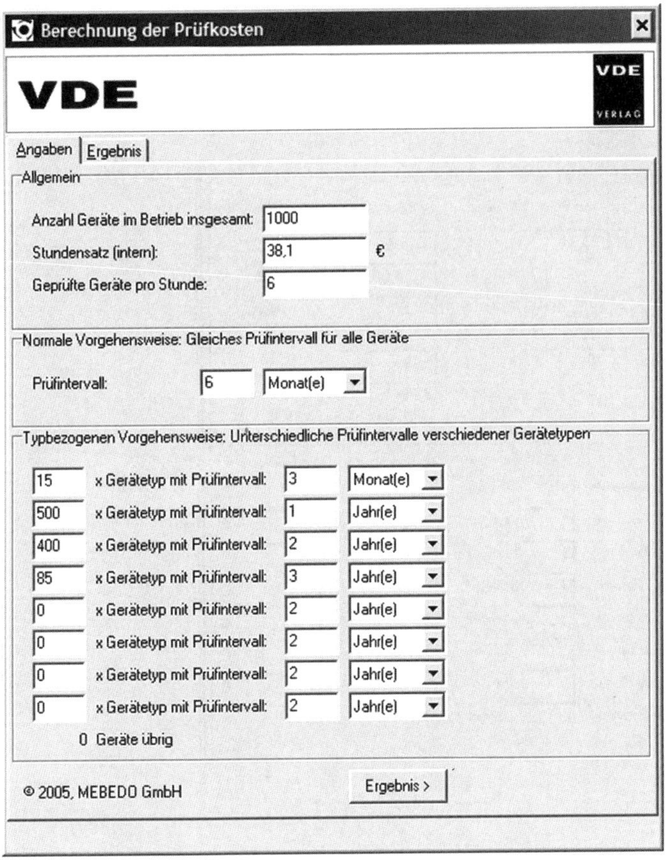

Berechnung der Prüfkosten

VDE

VDE VERLAG

Angaben | Ergebnis |

Allgemein

Anzahl Geräte im Betrieb insgesamt: 1000

Stundensatz (intern): 38,1 €

Geprüfte Geräte pro Stunde: 6

Normale Vorgehensweise: Gleiches Prüfintervall für alle Geräte

Prüfintervall: 6 Monat(e) ▼

Typbezogenen Vorgehensweise: Unterschiedliche Prüfintervalle verschiedener Gerätetypen

15	x Gerätetyp mit Prüfintervall:	3	Monat(e) ▼
500	x Gerätetyp mit Prüfintervall:	1	Jahr(e) ▼
400	x Gerätetyp mit Prüfintervall:	2	Jahr(e) ▼
85	x Gerätetyp mit Prüfintervall:	3	Jahr(e) ▼
0	x Gerätetyp mit Prüfintervall:	2	Jahr(e) ▼
0	x Gerätetyp mit Prüfintervall:	2	Jahr(e) ▼
0	x Gerätetyp mit Prüfintervall:	2	Jahr(e) ▼
0	x Gerätetyp mit Prüfintervall:	2	Jahr(e) ▼

0 Geräte übrig

© 2005, MEBEDO GmbH   Ergebnis >

Bild 7.3 Prüfkostenrechner „Angaben"

Es sollen beispielweise 550 Geräte jährlich geprüft werden. Der Stundensatz ist 45 €. Wenn sechs Geräte pro Stunde geprüft werden, entstehen Kosten pro Gerät von 7,50 €. Das ist natürlich weit von den gewünschten 2 € pro Gerät entfernt (**Bild 7.5**).

Setzt man die zu prüfenden Geräte nach einigem Experimentieren auf 25 Geräte pro Stunde, erhält man akzeptabel 1,80 € (**Bild 7.6**).

Es müssten also, um bei diesem nicht ungewöhnlichen Stundensatz von 45 € Prüfkosten von weniger als 2 € pro Gerät zu haben, stündlich 25 Geräte geprüft werden.

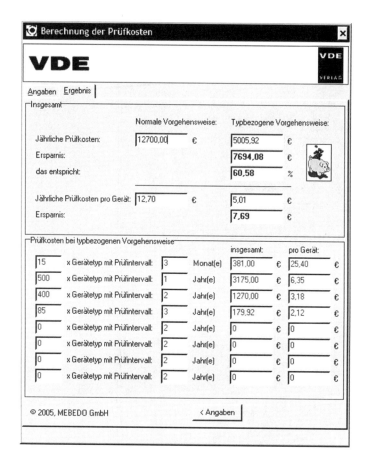

Bild 7.4 Prüfkostenrechner „Ergebnis"

Das bedeutet, dass alle 2,4 Minuten ein Gerät geprüft und dokumentiert wird. Zusätzlich ist in dieser Zeit eine Gefährdungsbeurteilung durchzuführen, damit die Prüffristen rechtssicher ermittelt sind. Der Prüfer hätte weiterhin in dieser Stunde keine Minute für eine andere Tätigkeit aufwenden dürfen.

Solche Zeiten sind für Wiederholungsprüfungen nicht unrealistisch. Außer: Wenn man wie am Fließband arbeiten kann und die Prüfung im Vorfeld hervorragend organisiert wurde! Und keinerlei Störung auftritt! Also praktisch unrealistisch, wenn es nicht gerade eine Qualitätssicherungsstrecke einer Fertigung ist.

112

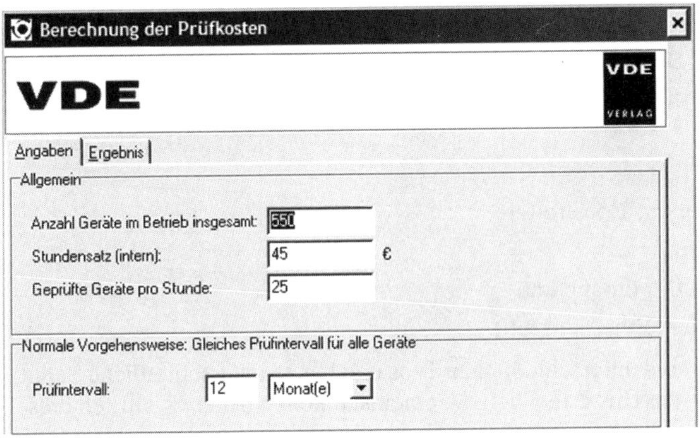

Bild 7.5 Kostenermittlung 1

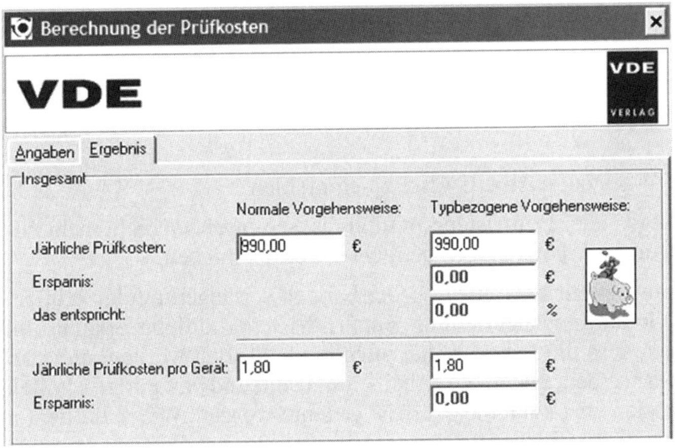

Bild 7.6 Kostenermittlung 2

Warum wurde auf diesen Punkt so intensiv eingegangen? Bei allem Kostenbewusstsein darf man nicht den realistischen Wert einer Prüfung aus den Augen verlieren! Billig bezahlt ist oft nachträglich teuer eingekauft.

7.1.1.2 Praxisbeispiel „Büroarbeitsplatz"

Ein einprägsames Beispiel ist das Büro. An einem durchschnittlichen Büroarbeitsplatz sind beispielsweise zu finden:

- Computer
- Monitor
- Rechenmaschine mit Bonstreifen
- Schreibtischlampe
- Ladegerät für z. B. Fotoapparat
- Netzwerkverteiler (Ethernet-Hub)

Diese Arbeitsmittel sind unterschiedlichen Typs und haben unterschiedliche Schutzklassen. Auf den ersten Blick also keine Gemeinsamkeiten. Aber es wirken dieselben äußeren Gefahren auf alle Arbeitsmittel ein.

Vorgehensweise:

Es werden die sechs Gerätetypen zusammengefasst (gefiltert). Dazu werden am besten der Arbeitsplatz oder wenn möglich alle ähnlichen Arbeitsplätze gefiltert. Denn die Geräte sind Arbeitsplätzen bzw. Standorten zugeordnet, können demzufolge auch nach diesen Begriffen gefiltert werden.

Es wird eine einzige Gefährdungsbeurteilung zur Prüffristenermittlung durchgeführt, die allen Geräten an allen ausgewählten Arbeitsplätzen automatisch zugeordnet wird.

Hier ist nur eine EDV-gestützte Arbeitsweise zu empfehlen.

Die Kosteneinsparung bei der Prüffristenermittlung ist sehr groß, da nicht mehr einzelne Geräte an einzelnen Arbeitsplätzen betrachtet werden müssen.

Der zweite Einsparungseffekt liegt auch wieder bei der Verlängerung der Prüffristen. Sollte bei der Gefährdungsbeurteilung zur Prüffristenermittlung erkannt und dokumentiert werden, dass die Arbeitsmittel pfleglich behandelt werden, nicht ab- und wieder aufgebaut werden, geeignete Arbeitsmittel sind und von gut geschultem Personal bedient werden etc., kann die Prüffrist gedehnt werden. Wie weit, liegt in der Entscheidung der Elektrofachkraft oder der verantwortlichen Person.

Eine Prüffrist von zwei oder drei Jahren liegt im normalen Rahmen.

In Zahlen:

Bei 1000 Büroarbeitsmitteln würde die Ersparnis bei der Prüffristenverlängerung von einem Jahr auf zwei Jahre bei 5000 € pro Jahr liegen.

Hinweis:

1000 Büroarbeitsmittel scheinen auf den ersten Blick für ein mittelständisches Unternehmen viel zu sein. Eine Faustformel besagt, dass pro Arbeitsplatz durchschnittlich mit sechs elektrischen Arbeitsmitteln gerechnet werden muss. Das bedeutet, dass schon für ein Unternehmen von 170 Mitarbeitern mit 1000 elektrischen Arbeitsmitteln gerechnet werden muss.

7.1.2 Gerätetypbezogen

Die Gefährdungsbeurteilung zur Prüffristenermittlung kann auch auf den Gerätetyp bezogen durchgeführt werden. Dies geht allerdings nur, wenn alle Geräte eines Gerätetyps denselben äußeren Gefährdungen unterworfen sind.

Ob diese Vorgehensweise in einem Unternehmen möglich ist, muss die Elektrofachkraft oder die Verantwortliche Person durch ihre Erfahrung entscheiden. Empfehlenswert ist diese Vorgehensweise nur, wenn viele Geräte eines Typs verwendet werden.

7.1.2.1 Praxisbeispiel „Gerätetypbezogene Optimierung"

In einem Unternehmen werden 500 gleiche Elektroscheren verwendet. Die beurteilende Elektrofachkraft stellt fest, dass alle Geräte dieses Typs denselben Gefährdungen unterliegen. Damit kann die Elektrofachkraft wie folgt rechtssicher vorgehen:

Die Elektrofachkraft fasst alle 500 gleichen Elektroscheren zusammen (Filtern) und beurteilt sie gemeinsam. Also wird eine einzige Gefährdungsbeurteilung durchgeführt, die den 500 Elektroscheren einzeln automatisch zugeordnet wird.

Hier kommen die Vorteile einer EDV-gestützten Arbeitsweise voll zum Tragen.

Die Zeit- und damit Kosteneinsparung bei der Prüffristenermittlung ist sehr groß. Eine weitere Kosteneinsparung wie bei den vorangegangenen Beispielen durch die Prüffristenverlängerung kommt zusätzlich hinzu.

7.2 Inventarisierung der Arbeitsmittel

Warum Arbeitsmittel inventarisiert werden müssen, wird im Abschnitt „Inventarisierung" ausführlich beschrieben. Dass das Inventarisieren Geld spart oder dass Inventarlisten kostenlos erzeugt werden können, bedarf einer gesonderten Betrachtung unter dem Kostenaspekt.

7.2.1 Kostenlose Inventarlisten

Warum muss die Inventur der Arbeitsmittel getrennt von deren Prüfung durchgeführt werden? Wenn ein Arbeitsmittel für den Vorgang des Prüfens bereits besichtigt wird, ist dieses Arbeitsmittel vorhanden – und sollte somit den Anforderungen einer Inventarisierung genügen.

Denn eine Inventarisierung ist im Grunde nichts anderes als die Prüfung einer einzigen Frage: „Ist das Gerät vorhanden?". Es ist eigentlich zu trivial, muss aber der

Vollständigkeit halber erwähnt werden: Ein Arbeitsmittel, das geprüft werden kann, muss vorhanden sein.

Demzufolge sind die Ergebnisse der Prüfung für eine Inventur definitiv nutzbar. Nutzt man sogar die Transpondertechnologie (vgl. Inventarisierung), ist keinerlei Manipulation mehr möglich. Diese Vorgehensweise hält der härtesten Zertifizierung stand.

7.2.2 Arbeitsmittel kleiner 410 € Anschaffungswert

Diese Arbeitsmittel werden oft nicht im Anlagevermögen der Unternehmen aufgelistet. Sprich, sie führen ein Dasein im buchhalterischen Niemandsland. Für diese Arbeitsmittel gibt es ein Budget, und solange Geld vorhanden ist, kauft man diese Arbeitsmittel hinzu. Im Laufe der Jahre entsteht ein Bestand an Arbeitsmitteln kleiner 410 €, über den keiner Bescheid weiß. Möglicherweise gibt es einzelne Auflistungen über z. B. Leitern, aber niemand hat den Gesamtüberblick.

Vor allem gibt es keinen aktuellen Bestand.

7.2.2.1 Praxisbeispiel Leitern

Ein namhaftes Unternehmen aus der Automobilbranche stellte bei einer Überprüfung fest, dass es etwa 2000 Leitern hat. Statistisch gesehen hat somit jeder Arbeitnehmer im Unternehmen eine halbe Leiter. Und das gilt vom Werksleiter angefangen über die Bürokräfte bis zum Reinigungspersonal!

Nachdem man diese Erkenntnis gewonnen hatte, wurde der Einkauf der Leitern neu geregelt. Die vorhandenen Leitern wurden als erstes nach tatsächlichem Bedarf verteilt. Zukäufe weiterer Leitern wurden dadurch für mindestens ein Jahr eingespart. Durch die regelmäßige Prüfung der Leitern entsteht ein kostenloses Inventurverzeichnis.

Einsparung: 35000 €

7.2.2.2 Praxisbeispiel „Verlängerungen und Mehrfachverteiler"

Dasselbe passiert natürlich auch bei elektrischen Geräten. Einem Unternehmen fiel nach der Erstinventarisierung und Auswertung der Daten auf, dass elektrische Verlängerungsleitungen und Mehrfachverteiler in großen Mengen ständig nachgekauft wurden. Das Phänomen betraf vor allem eine Abteilung. Diese hatte einen großen Schwund an den vorher nicht inventarisierten Arbeitsmitteln. Es konnte nicht ermittelt werden, warum diese Arbeitsmittel verschwanden. Deshalb wurde ein Gespräch mit der Abteilung geführt, und die Anforderungen nach neuen Verlängerungsleitungen und Mehrfachverteilern sank sofort auf ein normales Niveau.

Einsparung: 4500 €

Diese Einsparung ist nicht groß. Sie zeigt aber, dass in vielen vorher als nicht finanziell interessant scheinenden Bereichen Einsparungspotentiale liegen. Mit einer einfachen Datenbankrecherche können diese unbeachteten Bereiche gefunden werden.

Es sprach sich übrigens wie ein Lauffeuer im Unternehmen und den anderen Abteilungen herum, dass der Einkauf nun nachvollziehen kann, was und wie viel an diesen Arbeitsmitteln geordert wird. Ein zusätzlicher Effekt war, dass die allgemeinen Materialanforderungen für Arbeitsmittel kleiner 410 € drastisch sanken.

7.3 Statistische Aussagen

Napoleon sagte: „Die Statistik ist eine Hure. Man kann sie drehen und wenden wie man will." Das stimmt, denn die Kraft und der Wahrheitsgehalt der Statistik liegen in den Regeln zu ihrer Erstellung. Auf Papier sind Statistiken einfacher manipulierbar und schwerer nachvollziehbar. In der Welt der elektronischen Datenbanken kann jeder seine eigenen Statistiken erzeugen oder andere bereits erzeugte Statistiken einfach kontrollieren. Napoleon müsste heute sein Zitat wie folgt ändern: „Die Statistik ist nach wie vor ein leichtes Mädchen. Aber so gläsern, dass sie für jedermann durchschaubar ist."

Übrigens war ein sehr bekannter Deutscher derselben Ansicht wie Napoleon. Otto von Bismarck formuliert es allerdings drastischer!

7.3.1 Aussagen über die eigenen Arbeitsmittel

Ein typisches Phänomen ist, dass in fast jedem Unternehmen und in fast allen Institutionen bereits Daten über die Arbeitsmittel vorliegen. Es gibt Tabellen über Kostenstellen und Arbeitsmittel, Auflistungen über die erfolgten Reparaturen, Prüflisten, Arbeitsanweisungen, Schulungsunterlagen, Bestellungsurkunden etc.

Nur sind dies immer wieder einzelne Datenpools. Diese sind entweder elektronisch abgelegt, in Papierform oder in Karteikarten geordnet. Wenn man jedes für sich sieht, so macht das Sinn. Aber, wenn bereits Geld bezahlt wurde für die einzelnen Datenpools, warum nutzt man sie nicht auch gemeinsam mit all ihren Synergieeffekten? Ohne zusätzliche Mehrkosten, jedoch mit einem gewaltigen Mehrfachnutzen!

Diese fast kostenlose Datensammlung (**Bild 7.7**) liefert hochwertige Aussagen f r den Einkauf, die Buchhaltung, die Instandsetzung, die Wartung und letztendlich die Gesch ftsf hrung.

Dazu muss man zuerst Zeit in Gedanken über die vorhandene Struktur und die gewünschten Ziele investieren. Eine kleine Checkliste soll helfen, die Gedanken zu strukturieren:

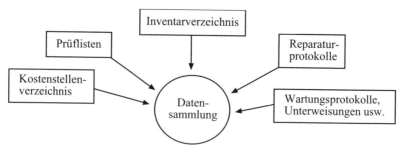

Bild 7.7 Datensammlung

7.3.1.1 Checkliste „Datensammlung"

• Welche Daten werden bereits erhoben (Prüflisten, Inventurlisten etc.)?

• In welcher Datenform liegen die Daten vor (Papier, Software etc.)?

• Gibt es Datenübergabe-Schnittstellen bei Softwareprogrammen?

• Können Werkstudenten oder Aushilfskräfte bei der elektronischen Erstdatenerfassung oder Übernahme von Papierprotokollen helfen?

• Wo sind die Arbeitsanweisungen etc. abgelegt?

• Welche Daten wären zukünftig noch wünschenswert?

• Wer möchte oder muss zukünftig Daten erhalten (Buchhaltung, Prüfer, Instandsetzung, Vorgesetzte, Berufsgenossenschaft ZIS etc.)?

Aus diesen Vorüberlegungen können die notwendigen Maßnahmen ermittelt werden. Eine Datenzusammenführung ist ein einmaliger Aufwand, der, wenn gut organisiert, nicht teuer wird.

7.3.1.2 Praxisbeispiel „Datenzusammenführung"

Arbeitsschritte (frei gewähltes Beispiel):

1. Prüfdaten werden bereits in einer Software erfasst, und eine Daten-Schnittstelle existiert

2. Inventurlisten sind teilweise in Excel vorhanden

3. Reparaturprotokolle handschriftlich vorhanden

4. Anschaffung einer Verwaltungssoftware für die Betriebsmittel

5. Datenzusammenführung und -bereinigung (Dubletten entfernen etc.)

Kosten der Datenzusammenführung (Annahme etwa 1000 Arbeitsmittel):

Zu 1: kostenlos bzw. sehr geringer Zeitaufwand für die Datenübergabe

Zu 2: kostenlos bzw. geringer Zeitaufwand für die Datenübergabe

Zu 3: etwa 3 € pro Protokoll bei Übernahme in eine Verwaltungssoftware

Zu 4: 500 € bis 1500 € (wenn keine geeignete Software vorhanden)

Zu 5: etwa 250 € oder einen Tag Zeitaufwand

Fazit:

Eine Datenzusammenführung kostet weniger Geld als eine Grundanalyse (siehe Checkliste) der gegebenen Bedingungen und die Vorüberlegung, was mit den Daten gemacht werden soll. Die Rechtssicherheit steigt im selben Maße, wie die Qualität der auswertbaren Daten zunimmt.

Hinweis:

Bei der Erstaufnahme sollte kein so großer Wert auf die Vollständigkeit der Datenübernahmen gelegt werden. Denn bei jeder folgenden neuen Prüfung wächst die Datensammlung mit aktuellen und korrekten Daten. Der Punkt 3 sollte bei Einführung einer neuen Verwaltungssoftware gar nicht durchgeführt werden, da handschriftliche Altdaten oft fehlerbehaftet sind. Somit würde man die künftigen Statistiken schon auf fehlerbehaftete Grunddaten aufsetzen.

Nach einem Jahr der Prüfung ist die Datensammlung soweit gewachsen, dass reale statistische Aussagen getroffen werden können. Eine Datensammlung ist aber immer nur so gut, wie sie gepflegt wird. Auch hier müssen korrekte Arbeitsanweisungen erlassen und deren Einhaltung kontrolliert werden. Damit wird die Qualität der Datensammlung gesichert.

7.3.1.3 Bewertung für den Einkauf

Der Einkauf kann oft nur seine Tätigkeit über die Einkaufspreise steuern. Denn einzukaufende Produkte werden über die Preise verglichen. Die nachfolgenden Kosten für Prüfung, Wartung, Reparatur etc. fließen mangels konkreter Daten nicht in die Kaufentscheidung mit ein.

Die Techniker klagen oft darüber, dass ihre Wünsche beim Einkauf nicht angemessen berücksichtigt werden. Eine Abhilfe ist die aktuelle Datensammlung. Denn mit ihrer Hilfe können zu jedem einzukaufenden Arbeitsmittel, so es schon vorhanden ist, genaue Daten abgerufen werden:

- Reparaturhäufigkeit, bezogen auf den Typ, die Abteilung, die Kostenstelle etc.

- Prüfkosten, bezogen auf den Typ, die Abteilung, die Kostenstelle etc.

- Wartungshäufigkeit

- Aussagen über die korrekte Behandlung der Arbeitsmittel, abteilungsbezogen oder standortbezogen

7.3.1.4 Praxisbeispiel „Statistik für Einkauf"

Die Handbohrmaschinen Typ A haben eine Reparaturquote von weniger als 1 % pro Jahr. Es werden seit einem halben Jahr auch die Handbohrmaschinen vom Typ B eingesetzt. Der geschäftstüchtige Verkäufer der Typ-B-Bohrmaschinen konnte beim Einkauf durch eine Einkaufsersparnis von 15 % pro Gerät überzeugen. Laut Datensammlung haben sie aber eine Reparaturquote von 35 %.

Für jeden Einkäufer ist auf einen Blick ersichtlich, dass die Bohrmaschine vom Typ A die buchhalterisch bessere Wahl ist.

7.3.1.5 Praxisbewertung „Instandsetzung/Werkstatt"

Oft kann sich die Technik bei der Auswahl der neu zu kaufenden Arbeitsmittel gegenüber dem Einkauf nicht durchsetzen. Oder der Techniker muss lange und eindringlich Erklärungen abgeben, bevor seine Wünsche beim Einkauf berücksichtigt werden.

Dabei ist es doch viel einfacher, Zahlen sprechen zu lassen! Jeder Einkäufer versteht diese Sprache sehr gut. Wenn der Techniker mit Zahlen beweisen kann, dass die Folgekosten für Reparatur und Wartung den Preisvorteil beim Einkauf eines Arbeitsmittels übersteigen, wird sich kein Einkauf seiner Argumentation entgegenstellen.

Aber für eine fundierte Argumentation werden Datensammlungen benötigt. Für die Technik gilt eigentlich dasselbe wie für den Einkauf: Für gute und kostengünstige Entscheidungen werden aussagekräftige Daten benötigt!

7.3.1.6 Praxisbeispiel „Statistik für Instandhaltung"

Derselbe Typ Handbohrmaschine hat in Abteilung 1 eine Reparaturquote von 1 %, in der Abteilung 3 allerdings von 15 %. Beide Abteilungen sind vergleichbar in der Beanspruchung der Bohrmaschinen.

Hier stellt sich die Frage, ob die Mitarbeiter von Abteilung 3 Schulungsbedarf über den Umgang mit den Arbeitsmitteln haben oder ob im Arbeitsprozess die Abteilung 1 einen besseren Weg gefunden hat, die Bohrmaschine schonender einzusetzen. Auf jeden Fall hat hier die Instandhaltung einen Ansatzpunkt, um Kosten zu sparen.

7.3.1.7 Vorbeugende Instandhaltung

Bei der Vorbeugenden Instandhaltung werden turnusmäßig Arbeiten an den elektrischen Geräten und Anlagen vorgenommen. Bei diesen Wartungsarbeiten muss nach der eigentlichen Wartung auch geprüft werden. Dabei werden drei Prüfschritte unterschieden:

- Sichtprüfung
- Elektrische Prüfung
- Funktionsprüfung

Diese Schritte sind im Prinzip dieselben Schritte wie bei einer Wiederholungsprüfung gemäß DIN VDE 0702 oder einer Prüfung nach Reparatur oder Erstinbetriebnahme nach DIN VDE 0701.

Wenn die turnusmäßige vorbeugende Instandhaltung mit den Prüffristen gemäß der erfolgten Gefährdungsbeurteilung abgestimmt wird, ist die Prüfung nach BetrSichV kostenlos!

Es müssen nur die Inhalte der Prüfung nach der Vorbeugenden Instandhaltung mit den Inhalten der Prüfung gemäß BetrSichV abgestimmt werden. In der Praxis werden die Prüfungen inhaltlich schon jetzt fast identisch sein.

7.3.2   Aussagen über die Arbeitsmittel des Kunden

Jeder Dienstleister kann Zusatznutzen (**Bild 7.8**) verkaufen. Neben den Ergebnissen der Messung und Aussagen über die Einsatzbereitschaft der Arbeitsmittel können weitere Angaben mitverkauft oder als Zusatznutzen an den Kunden übergeben werden. Weiterhin können zusätzliche Dienstleistungen erbracht werden, die im Folgenden gezeigt werden.

7.3.2.1   Daten für den Auftraggeber

Inventurlisten:

Dem Auftraggeber können vollständige und sehr aktuelle Inventurlisten übergeben werden. Das Problem ist allseits bekannt: Die Inventur kostet Zeit und Geld. Der Auftraggeber wird unterstützt und erhält von fachkundiger Seite aufgenommene Daten. Etwas Besseres kann doch gar nicht passieren! Denn wer, wenn nicht der Elektrotechniker, kann sachkundige Aussagen über die Arbeitsmittel machen.

Standorte:

Genauso interessant sind Aussagen über die Standorte der Arbeitsmittel. Viele Arbeitsmittel vagabundieren durch die Unternehmen und tauchen an den unterschiedlichsten Stellen wieder auf. Nach einer Prüfung weiß man wenigstens, wo die Arbeitsmittel zuletzt waren.

Gerätebaum oder Gerätefamilie:

Oft werden Geräteverbünde jahrelang gemeinsam genutzt. Ein Beispiel sind PC-Arbeitsplätze. Wenn man Kenntnisse über die Zugehörigkeiten hat, kann man unter Umständen diese Gerätekombination, auch Gerätebaum bzw. Gerätefamilie genannt, gemeinsam zu prüfen. Dies spart Zeit und damit Geld.

Gerätebewegungen:

Für die technische Leitung ist es oft interessant zu erkennen, wie Arbeitsmittel wandern – und an welcher Stelle Arbeitsmittel besonders gerne aus dem Unternehmen verschwinden! Manche Arbeitnehmer oder damit verbundene Standorte horten regelrecht Arbeitsmittel. Andere Arbeitnehmer bzw. deren Arbeitsplätze (Standorte) haben kaum Reparaturen. Warum ist das so? Wie kann man diese Aussagen im innerbetrieblichen Prozess gewinnbringend verwenden? Hier hat der Dienstleister viele Möglichkeiten, seine Daten nutzbringend an den Auftraggeber weiterzuleiten. Man muss nur miteinander reden!

Explosionsschutz:

Ab dem 31.12.2005 kommt den Explosionsschutzbereichen besondere Bedeutung zu. Denn die BetrSichV verlangt das Explosionsschutzdokument. Für diesen Bereich kann man besonders relevante Daten liefern, denn bei der Prüfung nimmt man für jedes Arbeitsmittel über das Typenschild die Explosionsschutzklasse und andere relevante Angaben auf, wie im Kapitel Explosionsschutzdokument beschrieben. Über diese Daten können sehr konkrete Aussagen getroffen werden, ob in den verschiedenen Ex-Zonen die richtigen Arbeitsmittel verwendet werden. Handlungsbedarfe werden sofort erkannt, und das Explosionsschutzdokument wird automatisch vervollständigt.

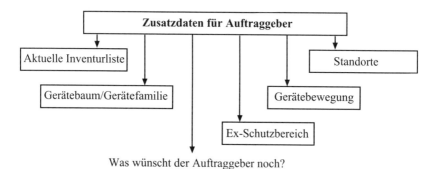

Bild 7.8 Zusatzdaten für den Auftraggeber

7.3.2.2   Zusatzdienstleistung

Ist der Dienstleister gerade bei der Prüfung der elektrischen Geräte und Anlagen, können bei dieser Gelegenheit auch andere nicht-elektrische Arbeits- oder Betriebsmittel (**Bild 7.9**) einer Prüfung nach der BetrSichV oder anderen Prüfungen, z. B. nach berufsgenossenschaftlichen Vorschriften, unterzogen werden. Beispielsweise können dabei Leiter mitgeprüft werden. Die Berufsgenossenschaften schulen die Fähigkeit, diese Prüfung durchführen zu können. Als „Befähigte Person für die Prüfung von Leitern" müssen sie vom jeweiligen Betreiber oder Arbeitgeber berufen werden. Brandschutzklappen sind keine Arbeitsmittel im üblichen Sinn, aber dennoch prüfpflichtige Betriebsmittel. Und was für Leiter gilt, ist auch für andere

122

Arbeits- oder Betriebsmittel prinzipiell möglich. Ob es Sinn macht, bestimmte Prüfungen gleich vom Elektrotechniker mitmachen zu lassen, muss betriebsspezifisch geklärt werden. Dabei ist zu beachten, dass jeweils die Befähigung für die Prüfung vorhanden sein muss!

Wichtig: Auch hier mit Gründlichkeit dokumentieren, wer was machen darf. Dies schützt im Ernstfall!

Mögliche prüfbare Arbeits- oder Betriebsmittel sind:

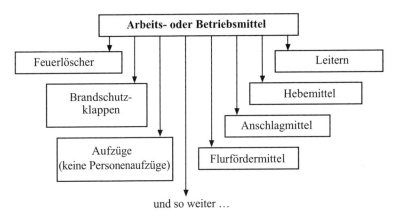

Bild 7.9 Zusätzliche Arbeits- und Betriebsmittel

Es ist erkennbar und logisch, dass diese Aufzählung problemlos erweitert werden kann.

7.3.2.3   Fazit

Wer sich bei seinen Kunden umsieht, wird viele Ideen für mögliche Zusatzdienstleistungen erkennen. Es gilt, dies seinen Kunden aktiv anzubieten. Mehr als Nein sagen, kann er nicht. Bestimmt werden aber genügend Kunden die Vorteile erkennen, wenn ein pfiffiger Dienstleister die Probleme selbstständig erkennt und Lösungen anbietet. Wichtig: Nicht nur die Probleme aufzeigen, sondern mit einer Lösung kommen!

7.4 KonTraG

Im April 1998 wurde das „Gesetz zur Kontrolle und Transparenz im Unternehmensbereich" (KonTraG) verabschiedet. Inhalt war die Änderung der verschiedensten Wirtschaftsgesetze mit dem Ziel, vorhandene Kontrollmechanismen zu verbessern, um rechtzeitig kritische Entwicklungstendenzen aufzeigen zu können. Die Rolle von Aufsichtsrat und Wirtschaftsprüfern als Kontrollorgan sollte gestärkt werden [10].

7.4.1 Betriebswirtschaftliches Wissen ist Macht

Wir leben in einer Welt, in der die Halbwertszeit von Produkten, Märkten und Wissen sich stetig vermindert. Marktbereinigungen, also das Sterben von Unternehmen, treten schneller und häufiger auf. Wettbewerbsfähig kann nur sein, wer weiß, was er tut. Wissen wird als **der** Wettbewerbsfaktor des neuen Jahrtausends gehandelt. Herausforderung für Unternehmen und Institutionen ist es nicht nur, Wissen zu schaffen, sondern auch die bereits generierte Information effektiver zu nutzen.

Vielfach bergen als Insellösungen erhobene und genutzte Datenbestände Potential für andere, nicht verwandte Unternehmensbereiche bei sich selbst oder beim Kunden. Aus Unkenntnis über die Existenz oder die erweiterte Nutzungsmöglichkeit dieser Datenbestände unterbleibt aber die Erschließung einer solchen Ressource.

Gelingt aber eine derartige Vernetzung, wird viel gewonnen:

- Doppelarbeiten unterbleiben: das spart Kosten
- Informationen werden von verschiedenen Seiten kritisch gewürdigt: das schafft Transparenz
- Zusammenhänge werden sichtbarer und bilden damit den Ausgangspunkt für einen permanenten Verbesserungsprozess, fachübergreifend

Damit ist der externen Betrachtungsweise der Betriebssicherheitsverordnung: „Welche Pflichten erlegt sie mir auf, und wie halte ich diese ein?" ein weiterer interner Fokus hinzuzufügen: „Welchen Nutzen kann man aus den gewonnenen Informationen für andere Unternehmensbereiche ziehen?

Im Weiteren soll dabei auf den Bereich der Rechnungslegung eingegangen werden.

7.4.2 Auslöser für gesteigerten Informationsbedarf in Finanz- und Rechnungswesen

Im Jahresabschluss als „Produkt" des Finanz- und Rechnungswesens setzt man sich klassisch mit den Daten der Vergangenheit auseinander, schließt ein Geschäftsjahr ab. Jedoch, was interessiert der „Schnee von gestern", wenn in der Zukunft die Musik spielt? Angezweifelt wurden in jüngster Zeit auch die Qualität der gelieferten

Jahresabschlussinformationen, zeichneten spektakuläre Unternehmensinsolvenzen doch ein anderes, realistischeres Bild, als in den Büchern vermerkt. Fraglich wurde auch die Rolle von vornehmlich Wirtschaftsprüfern und Aufsichtsräten mit Ausstrahlungswirkung auf die Zunft der Steuerberater. Durch das KonTraG sollte eine Besserung und Klarstellung der Rollen der Akteure erreicht werden. Als weiterer Einflussfaktor erwies sich die Einführung von Basel II im Kreditgewerbe, die im Rahmen der Ratingverfahren zur Bestimmung der Kreditgrenzen und -konditionen eigene Anforderungen an Finanz- und Rechnungswesen von Unternehmen setzte.

7.4.3 Betriebssicherheitsverordnung und KonTraG

Hierbei ergeben sich die nachfolgenden Ansatzpunkte zur Betriebssicherheitsverordnung:

7.4.3.1 *Lagebericht, Eingehen auch auf die Risiken der zukünftigen Entwicklung*

Im Lagebericht als Bestandteil des Jahresabschlusses nimmt die Geschäftsführung unter anderem Stellung zu den Risiken der zukünftigen Entwicklung des Unternehmens, um allen, die es angeht, eine ausreichende Informationsbasis zur Einschätzung der Unternehmensentwicklung und den Bedrohungen der Zukunft zu schaffen. Solche Risiken können im Nichteinhalten der Betriebssicherheitsverordnung gegeben sein, da technische Risiken nicht auf ein Mindestmaß begrenzt werden und zusätzliche finanzielle Risiken aus Sanktionen entstehen.

Des Weiteren wird die zukünftige Entwicklung beim Einhalten der Betriebssicherheitsverordnung geprägt von einem System vorauseilender Instandhaltung (Responsibility Management), das sich als kostengünstiger erwiesen hat, die Betriebsbereitschaft sichert und somit einen Wettbewerbsvorteil darstellt.

7.4.3.2 *Gegenstand und Umfang der Prüfung*

Diese Prüfung zielt auf Unrichtigkeiten und Verstöße hinsichtlich der Auswirkung sowie auf maßgebliche Faktoren der Vermögens-, Finanz- und Ertragslage. Hier geht es um die Redepflicht des Wirtschaftsprüfers in seinem Bericht über die Prüfung des Jahresabschlusses. Da die Einhaltung oder Nichteinhaltung der Betriebssicherheitsverordnung sowohl über die technischen Risiken als auch über abgeleitete finanzielle Risiken wesentlichen Einfluss auf die Vermögens-, Finanz- und Ertragslage eines Unternehmens haben kann, wird dies eventuell auch im Jahresabschlussbericht zum Thema. Die Außenwirkung solcher Passagen sollte nicht unterschätzt werden.

7.4.3.3 Eingehen des Prüfungsberichts auf die Beurteilung des Fortbestands des Unternehmens und seine zukünftige Entwicklung

Dieser Punkt betrifft erneut die Darstellung des Wirtschaftsprüfers in seinem Bericht zur Prüfung des Jahresabschlusses der Gesellschaft.

Der Wirtschaftsprüfer trifft eine von der Meinung des Unternehmens losgelöste Einschätzung zum Fortbestand eines Unternehmens und der zu erwartenden zukünftigen Performance. Maßgebliche Einflussfaktoren sind auch hier die Existenz und die Bewältigung von technischen und finanziellen Risiken.

7.4.3.4 Pflicht zur Einrichtung eines Überwachungssystems für AGs durch den Vorstand

Überwachungssystem heißt hier: Risikomanagementsystem und interne Revision. Bestandteil eines funktionierenden Risikomanagementsystems ist dabei die Erhebung und Bewertung von Risiken in einer so genannten Risikomatrix und Festlegung von Mechanismen zur Bewältigung der Risiken je nach voraussichtlicher Schadenshöhe sowie Schadenseintrittwahrscheinlichkeit.

Die Erkenntnisse aus dem Bereich Betriebssicherheitsverordnung können nun zum einen für die Identifizierung von technischen Risiken genutzt werden, zum anderen sind die Maßnahmen aus der Einhaltung der Betriebssicherheitsverordnung als Mittel zur Bewältigung von Risiken einzustufen. Da es sich dabei um ausgereifte, objektivierte und standardisierte Verfahren handelt, ist deren Qualität als hoch einzustufen.

7.4.3.5 Qualitative und quantitative Ausweitung der Jahresabschlussprüfung durch den Wirtschaftsprüfer

Ziel des Wirtschaftsprüfers ist es, durch geeignete Prüfungshandlungen sicherzustellen, dass ein als zutreffend testierter Jahresabschluss einer Gesellschaft nicht in wesentlichem Umfang ein falsches Bild zeichnet. Dazu stehen ihm verschiedene Arten so genannter Prüfungshandlungen zur Verfügung: Systemprüfungen, analytische Prüfungen, Einzelfallprüfungen, mit denen er Schritt für Schritt Prüfungssicherheit gewinnt. Im Rahmen der Systemprüfung trifft er bei Einhaltung der Betriebssicherheitsverordnung auf objektivierte und standardisierte Prozesse, die ihm im Bereich des Anlagevermögens (im Schnitt 30 % der Bilanzsumme) helfen, die Prüfungsziele Bestand (Ist alles physisch vorhanden, was in den Büchern steht?) und Beschaffenheit (Ist alles einsatzbereit/in nutzbarem Zustand, was in den Büchern steht?) zu gewährleisten. Zudem ist der Rückgriff auf diese betriebsinternen Prozesse relativ schnell geschehen, was Zeit und Geld spart und ein Argument bei den Honorarverhandlungen darstellt.

7.4.3.6 *Redepflicht des Wirtschaftsprüfers im Prüfungsbericht über Verstöße gegen Gesetze, Satzung oder Gesellschaftsvertrag*

Hierbei geht es um die Verpflichtung des Wirtschaftsprüfers, in seinem Bericht über die Prüfung des Jahresabschlusses der Gesellschaft explizit Verstöße gegen Gesetze (gleich welcher Couleur), Satzung oder Gesellschaftsvertrag aufzuführen. Wird die Betriebssicherheitsverordnung nicht eingehalten, so fällt dies unter den Bereich des Verstoßes gegen gesetzliche Vorgaben. Die Außenwirkung einer solchen Passage sollte nicht unterschätzt werden.

Eine Prüfung des internen Überwachungssystems aus Risikomanagementsystem und interner Revision bei börsennotierten AGs ist ebenfalls Aufgabe des Wirtschaftsprüfers.

Korrespondierend zur Pflicht des Aufsichtsrats zur Einrichtung eines solchen internen Überwachungssystems obliegt dem Wirtschaftsprüfer auch die Prüfung desselben, um Existenz, Einhaltung und Funktionsfähigkeit zu beurteilen. Ein Rückgriff auf die Prozesse aus dem Bereich der Betriebssicherheit bietet sich daher nicht nur bei der unternehmensinternen Einrichtung an, sondern auch bei der externen Prüfung durch den Wirtschaftsprüfer.

7.4.4 Betriebssicherheitsverordnung und Basel II

Aufgabe des Risikomanagements ist es, relevante Entwicklungen und damit verbundene Risiken im Umfeld eines Unternehmens frühzeitig genug zu identifizieren, um noch ausreichende Maßnahmen zur Risikobewältigung ergreifen zu können.

Genügt ein Risikomanagementsystem diesem Anspruch nicht, bleiben Risiken für ein Unternehmen unkalkulierbar, wodurch z. B. die zukünftige Zahlungsfähigkeit des Unternehmens für Banken naturgemäß schwerer vorhersehbar ist.

Daher stellen die Kreditinstitute im Rahmen der Ratingverfahren nach Basel II auf die Existenz und die Effektivität des eingerichteten Risikomanagementsystems ab und belohnen und bestrafen mit Kreditgrenzen und Kreditkonditionen.

7.4.5 Zusammenfassung

Die praktische Nutzung der Informationen aus der Umsetzung der Betriebssicherheitsverordnung ist vielschichtig. Betroffen von der Betriebssicherheitsverordnung sind vornehmlich Bestandteile des Anlagevermögens. Genutzt werden können die gewonnenen Informationen auf zwei Wegen:

- Information über Abläufe und Prozesse
- inhaltliche Information über Bestandteile des Anlagevermögens

7.4.5.1 Abläufe und Prozesse

Die Einhaltung der Betriebssicherheitsverordnung stellt selbst einen Prozessablauf dar, der ein höheres Maß an Sicherheit über Existenz und Beschaffenheit von Teilen des Anlagevermögens gewährleistet: unbemerkte Verschrottungen wird es so nicht geben. Es handelt sich daher um einen Bestandteil des Risikomanagementsystems.

Des Weiteren begegnet die Betriebssicherheitsverordnung technischen Risiken, die bei ihrem Eintritt zu hohen finanziellen Belastungen werden können. Sie macht damit Risikostrukturen transparent und setzt standardisierte Abläufe zur Risikobewältigung in Gang, was risikomindernd wirkt.

Die Nichtbeachtung der Betriebssicherheitsverordnung dagegen führt zu vermehrten finanziellen und technischen Risiken, die in nennenswertem Umfang Auswirkungen auf die zukünftige Entwicklung und den Fortbestand des Unternehmens haben können.

7.4.5.2 Informationen über das Anlagevermögen

Guter betrieblicher Übung entspricht die Durchführung einer Anlageninventur alle drei bis fünf Jahre, deren Bedeutung gerade durch das KonTraG erheblich gesteigert wurde.

Die Bereiche des Anlagevermögens, die im Rahmen der Betriebssicherheitsverordnung aufgenommen werden, benötigen keine weitere Aufnahme, da die bereits erfassten Datenbestände genutzt werden können. Hier bietet sich die Einbindung eines geeigneten Softwaretools an, das eine Weiternutzung der erhobenen Daten durch einfache Schnittstellenlösungen unterstützt. Das spart Zeit und Kosten.

Im Rahmen der Jahresabschlussprüfung führt der Wirtschaftsprüfer Systemprüfungen von Abläufen durch sowie Einzelfallprüfungen; der Umfang von beidem lässt sich durch Einbezug der im Rahmen der Betriebssicherheitsverordnung gewonnenen Informationen reduzieren, ohne an Aussagegehalt zu verlieren. Auch an dieser Stelle werden Zeit und Kosten gespart.

7.5 Volkswirtschaftliche Kosteneffekte

In diesem Praxishandbuch sollen nur kurz einige volkswirtschaftliche Effekte der richtigen Anwendung der Betriebssicherheitsverordnung dargestellt werden:

Vorteile:

- erhöhter Schutz der Beschäftigten
- dadurch weniger Berufsunfähigkeitsrenten
- weiterhin weniger berufsbedingte Frührentner

Idee und Vorteile eines Prüfvorschriften-Pools:

- Wenn jedes Unternehmen in einem gemeinsamen Pool einige Prüfvorschriften einpflegen und kontinuierlich betreuen würde, könnte ein riesiger Pool qualitativ hochwertiger Prüfvorschriften entstehen.

- Jedes Unternehmen, das Prüfvorschriften kostenlos einstellt, darf dafür kostenlos alle anderen Prüfvorschriften benutzen.

- Dadurch würden in Deutschland bei geringem eigenen Aufwand alle Teilnehmer über sehr gute Prüfvorschriften verfügen.

Sachstand derzeit: Jeder macht alles selber, sprich: Das Rad wird laufend neu erfunden.

7.6 Responsibility Management und spezielle innerbetriebliche Kosten-Nutzen-Effekte

Bei größeren Unternehmen liegt ein Schwerpunkt auf dem integrierten mobilen Datenmanagement. Es würde zu weit gehen, diese Problematik hier ausführlich zu erläutern. In Grundzügen soll allerdings ein kurzer Überblick gegeben werden, wie die BetrSichV zur Kostenreduzierung genutzt werden kann. Eine besondere Möglichkeit ist das Responsibility Management nach Professor Dr.-Ing. Jürgen Althoff [16].

Bei größeren Unternehmen wird ein anderer, mehr abstrakter Ansatz gewählt, um die Anforderungen der BetrSichV in ein größeres Datenmanagement zu integrieren.

Die besonderen Herausforderungen bei der Einführung sind:

- die logistische Bewältigung des Prozesses „Prüfen – Messen – Auswerten – Archivieren"

- die kostengünstige und flexible Darstellung und Verwaltung des Managens des Produktlebenszyklusses der Arbeitsmittel

- Berücksichtigen der vom Gesetzgeber bereits vorgegebenen Prüfkriterien

- ein institutionalisiertes Betriebskonzept entwickeln und flächendeckend im Unternehmen einführen

Dies geschieht mit folgenden Schritten:

- das Projekt „Prüfwesen" starten, bevor die ersten Haftungsfälle eintreten!

- Identifizieren der Bedarfsträger und Haftungsträger

- eine bedarfsgerechte Vorgehensweise im Rahmen der innerbetrieblichen Gegebenheiten entwickeln

Daraus ergibt sich eine Datensammlung, die folgende Prozesse erst ermöglicht:

- Gesteigerte Effizienz der Geschäftsprozesse
    - gesteigerte Mengenbündelung für effiziente Bedarfsplanungsstrategien

- verbessertes Kundenwissen für den Verkaufsprozess
- erweiterte und durchgängige Interaktion mit Geschäftspartnern
- verbesserte Planung durch optimierte Verfügbarkeit von Analysen und Reports
- reduzierte Prozessbrüche durch verfügbare Daten
- Optimierte Verfügbarkeit von Informationen, Dokumentationsqualität und Geschwindigkeit
  - reduzierte manuelle Überschneidungen in den Prozessen
  - konsistente Datensammlung in allen EDV-Systemen
  - verfügbare Schnittstellen zwischen allen relevanten Eingabesystemen
  - jede Information ist verfügbar und einfach zugänglich
- Reduzierter Aufwand beim Datenmanagement
  - weniger Systemkapazitäten und Ressourcen erforderlich
  - der Aufwand für System-Grundlagen kann ebenfalls gesenkt werden
  - Material, Lieferanten, Händler, Kunden, …

Die Schwierigkeiten der Einführung bei größeren Unternehmen werden vielfach überschätzt. Leider stehen die großen Unternehmensberatungen oft zu sehr auf der Seite der Theorie. Kleinere kostenlose Nebeneffekte wie das Inventarisieren der Betriebsmittel im Wert unter 410 € werden übersehen.

Eine innerbetriebliche und abteilungsübergreifende Gesprächsrunde unter der Gesprächsführung eines externen Praktikers spürt viele Synergieeffekte auf.

7.7 Zusammenfassung

Bei richtiger Anwendung kann die Betriebssicherheitsverordnung in kleineren Unternehmen kostenneutral umgesetzt werden. Ab einer Belegschaft von mehr als 100 Arbeitnehmern kommen zusätzliche Synergien hinzu, die sehr viel mehr Geld einsparen lassen, als die Umsetzung kostet. Dies ist einzelfallbezogen zu ermitteln und betriebsspezifisch.

8 Explosionsschutzdokument

Auch elektrische Geräte und Anlagen werden im Bereich brennbarer Gase, Dämpfe oder Stäube genutzt. Explosionen können Menschen gefährden und zu großen Sachschäden führen. Zur Verhütung von Explosionen ist ein ganzheitliches Explosionsschutzkonzept zu erstellen. Ausgehend vom Ersatz gefährlicher Stoffe über technische Schutzmaßnahmen bis zu organisatorischen Maßnahmen ergibt sich ein komplexes und betrieblich abzustimmendes Schutzsystem [11].

Das Arbeitsschutzgesetz verpflichtet gemäß § 5 jeden Arbeitgeber zu einer Gefährdungsanalyse, bei der auch die Aspekte des Explosionsschutzes beachtet werden müssen.

8.1 Gesetzliche Grundlagen

Arbeitsschutzgesetz (ArbSchG) § 5 Abs. 1

Der Arbeitgeber hat durch eine Beurteilung der für die Beschäftigten mit ihrer Arbeit verbundenen Gefährdung (Gefährdungsbeurteilung) zu ermitteln, welche Maßnahmen für den Arbeitsschutz erforderlich sind.

Gefahrstoffverordnung (GefStoffV)

Der Arbeitgeber hat gemäß § 16 GefStoffV zu beurteilen, ob die verwendeten Stoffe, Zubereitungen oder Erzeugnisse beim Umgang auch unter Berücksichtigung verwendeter Arbeitsmittel, Verfahren und der Arbeitsumgebung sowie ihrer möglichen Wechselwirkungen zu Brand- oder Explosionsgefahren führen können. Wird die Bildung gefährlicher explosionsfähiger Atmosphären nicht sicher verhindert, hat der Arbeitgeber zu beurteilen:

- *Wahrscheinlichkeit und Dauer von gefährlichen explosionsfähigen Atmosphären*
- *Wahrscheinlichkeit, Aktivierung und Wirksamwerden von Zündquellen*
- *Ausmaß einer potentiellen Explosion*

Der Arbeitgeber hat explosionsgefährdete Bereiche unter Berücksichtigung der Ergebnisse der Gefährdungsbeurteilung in Zonen einzuteilen.

8.2 Explosionsschutzkonzept

Um bezahlbaren Explosionsschutz zu gewährleisten, ist es erforderlich, ein ganzheitliches Explosionsschutzkonzept zu erstellen. Ausgehend von der Ermittlung der Explosionsgefährdungen, ist ein System von Schutzmaßnahmen in folgender Reihenfolge zu erarbeiten:

- Vermeidung oder Einschränkung der Bildung explosionsfähiger Atmosphäre
- Vermeidung wirksamer Zündquellen
- Beschränkung der Auswirkungen einer eventuellen Explosion auf ein unbedenkliches Maß

Die beiden letzten Maßnahmen sind nachrangig anzuwenden, das heißt, den anlagentechnischen Schutzmaßnahmen ist gegenüber den organisatorischen prinzipiell immer der Vorrang einzuräumen.

Doch wie wird es speziell auf die Belange der elektrischen Geräte und Anlagen umgesetzt? Eigentlich relativ einfach, wenn man folgende Punkte einhält:

- Entfernung aller elektrischen Betriebsmittel und Anlagen, die nicht zwingend in diesen explosionsgefährdeten Bereichen benötigt werden
- regelmäßige Wartung oder vorbeugende Instandhaltung
- organisatorische Maßnahmen zum Personenschutz

Letztere müssen jedoch konsequent durchgesetzt und die Einhaltung der Maßnahmen regelmäßig nachvollziehbar kontrolliert werden. Bitte auf die Dokumentation der Überprüfung achten!

Wichtig:

Meistens wird die erforderliche Sicherheit erst durch die sinnvolle Kombination aller Schutzmaßnahmen erreicht.

Stellt sich die Frage, wie man mit Betriebsmitteln umgeht, die nicht aus dem Ex-Bereich entfernt werden können. Wie in der Gefährdungsbeurteilung verlangt, muss auch hier die folgende Reihenfolge eingehalten werden:

- Technische Schutzmaßnahmen

z. B. eine komplette Einhausung, das Erzeugen einer Überdruckatmosphäre oder das Absaugen des gefährlichen Gemisches

Ist dies nicht möglich oder ausreichend, kommen noch hinzu:

- Organisatorische Schutzmaßnahmen
- der Nichtgebrauch des jeweiligen Arbeitsmittels, wenn eine gefährliche Atmosphäre herrscht
- Persönliche Schutzmaßnahmen

Diese sollten nur als wirklich letztes Mittel, wenn alles andere absolut nicht in Betracht kommt, eingesetzt werden. Es wird aber ausdrücklich empfohlen, auf diese

Möglichkeit zu verzichten und besser die Produktion, das Verfahren etc. umzustellen.

8.3 Explosionsschutzdokument

Seit dem 3. Oktober 2002 ist bei neu errichteten Einrichtungen mit explosionsgefährdeten Bereichen vor der Aufnahme der Arbeit vom Arbeitgeber ein Explosionsschutzdokument zu erstellen. Für bereits vor dem 3. Oktober 2002 betriebene Einrichtungen mit explosionsgefährdeten Bereichen ist das Explosionsschutzdokument bis spätestens 31. Dezember 2005 gemäß § 27 Abs. 1 BetrSichV zu erstellen. Verantwortlich ist der Arbeitgeber bzw. der Betreiber.

8.3.1 Inhalte des Explosionsschutzdokuments

- Kurzbeschreibung der baulichen und geografischen Gegebenheiten
- Beschreibung des Explosionsschutzkonzepts (z. B. Erläuterungen zu Gefährdungsbeurteilung und Schutzmaßnahmen, Alarmpläne, Verweise auf Arbeits- und Organisationsanweisungen)
- Organisationsanweisungen
  - was passiert bei unplanmäßigen Betriebszuständen, wer kümmert sich worum, wer wird informiert etc.
  - wie erfolgt die Freigabe von Arbeiten in explosionsgefährdeten Bereichen gemäß Anhang. 4 Nr. 2.2 BetrSichV
  - wie wird die Sicherheit von anderen Beschäftigten gewährleistet (z. B. Fremdfirmen)
  - Zonenplan der explosionsgefährdeten Bereiche mit Erläuterungen
- Eignungsnachweise der Betriebsmittel für explosionsgefährdete Bereiche (Baumusterprüfbescheinigungen nach ATEX 95, Betriebsmittelkennzeichnung nach ATEX 95, CE-Kennzeichnung, Betriebsanleitungen etc.)
- Nachweise der ordnungsgemäßen Montage und Installation der Betriebsmittel (Prüfbescheinigung der Inbetriebnahme/Montage)
- Nachweise der Überwachung der Betriebssicherheit (Prüfbescheinigung für die Prüfungen gemäß Gefährdungsbeurteilungen)
- Nachweise der Eignung von Schutzeinrichtungen (Berstscheiben, Flammensperren etc.)
- Eignungsnachweise für sicherheitsrelevante Betriebsmittel, die sich jedoch nicht in einem explosionsgefährdeten Bereich befinden, allerdings maßgeblichen Einfluss haben
- Innerbetriebliche Anweisungen

- Reinigungspläne, wenn bei brennbaren Stäuben etc. vorhanden
- Nachweise der Unterweisungen der Beschäftigten gemäß ArbSchG
- Befähigungsnachweis für die „Befähigte Person" TRBS 1203 Ex
- Behördliche Auflagen oder Anweisungen
- Bereits vorhandene Explosionsrisikoabschätzungen, -gutachten und ähnliche Dokumente, die aufgrund anderer Vorschriften erstellt wurden

Änderungen am Explosionsschutzdokument sind bei wesentlichen Änderungen, Erweiterungen oder Umgestaltungen der Arbeitsstätte, der Arbeitsmittel oder des Arbeitsablaufs vorzunehmen.

Zur Sicherheit sollte das Explosionsschutzdokument in regelmäßigen Abständen überprüft werden. Diese Abstände sind den innerbetrieblichen Umständen anzupassen.

8.3.2 Zoneneinteilung

Die Zoneneinteilung ist das Kernstück der Gefährdungsanalyse-Explosionsschutz. Alle Schutzmaßnahmen zur Verhinderung der Zündung explosionsfähiger Atmosphäre basieren darauf. Eine falsche Zoneneinteilung führt entweder zu unnötigen Kosten oder zu nicht kalkulierbarem Risiko. Der Arbeitgeber hat explosionsgefährdete Bereiche entsprechend Anhang 3 BetrSichV unter Berücksichtigung der Ergebnisse der Gefährdungsbeurteilung (nach der Wahrscheinlichkeit des Auftretens explosionsfähiger Atmosphäre) in Zonen einzuteilen:

- Explosionsgefahr langzeitig oder häufig
- Explosionsgefahr gelegentlich oder selten
- Explosionsgefahr kurzzeitig

Die Bezeichnungen der neuen Zonen sind unterteilt in Aerosole (**Bild 8.1**) und Stäube (**Bild 8.2**):

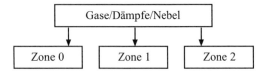

Bild 8.1 Zoneneinteilung für Gase/Dämpfe/Nebel

Im Bereich der Zone 0 sind gefährliche explosionsfähige Atmosphäre als Gemisch aus Luft und brennbaren Gasen, Dämpfen oder Nebeln ständig, über lange Zeit umer oder häufig vorhanden.

Für die Zone 1 gilt, dass sich bei Normalbetrieb gelegentlich eine gefährliche explosionsfähige Atmosphäre als Gemisch aus Luft und brennbaren Gasen, Dämpfen oder Nebeln bilden kann.

In der Zone 2 tritt gefährliche explosionsfähige Atmosphäre als Gemisch aus Luft und brennbaren Gasen, Dämpfen oder Nebeln normalerweise nicht oder aber nur kurzzeitig auf.

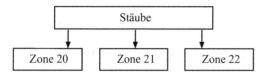

Bild 8.2 Zoneneinteilung für Stäube

Für die Zone 20 gilt, dass eine gefährliche explosionsfähige Atmosphäre in Form einer Wolke aus in der Luft enthaltenem brennbaren Staub ständig, über lange Zeiträume oder häufig vorhanden ist.

In der Zone 21 kann sich eine gefährliche explosionsfähige Atmosphäre in Form einer Wolke aus in der Luft enthaltenem brennbaren Staub bilden.

Bei der Zone 22 kann sich normalerweise eine gefährliche explosionsfähige Atmosphäre in Form einer Wolke aus in der Luft enthaltenem brennbaren Staub nicht oder aber nur kurzzeitig bilden.

Wichtig:

Alle explosionsgefährdeten Bereiche sind in ihrer Ausdehnung dreidimensional festzulegen.

8.3.3   Übergangsbedingungen

Bis zum 30.6.2003 durften elektrische Arbeitsmittel, die nach der ElexV vor der Neufassung 12/1996 (unter Nutzung der Übergangsfrist bis 30.6.2003) hergestellt wurden, genutzt werden [12].

Seit dem 1.7.2003 dürfen gemäß § 7 (3) BetrSichV nur elektrische Arbeitsmittel im Unternehmen den Beschäftigten bereitgestellt werden, wenn sie der Richtlinie 94/9/EG (ATEX 95) entsprechen.

8.3.4   Bestandsschutz

Elektrische Arbeitsmittel, die bereits vor dem 30.6.2003 verwendet wurden, dürfen nach dem 30.6.2003 weiter verwendet werden. Dann müssen sie allerdings den

Mindestvorschriften nach Anhang 4 Abschnitt A BetrSichV entsprechen. Gleiches gilt für Arbeitsmittel gemäß § 7 Abs. 4 BetrSichV, die zwar noch nicht verwendet, jedoch bereits erstmalig zur Verfügung gestellt wurden. Dies wäre z. B. bei einem Lagerartikel anwendbar. Die Lager beim Betreiber, nicht beim Hersteller!

Wenn elektrische Betriebsmittel nach ElexV oder TGL in Verkehr gebracht wurden und keine Mängel oder sonstigen Probleme bekannt sind, gelten die Anforderungen von Anhang 4 Abschnitt A BetrSichV als erfüllt. Dies gilt es allerdings in der Gefährdungsbeurteilung festzuschreiben. Elektrische Arbeitsmittel müssen selbstverständlich auch hinsichtlich der elektrischen Bemessungswerte geeignet sein. Dies ist allerdings einfach anhand der Betriebsmittel-Kennzeichnung zu überprüfen.

8.3.5   Auswahl gemäß Einsatzgebiet, Stoffgruppe und Zoneneinteilung

Für die Zone 10 (alte Bezeichnung) zugelassene elektrische Geräte dürfen auch in den Zonen 20, 21 oder 22 uneingeschränkt betrieben werden. Elektrische Geräte, die für die Zone 11 (alte Bezeichnung) geeignet waren, dürfen nur in der Zone 22 eingesetzt werden. Ist ein Einsatz in Zone 21 geplant, muss die Eignung durch ein Gutachten einer zugelassenen Überwachungsstelle nachgewiesen werden.

Zonenbezogene Kennzeichnung der explosionsgeschützten Geräte:

- Einsatz in Zone 0 oder Zone 20
  Geräte nach Kategorie 1

- Einsatz in Zone 1 oder Zone 21
  Geräte nach Kategorie 1 oder Kategorie 2

- Einsatz in Zone 2 oder Zone 22
  Geräte nach Kategorie 1 oder Kategorie 2 oder Kategorie 3

Die Geräte dürfen jeweils auch in Zonen mit geringerer Explosionsgefahr eingesetzt werden.

Für die Stoffgruppen, also die verwendeten möglichen Stoffe im Arbeitsprozess, sind die sicherheitstechnischen Kennzahlen aus den Sicherheitsdatenblättern zu entnehmen. Gegebenenfalls ist beim Hersteller nachzufragen. Wenn mehrere Stoffe verwendet werden, ist immer der Stoff maßgeblich, der die höchsten Anforderungen an den Explosionsschutz der Geräte stellt!

Bei Explosionsgefahr durch Gase/Dämpfe/Nebel sind die Geräte in der Regel entsprechend der Explosionsgruppe und der Temperaturklasse des brennbaren Stoffs auszuwählen.

Für elektrische Geräten gilt: Es sind die Explosionsgruppe und die Temperaturklasse auf dem Gerät anzugeben. Gleiches gilt für nicht-elektrische Geräte, die nach der 11. GSGV (ATEX 95) angeschafft wurden.

8.3.5.1.1 Prüfung der Anlagen in explosionsgefährdeten Bereichen

Vor der ersten Inbetriebnahme, nach einer Änderung sowie wiederkehrend mindestens alle drei Jahre sind Anlagen und Maschinen in explosionsgefährdeten Bereichen gemäß § 14 und § 15 BetrSichV zu prüfen. Dies muss durch eine „Befähigte Person" erfolgen.

Sofern Geräte, Maschinen oder Anlagen in explosionsgefährdeten Bereichen Teil einer anderen überwachungsbedürftigen Maschine oder Anlage sind, werden diese „Ex-Anlagen" von der zugelassenen Überwachungsstelle (ZÜS) geprüft.

Prüfgrundlagen sind derzeit die einschlägigen Regeln und Normen, so auch die DIN VDE 0165-1 (EN 60079-14), DIN VDE 0165-2 (EN 50281-1-2), DIN VDE 0165-10-1 (EN 60079-17) und bei älteren Maschinen oder Anlagen die DIN VDE 0165 [13].

8.3.5.1.2 Prüffristen für Arbeitsmittel, aber ohne die Anlagen

Der Betreiber hat die Prüffristen für die wiederkehrende Prüfung elektrischer Arbeitsmittel im Ex-Bereich auf der Grundlage einer Gefährdungsbeurteilung zu ermitteln.

Allerdings gilt hier: In explosionsgefährdeten Bereichen muss mindestens alle drei Jahre geprüft werden!

Der Wegfall der wiederkehrenden Prüfungen bei „ständiger Überwachung durch einen verantwortlichen Ingenieur" ist nicht mehr zulässig!

8.3.5.1.3 Maßnahmen zur Verhinderung der Zündung

Es werden vier Bereiche (**Bild 8.3**) unterschieden:

- statische Elektrizität
- Blitzschlag
- mechanische Zündung
- sonstige elektrische Zündquellen

Statische Elektrizität:

Entsteht durch mechanische Reibung von festen Stoffen beim Abheben, Reiben, Zerkleinern, Fördern, Abrollen, Bewegen und Ausschütten.

Blitzschlag:

Bereiche der Zonen 0, 1, 20 (früher 10) oder 21 sollten gegen Zündung durch Blitzschlag geschützt werden. In den Zonen 2 und 22 (früher 11) müssen nur eigene Zündquellen vermieden werden. Denn die DKE Deutsche Kommission Elektro-

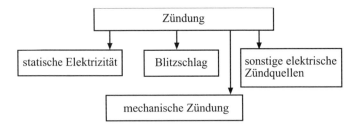

Bild 8.3 Arten der Zündung

technik Elektronik Informationstechnik hält Blitzeinschläge, da seltene Ereignisse, für diese Zonen als Zündquelle tolerierbar.,

Sonstige elektrische Zündquellen:

Zu diesen zählen z. B.:

- katodischer Korrosionsschutz
- elektromagnetische Felder von 9 kHz bis 300 GHz
- elektromagnetische Strahlung für verschiedene Frequenzbereiche
- elektrische Ausgleichsströme

Mechanische Zündung:

Sie ist eine ganz andere Art von Zündquelle als die vorgenannten, deren Gefährlichkeit aber nicht unterschätzt werden darf! Das Betätigen einer rostigen Türangel in einer Tür zum Ex-Bereich kann eine Explosion ebenfalls hervorrufen!

Ebenso kann eine Vielzahl anderer mechanischer Teile ebenso eine Zündquelle sein.

8.3.5.1.4 Kennzeichnung von Betriebsmitteln

Die Kennzeichnung wird wie in **Bild 8.4** nach „ATEX 100a" (ATEX steht für Atmosphères Explosibles) vorgenommen.

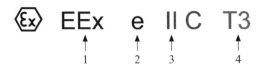

Bild 8.4 Kennzeichnung nach ATEX 100a

1. Normkennzeichnung

E   nach Europäischer Norm erbautes Betriebsmittel

Ex   explosionsgeschütztes Betriebsmittel

2. Zündschutzart

O   Ölkapselung

P   Überdruckkapselung (Schutz höher als bei nP)

Q   Sandkapselung

D   druckfeste Kapselung

E   erhöhte Sicherheit

Ia   Eigensicherheit Zonen 0, 1, 2

Ib   Eigensicherheit Zonen 1, 2

M   Vergusskapselung

S   sonstiger Zündschutz (Sonderschutz)

n   Schutz ausreichend bei Normalbetrieb mit geringer Wahrscheinlichkeit auftretender explosionsfähiger Gasatmosphäre (Zone 2)

nA   nicht funkend

nC   geschützte Kontakte

nR   Gehäuse schwadensicher

nL   energiebegrenzt

nP   einfache Überdruckkapselung

3. Einsatzbereich

I   nur für Bergbau

II   alle Einsatzbereiche außerhalb des Bergbaus

A   Explosionsneigung gering

B   Explosionsneigung mittel

C   Explosionsneigung hoch

4. Temperaturklasse

Höchstzulässige Oberflächentemperatur der Betriebsmittel:

T1   450 °C   Zündtemperatur > 450 °C

T2   300 °C   Zündtemperatur > 300 °C

T3   200 °C   Zündtemperatur > 200 °C

T4   135 °C   Zündtemperatur > 135 °C

| T5 | 100 °C | Zündtemperatur > 100 °C |
| T6 | 85 °C | Zündtemperatur > 85 °C |

8.3.5.1.5 Mindestangaben und Kennzeichnung

Eine zusätzliche Kennzeichnung nach „ATEX 100a" gemäß **Bild 8.5**, die den Einsatzort definiert.

Bild 8.5 Mindestangaben und Kennzeichnung

1. Gerätegruppe

I   nur für Bergbau

II   alle Bereiche außer Bergbau

2. Kategorie

1   geeignet für Zone 0G bzw. Zone 20D (sehr hohes Sicherheitsmaß)

2   geeignet für Zone 1G bzw. Zone 21D (hohes Sicherheitsmaß)

3   geeignet für Zone 2G bzw. Zone 22D (normales Sicherheitsmaß)

M1   geeignet zum Einsatz im Bergbau Gerätegruppe I (ähnlich Zone 0 bzw. 1)

M2   geeignet zum Einsatz im Bergbau Gerätegruppe I (ähnlich Zone 2)

3. Einsatzbereich nur für Gerätegruppe II

G   Gas

D   Staub (englisch: Dust)

8.3.5.1.6 Mindestangaben und Kennzeichnung

Geräte und Schutzsysteme in explosionsgefährdeten Bereichen unterliegen den Bestimmungen der Explosionsschutzverordnung – 11. GPSGV (deutsche Umsetzung der Richtlinie 94/9/EG). In folgendem **Bild 8.6** ein praktisches Beispiel:

- Name und Anschrift des Herstellers
- CE-Kennzeichnung
- Bezeichnung der Serie und des Typs

SEW-EURODRIVE Bruchsal / Germany CE		
Typ eDT71D4	3 ∼ IEC 34	
Nr. 3009818304.0002.99	i	:1
r/min 1365	Nm	
kW 0.37	cos φ 0.70	
V 230/400	A 1.97/1.14	Hz 50
IM B5	kg 9.2	IP 54	Kl. B
t_E s 29	IA / IN 3.7	II 2 G EEx e IIC T3
Baujahr 1999		PTB 99 ATEX 3402/03
Schmierstoff		186 228. 6.11

Bild 8.6 Beispiel der Kennzeichnung

- gegebenenfalls die Seriennummer
- das Baujahr
- das spezielle Ex-Kennzeichen in Verbindung mit dem Kennzeichen, das auf die Kategorie verweist
- für die Gerätegruppe II der Buchstabe „G" oder „D"
- zusätzlich, und wenn erforderlich, müssen auch alle für die Sicherheit bei der Verwendung unabdingbaren Hinweise angebracht werden

Auf die tieferen Inhalte des Explosionsschutzes soll und kann hier nicht eingegangen werden. Dafür gibt es weiterführende Literatur, empfohlen wird besonders Band 65 der VDE-Schriftenreihe „Explosionsschutz nach DIN VDE 0165 und Betriebssicherheitsverordnung – Eine praxisnahe Einführung in die zu beachtenden Verordnungen, Normen und Richtlinien" von Dipl.-Ing. Klaus Wettingfeld, erschienen 2005 im VDE VERLAG .

8.4 Befähigte Person nach TRBS 1203-1

Seit dem 18. November 2004 gibt es eine weitere Technische Regel [14]. Sie ergänzt die TRBS 1203 um die Erfordernisse bezüglich der Explosionsgefährdung.

Technische Regeln (TRBS) geben dem Stand der Technik, der Arbeitsmedizin und der Hygiene entsprechende Regeln und sonstige gesicherte arbeitswissenschaftliche Erkenntnisse für die Bereitstellung und Benutzung von Arbeitsmitteln sowie überwachungsbedürftiger Anlagen wieder. Diese TRBS werden vom Ausschuss für Betriebssicherheit ermittelt und vom Bundesministerium für Wirtschaft und Arbeit im Bundesarbeitsblatt bekannt gegeben.

Die Technischen Regeln konkretisieren die Betriebssicherheitsverordnung hinsichtlich der Ermittlung und Bewertung von Gefährdungen sowie der Ableitung von geeigneten Maßnahmen. Bei Anwendung der beispielhaft genannten Maßnahmen kann der Arbeitgeber die Vermutung der Einhaltung der Vorschrift der Betriebssicherheitsverordnung für sich geltend machen. Wählt der Arbeitgeber eine andere Lösung, hat er die gleichwertige Erfüllung der Verordnung schriftlich nachzuweisen.

8.4.1   Berufsausbildung

Die Befähigte Person für die Prüfung zum Explosionsschutz gemäß § 14 (1) bis (3) und (6) sowie § 15 BetrSichV muss eine technische Berufsausbildung abgeschlossen haben oder eine andere für die Prüfaufgabe ausreichende technische Qualifikation besitzen, welche die Gewähr dafür bietet, dass die Prüfungen ordnungsgemäß durchgeführt werden. Die Befähigte Person für die Prüfung gemäß Anhang 4 Teil A Nr. 3.8 BetrSichV muss über

- ein einschlägiges Studium oder
- eine vergleichbare technische Qualifikation oder
- eine andere technische Qualifikation mit langjähriger Erfahrung auf dem Gebiet der Sicherheitstechnik

verfügen und auf Grund seiner umfassenden Kenntnisse des Explosionsschutzes einschließlich des zugehörigen Regelwerks die Gewähr dafür bieten, dass die Prüfungen ordnungsgemäß durchgeführt werden.

Bemerkung:
Die TRBS 1203-1 wird konkreter hinsichtlich der Anforderungen an die Befähigte Person als die TRBS 1203.

8.4.2   Berufserfahrung (Qualifikation)

Die Befähigte Person für die Prüfung zum Explosionsschutz gemäß § 14 (1) bis (3) und (6) und § 15 BetrSichV muss eine mindestens einjährige Erfahrung mit der Herstellung, dem Zusammenbau oder der Instandhaltung der Anlagen oder Anlagenkomponenten im Sinne von § 1 (2) Nr. 3 BetrSichV besitzen.

Die Befähigte Person für die Prüfung zum Explosionsschutz gemäß § 14 (6) muss eine mindestens einjährige Erfahrung mit der Herstellung oder Instandhaltung von Geräten, Schutzsystemen oder Sicherheits-, Kontroll- oder Regeleinrichtungen im Sinne des Artikels 1 der Richtlinie 94/9/EG besitzen.

8.4.3   Zeitnahe praktische Tätigkeit

Die Befähigte Person für die Prüfung zum Explosionsschutz gemäß § 14 (1) bis (3) und (6) und § 15 BetrSichV muss über die im einzelnen erforderlichen Kenntnisse des Explosionsschutzes sowie der relevanten technischen Regelungen verfügen und, sofern erforderlich, diese Kenntnisse aktualisieren, z. B. durch die Teilnahme an Schulungen und Unterweisungen.

Die Befähigte Person für die Prüfung zum Explosionsschutz gemäß Anhang 4 Teil A Nr. 3.8 BetrSichV muss regelmäßig durch die Teilnahme an einem einschlägigen Erfahrungsaustausch auf dem Gebiet des Explosionsschutzes fortgebildet werden.

8.4.4   Anerkennung

Die Befähigte Person nach § 14 (2) BetrSichV muss von der zuständigen Behörde anerkannt sein.

8.4.5   Alternative Anforderung

Aufgaben der Befähigten Person nach § 14 (2) BetrSichV (1) bis (3) und § 15 sowie Anhang 4 Teil A Nr. 3.8 BetrSichV können auch von der Zugelassenen Überwachungsstelle (ZÜS) wahrgenommen werden, welche die Zulassung für Anlagen nach § 1 (2) Nr. 3 und Nr. 4 BetrSichV besitzt.

Hinweis:

Hier hat der Ausschuss ganze Arbeit geleistet. Die Weisungsfreistellung ist rechtlich sehr wichtig für Arbeitgeber und Befähigte Person. Im Kapitel „Checklisten" finden sich dafür Beispiele.

9 Prüfkostenrechner

Der Prüfkostenrechner ist ein Tool zur Kosten- und Einsparungsüberprüfung. Er ersetzt keine vollwertige Kalkulation, sondern dient nur der ersten schnellen Abschätzung. Der Prüfkostenrechner entstand bei der Konzeption dieses Buches, weil damit Kostenrechnungen verständlicher dargestellt werden können. Die VDE-Version auf der beiliegenden CD-ROM darf kostenlos genutzt und weitergeben werden.

9.1 Bedienungsanleitung

Das Softwaretool besteht aus zwei Masken. Zuerst kommt die „Angaben"-Maske (**Bild 9.1**) der Grundeingaben. Die zweite Maske heißt „Ergebnis" (**Bild 9.2**).

In der ersten Maske werden folgende Angaben eingegeben:

- **Anzahl Geräte insgesamt**

Hier wird die Gesamtzahl der elektrischen Geräte eingegeben. Wenn später auch andere Betriebmittel geprüft werden, kann selbstverständlich mit demselben Verfahren ebenfalls deren Prüfkostenabschätzung vorgenommen werden.

- **Stundensatz (intern)**

Mit welchem Stundensatz wird kalkuliert? Bei Unternehmen, die selber prüfen, wird der interne Stundensatz eingegeben. Wenn das Unternehmen als Dienstleister prüft, wird der normale Verrechnungsstundensatz verwendet.

- **Geprüfte Geräte pro Stunde**

Wie viele Geräte werden tatsächlich pro Stunde geprüft? Es muss zwischen Wunschdenken und Praxis unterschieden werden. Unter normalen Umständen können pro Stunde vier bis acht Geräte geprüft werden. Bei sehr guten Bedingungen und hervorragender Organisation können auch über zehn Geräte pro Stunde realistisch sein. Dies gilt dann aber nur für ausschließliche Wiederholungsprüfungen!

- **Prüfintervall**

Welches Prüfintervall war bisher für die Prüfungen nach BGV A2 (neu BGV A3) vorgesehen? Wurden noch keine Prüfungen vorgenommen, ist mit dem Intervall von sechs Monaten zu beginnen. Nur bei EDV-Geräten ist als Startintervall ein Jahr einzutragen.

- **Typbezogene Vorgehensweise**

Aufgrund der Gefährdungsbeurteilung (Prüffristenermittlung) werden unterschiedliche Prüffristen für verschiedene Gerätetypen ermittelt. Diese werden zeilenweise eingetragen. Im Beispiel werden 485 Geräte der Gerätetypen, die alle sechs Monate geprüft werden, in die erste Zeile eingetragen. Die 284 Geräte der Gerätetypen, die gemäß Gefährdungsbeurteilung alle neun Monate geprüft werden sollen, stehen in der zweiten Zeile. Alle anderen Geräte werden nach demselben Schema eingetragen.

Wichtig:

Grundlage für diese Vorgehensweise ist die Gefährdungsbeurteilung (Prüffristenermittlung).

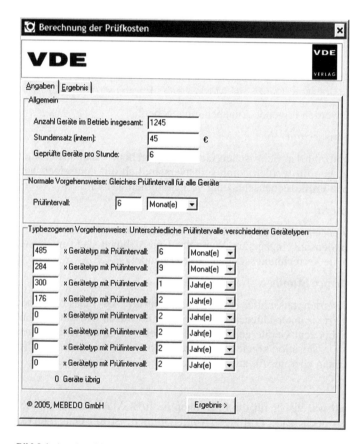

Bild 9.1 Angaben-Maske

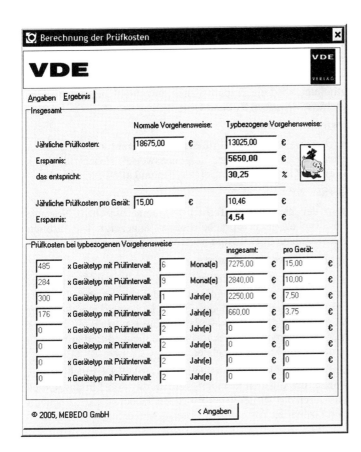

Bild 9.2 Ergebnis-Maske

Danach ist die Schaltfläche „Ergebnis" zu betätigen. In der dann erscheinenden zweiten Maske „Ergebnis" (Bild 9.2) werden die Kosten einander gegenüberge-stellt.

- **Jährliche Prüfkosten**

Unter „Normaler Vorgehensweise" stehen die Kosten, die unter Berücksichtigung des normalen Prüfintervalls berechnet werden. Unter „Typbezogener Vorgehens-weise" finden sich die Kosten, die bei gerätetypspezifischen Prüffristen entstehen.

147

- **Ersparnis**

Wenn die Ersparnis zur „Normalen Vorgehensweise" positiv ist, erscheint eine grüne Zahl. Wenn keine Kostenersparnis durch die „Typbezogene Vorgehensweise" entsteht, sind die Zahlen rot.

Zur besseren Verdeutlichung wird die Ersparnis auch prozentual angegeben. Auch hier gelten die Unterschiede zwischen Rot und Grün.

- **Jährliche Prüfkosten pro Gerät**

Unter „Normaler Vorgehensweise" sind die Prüfkosten pro Gerät für das allgemeine Prüfintervall aufgelistet. Bei „Typbezogener Vorgehensweise" stehen die durchschnittlichen Prüfkosten pro Gerät über alle Gerätetypen und alle Prüfintervalle.

- **Ersparnis pro Gerät**

Hier wird die Differenz der jährlichen Prüfkosten pro Gerät zwischen „Normaler Vorgehensweise" und „Typbezogener Vorgehensweise" angezeigt. Die farbliche Darstellung zeigt positive Zahlen in Grün und negative Ersparnisse in Rot an.

- **Prüfkosten bei typbezogener Vorgehensweise**

Hier werden die Kosten pro Gerätetyp aufgelistet. Dabei werden alle Gerätetypen, die dasselbe Prüfintervall haben, zusammengefasst. Zusätzlich werden rechts daneben die Prüfkosten pro Einzelgerät in der jeweiligen Gerätetypklasse angezeigt. Damit soll dem Anwender bei der Kostenkalkulation eine Kennzahl zur besseren Kostenabschätzung gegeben werden. Diese Angaben sind nicht editierbar und werden aus den Angaben der ersten Maske berechnet.

Über die Schaltfläche „Angaben" kann zur ersten Maske (Bild 9.1) zurückgesprungen werden. Dort können die Angaben geändert werden, die sofort in die Berechnung wieder eingehen. Durch das Variieren der Eingaben bei der Maske „Angaben" können verschieden Prüfszenarien kostenmäßig untersucht werden.

Fazit:

Mit dieser gerätetypspezifischen Kalkulation können die entstehenden Kosten genauer ermittelt werden. Gleichzeitig wird die Sicherheit erhöht. Denn gefährlichere Geräte können häufiger geprüft werden, ohne dass sich die Gesamtkosten dadurch erhöhen. Gleichzeitig werden die Prüfintervalle für ungefährliche Geräte verlängert. Die Mischkalkulation ergibt in den meisten Fällen eine große Kostenersparnis.

Dieses kleine Rechentool hilft den Verantwortlichen besonders bei Fremdvergabe, das Angebot besser abschätzen zu können.

Tipp aus der Sicht des Sachverständigen:

Zur Sicherheit sollte ein Hardcopy erstellt werden. Dann kann man bei Fremdvergabe beweisen, sich über das Angebot in Vorfeld Gedanken gemacht zu haben.

Der Aufwand für diese Absicherung ist gering. Aber im Gefahrfall hat man ein weiteres Beweismittel sofort zur Hand.

10 Beispielfälle mit Lösungen

In diesem Kapitel sind Beispielfälle enthalten. Es soll Ihnen helfen, das Gelesene zu verinnerlichen und den Kenntnisstand zu prüfen. Deswegen ist unter jedem Einzelfall die Auflösung zu finden.

10.1 Beispielfälle

Einige Fälle sind authentisch und waren anhängige Gerichtsverfahren. Die Namen und sonstige Gegebenheiten wurden allerdings verändert.

Teilweise sind die Beispiele überspitzt dargestellt. Damit soll verdeutlicht werden, wie von der juristischen Seite diese Beispielfälle gesehen werden könnten.

10.1.1 Die CE-Kennzeichnung

Ein Unternehmen benötigt eine neue Produktionsanlage. Da es nichts von der „Stange" kaufen wollte, entwickelte man diese Anlage selbst. Die Möglichkeiten, die Anlage selbst zu bauen, sind im Unternehmen eingeschränkt. Deswegen wurde ein anderes Unternehmen, die Firma A, unterstützend hinzugezogen. Die Anlage wurde fertiggestellt, geprüft und mit eigener CE-Kennzeichnung in Betrieb genommen.

Nach einer gewissen Zeit stellte das Unternehmen fest, dass durch einige Modifikationen die neue Anlage noch besser laufen könnte. Bei der Preisverhandlung für die Modifikationen erhielt Unternehmen B den Zuschlag. Die Anlage wurde erweitert und wieder in Betrieb genommen. Dabei wurden einige Sicherheitseinrichtungen umgebaut.

Kurz danach wurde einem Arbeiter ein Arm von einem Anlagenteil abgeschert.

Der Rechtsanwalt des geschädigten Arbeitnehmers verklagte die Firma A u. a. mit der Begründung auf Gefährdungshaftung. Sie soll Schadensersatz leisten, da sie einer unsicheren Maschine eine CE-Kennzeichnung vergeben hat. Denn der Geschädigte ging wegen der CE-Kennzeichnung davon aus, dass das Arbeiten an der Anlage sicher sei. Weiterhin wird die Firma B verklagt, da sie die Anlage offensichtlich nicht sachgemäß umgebaut hat.

Fazit:

Der Geschädigte hätte sich einen besseren Rechtsanwalt suchen sollen. Denn es wurden die falschen Fragen gestellt:

- Für die CE-Kennzeichnung haftet der Betreiber.
- Wenn eine Maschine maßgeblich umgebaut wurde, dazu gehört definitiv die Veränderung der Sicherheitseinrichtung, muss die CE-Kennzeichnung nachgeführt werden.
- Verantwortlich ist dann auch der Betreiber.

Der Rechtsanwalt wäre mit der BetrSichV in einer besseren Position bei seiner Klagebegründung gewesen. Folgende drei Punkte hätten die Schadenersatzansprüche seines Mandanten besser begründet:

- Die maßgebliche Erweiterung der Anlage gilt nicht als Instandsetzung, sondern wird wie eine Neuanlage oder Neumontage behandelt.

Verstoß gegen § 7 Anforderungen an die Beschaffenheit der Arbeitsmittel

(1) Der Arbeitgeber darf den Beschäftigten erstmalig nur Arbeitsmittel bereitstellen, die

> *1. solchen Rechtsvorschriften entsprechen, durch die Gemeinschaftsrichtlinien in deutsches Recht umgesetzt werden, oder ...*

Es hätte also die CE-Kennzeichnung nachgeführt werden müssen. Dabei wäre das sicherheitstechnische Problem aufgefallen und hätte behoben werden können.

Verstoß gegen § 10 Prüfung der Arbeitsmittel

(1) Der Arbeitgeber hat sicherzustellen, dass die Arbeitsmittel ... vor der ersten Inbetriebnahme ... geprüft werden. Die Prüfung hat den Zweck, sich von der ordnungsgemäßen Montage und der sicheren Funktion dieser Arbeitsmittel zu überzeugen ....

- Es ist keine Erstprüfung der modifizierten Anlage gemäß BetrSichV durchgeführt worden. Verantwortlich wäre der Betreiber gewesen. Bei Einhaltung der BetrSichV wäre der bedauerlichen Unfall nicht passiert.
- Bei richtiger Betrachtung wäre also der Betreiber der zu Beklagende gewesen.

10.1.2   Die sparsamen Schulen

Verschiedene Schulen einer Stadt haben sich entschlossen, die Prüfungen für elektrische ortveränderliche Geräte durchzuführen. Um Geld zu sparen, kaufte man nur ein Messgerät. Dies sollte von Schule zu Schule bei Bedarf weitergegeben werden. Dazu erhielten die jeweiligen Hausmeister eine Ausbildung zur „Elektrotechnisch Unterwiesenen Person (EUP)".

Wie beschlossen, so wurde es eingeführt. Nach einiger Zeit löste ein elektrischer Defekt einer nicht abgeschalteten Kaffeemaschine im Lehrerzimmer einer Schule einen Brand aus. Ein maßgeblicher Sachschaden entstand.

Wie sich herausstellte, war die Kaffeemaschine entgegen den Anweisungen des Schulleiters nicht geprüft worden.

Der Schulleiter will gegen seinen Hausmeister gerichtlich vorgehen, um den Sachschaden ersetzt zu bekommen, da die eigene Hausversicherung die Zahlung verweigert.

Was kann dem Hausmeister passieren?

Fazit:

Relativ wenig! Die Probleme hat der Schulleiter. Denn der Hausmeister kann zwar prüfen, aber er haftet nicht für die Tätigkeit.

Verstoß gegen § 3 Gefährdungsbeurteilung

(3) ... Ferner hat der Arbeitgeber die notwendigen Voraussetzungen zu ermitteln und festzulegen, welche die Personen erfüllen müssen, die von ihm mit der Prüfung oder Erprobung von Arbeitsmitteln zu beauftragen sind.

In Verbindung mit:

Verstoß gegen § 2 Begriffsbestimmungen

(7) Befähigte Person im Sinne dieser Verordnung ist eine Person, die durch ihre Berufsausbildung, ihre Berufserfahrung und ihre zeitnahe berufliche Tätigkeit über die erforderlichen Fachkenntnisse zur Prüfung der Arbeitsmittel verfügt.

Der Schulleiter hat sich nicht genügend Gedanken gemacht, welche Voraussetzung der Prüfer zu erfüllen hat und ob er der Aufgabe gewachsen ist. Denn dann hätte er feststellen müssen, dass der Prüfer nicht den Anforderungen von § 2 (7) genügt. Hat der Hausmeister die Ausbildung zum Elektrotechniker? Die notwendige Qualifikation hat er in einem Kurs zur EUP erworben. Verfügt er aber auch über die „zeitnahe praktische Tätigkeit"?

Deutlicher wird es in der BGV A3:

Ortsveränderliche elektrische Betriebsmittel

... die Verantwortung für die ordnungsgemäße Durchführung der Prüfung ortsveränderlicher elektrischer Betriebsmittel darf auch eine elektrotechnisch unterwiesene Person unter Aufsicht einer verantwortlichen Elektrofachkraft übernehmen ...

Der Schulleiter hat versäumt, eine verantwortliche Elektrofachkraft zu berufen. Also gab es niemanden, der den Hausmeister hätte kontrollieren können.

In diesem Fall geht die Verantwortung an den Vorgesetzen, sprich den Schulleiter.

10.1.3   Die Prüfung

Das Unternehmen A aus Musterstadt hatte einen Prüfauftrag für die Prüfung ortveränderlicher Elektrogeräte ausgeschrieben. Ein Elektromeister bekam den Zuschlag. Die Prüfungen wurden durchgeführt und ein Protokoll übergeben.

Der Aufsichtsbeamte der Berufsgenossenschaft kündigte sich für einen Besuch beim Unternehmen A an. Zwischen dem Aufsichtsbeamten und dem technischen Leiter von A herrschte seit geraumer Zeit kein optimales Verhältnis. Der Aufsichtsbeamte wollte sich diesmal die „BGV A3"-Prüfungen ansehen. Er bekam ein Protokoll vorgelegt (**Tabelle 10.1**).

Prüfer: Meyer	**Datum: 22.6.2005**	**Unternehmen A** **12345 Musterstadt** **Musterstraße 12**
345 Geräte	i. O.	
23 Geräte	defekt	Liste der defekten Geräte im Anhang
Unterschrift :		

Tabelle 10.1 Protokoll-Beispiel

1. Welche Einwände könnten schlimmstenfalls vom Aufsichtsbeamten kommen?
2. Welche Verstöße gegen die BetrSichV liegen vor?

Zu 1:

Rein formal gesehen ist das Protokoll, wenn direkt nach „BGV A3" gefragt wurde, nicht zu beanstanden. Denn es gibt keine ausdrückliche Pflicht zur Dokumentation nach BGV A2 (neu BGV A3), auch die Form des Protokolls ist nicht vorgeschrieben. Wenn auch unbestritten ist, dass es immer schon besser war zu dokumentieren und damit seinen Sorgfaltspflichten nachzukommen!

Der Aufsichtsbeamte könnte aber jederzeit, wenn er auf der Suche nach Unstimmigkeiten ist, sich auf die Betriebssicherheitsverordnung besinnen. In diesem Augenblick würden die Probleme anfangen.

Zu 2:

Die Betriebssicherheitsverordnung verlangt, „die Ergebnisse der Prüfungen" zu dokumentieren. Bleibt zu klären, was genau „die Ergebnisse der Prüfungen" sind. Die Betriebssicherheitsverordnung schreibt weiterhin nicht vor, wie und was dokumentiert werden muss! Hier werden erst in Zukunft Gerichtsentscheidungen eine eindeutige Klärung herbeiführen.

Allerdings: Wer sorgfältig arbeitet und keine Schwachstelle in seinen Dokumentationen haben möchte, sollte sicherheitshalber die Einzelschritte der Sichtprüfungen, der elektrischen Prüfungen und der Funktionsprüfungen, wie z. B. im Protokoll des ZVEH oder Pflaum-Verlags vorgegeben, notieren. Das ist kein großer Aufwand mit Hilfe der vorgefertigten Protokolle oder noch einfacher mit der elektronischen Datenverarbeitung. Mit den auf die Einzelprüflinge bezogenen Prüfprotokollen wäre der Technische Leiter in diesem Fall nicht angreifbar.

Weiterhin könnte die Frage nach der Ermittlung der Prüfintervalle kommen. Der den Auftrag ausführende Elektrotechniker hat keine Gefährdungsbeurteilung durchgeführt. Dies war auch nicht Bestandteil seines Auftrags. Stellt sich die Frage: Auf welcher rechtlichen Grundlage hat der Technische Leiter die Prüffristen ermittelt?

Fazit:

Der Technische Leiter würde im Streitfall der BG viel zu erklären haben und hoffen müssen, dass der Aufsichtsbeamte nicht zu tief nachbohrt.

10.1.4   Der gewissenhafte Rechtsanwalt

Rechtsanwalt Herr Ordentlich hat einen Mandanten vor Gericht zu vertreten, dessen Gegenpartei beim Mandanten im Unternehmen Prüfungen durchgeführt hat. Ein maßgeblicher Schaden entstand durch ein Elektrogerät. Der Mandant von Herrn Rechtsanwalt Ordentlich will Schadensersatz, weil er vermutet, dass nicht ordentlich geprüft wurde. Der Beschuldigte kann allerdings ordnungsgemäße Protokolle vorweisen. Der Rechtsanwalt Herr Ordentlich sieht seinen Mandanten in Gefahr, den Prozess zu verlieren, und greift in seine Trickkiste:

Er erklärt dem Richter, dass an Protokollen manipuliert werden kann. Weiterhin behauptet er, dass der Beklagte dies auch tat.

1. Wie kann man die Argumente des Rechtsanwalts entkräften?
2. Was muss zur Rechtssicherheit bei einer handschriftlichen Lösung beachtet werden?
3. Welche Protokollierungsform ist günstiger?
4. Was muss zur Rechtssicherheit bei einer Softwarelösung beachtet werden?

Zu 1:

Der Rechtsanwalt griff in seine rhetorische Trickkiste und stürzt sich auf die Dokumentation. Denn er wusste, dass er im Fachgebiet der Elektrotechnik mit seinem Wissen keine tiefer gehenden Fragen stellen kann.

Zu 2:

Die Behauptung der Fälschung ist natürlich eine Unterstellung. Man muss ihr sachlich entgegentreten: Eine Papierform ist dann unangreifbar, wenn zwei Exemplare erstellt wurden. Ein Exemplar wird dem Kunden ausgehändigt und ein Exemplar verbleibt beim Elektrotechniker. Beide müssen vom Prüfer unterschrieben sein! Am besten den Kunden auch gegenzeichnen lassen.

Manche Kunden wollten in der Vergangenheit ausdrücklich keine Protokolle, sondern nur die Mitteilung, dass die Prüfung durchgeführt wurde. In diesem Fall hätte der Elektrotechniker viel zu erklären gehabt.

Zu 3:

Eleganter hat der Elektrotechniker gearbeitet: Denn er verwendete elektronische Protokolle. Der Elektrotechniker war ein „Einzelkämpfer" und sicherte seine Protokolle als PDF-Dokument auf CD-ROM. Dies war im vorliegenden Fall auch hinreichend, da er keine Mitarbeiter hatte und nur er die Prüfung durchgeführt haben konnte.

Eleganter und sicherer ist die Datenbank-Form. Dann bedarf es aber einer vernünftigen und funktionierenden Datensicherung.

Zu 4:

Wichtig: Verwendet der Elektrotechniker eine Software, bei der er sich mit Login und Passwort anmeldet, vereinfacht es die Beweisführung für die Entlastung des gewissenhaften Elektrotechnikers. Jeder Sachverständige kann über die Datensicherung sehr genau nachvollziehen, wann was und durch wen erstellt wurde. In diesem Fall wäre der Elektrotechniker noch besser abgesichert.

10.1.5 Die schnelle Prüfung

Ein hauseigener Elektrotechniker prüft in 30 Arbeitstagen 330 elektrische Betriebsmittel während der laufenden Produktion. Bei der Durchsicht der perfekt aussehenden Protokolle fällt dem Technischen Leiter etwas auf. Bei fast allen Protokollen sind dieselben elektrischen Messwerte für den Isolationswiderstand vorhanden.

1. Was könnte passiert sein?
2. Wie muss der Technische Leiter reagieren?

Zu 1:

Selbst wenn es Wiederholungsprüfungen sind, war der Prüfer sehr, sehr schnell. Dies machte wahrscheinlich den Technischen Leiter stutzig.

Bestenfalls war das Messgerät kaputt und zeigte immer denselben Messwert an. Schlimmstenfalls hat der hauseigene Elektrotechniker die Messprotokolle einfach kopiert.

Zu 2:

Hier hilft nur ein Gespräch unter vier Augen. Denn wenn der Elektrotechniker verantwortungsbewusst und gewissenhaft ist, hätten ihm dieselben Messwerte bei unterschiedlichen Geräten auffallen müssen. Das schnelle Arbeiten ist keine Entschuldigung für mangelnde Sorgfalt!

10.1.6 Ein Sachverständiger

Ein Sachverständiger einer renommierten Unternehmensgruppe prüft bei der Behörde Y. Er prüft ordentlich und sachverständig. Dafür verlangt er auch gutes Geld. Als der Behördenleiter Herr Gewissenhaft von ihm Prüfprotokolle haben möchte, entgegnet der Sachverständige Folgendes: Er als Sachverständiger weiß, was er tut, und benötigt dafür keine ausführlichen Protokolle. Dafür stehe er mit seinem Namen und dem Ruf der renommierten Unternehmensgruppe ein. Deswegen schreibt er nur einen Abschlußbericht.

1. Welche Sachverständigen können auf Protokolle verzichten?
2. Was kann der Behördenleiter Herr Gewissenhaft zu seiner Absicherung tun?

Zu 1:

Auch Sachverständige dürfen seit Einführung der BetrSichV nicht mehr ohne Protokolle arbeiten. Dies gilt für alle Sachverständigen! Auch wenn nicht gesetzlich feststeht, was Inhalt der Protokolle sein soll, so gilt: Lieber etwas mehr als zu wenig.

Zu 2:

Denn in der Beweisführung im Gefahrfall steht Herr Gewissenhaft auf dünnem Eis. Auch wenn der Sachverständige gute Arbeit macht und seinen Job versteht, muss ein Protokoll zur Absicherung von Herrn Gewissenhaft im Preis enthalten sein. Denn dafür hat Herr Gewissenhaft bezahlt, und dies würde den Sorgfaltsansprüchen eines guten Sachverständigen gerecht.

10.1.7 Der Fremdprüfer

Ein externer Elektrotechniker bekommt einen Prüfauftrag von einem Altenheim. Er hat den Auftrag schnell und zügig abgewickelt. Seine Protokolle sind optisch gut und schlüssig. Der Heimleiter ist durch die in der Öffentlichkeit bekannten Probleme der Pflegebetten sehr sensibel geworden und kontrolliert lieber nach. Dabei fällt ihm auf, dass zwei Kühlschränke im Keller ein Prüfsiegel tragen, von denen er höchstpersönlich vor geraumer Zeit die Netzstecker abgeschnitten hatte. Denn diese Kühlschränke wurden von ihm aus sicherheitstechnischen Gründen ausgesondert. Um zu vermeiden, dass sein Pflegepersonal sie wieder in Betrieb nimmt, trennte er vorsichtshalber die Netzstecker ab.

Aber an diesen Geräten wurde scheinbar die Prüfung durchgeführt, und sie wurden als intakt dokumentiert! Der Heimleiter war stark irritiert, wie man hier überhaupt irgend etwas messen kann.

1. Wie muss der Heimleiter handeln?
2. Was erwartet den Elektrotechniker?

Zu 1:

Der Heimleiter hat richtig gehandelt und ist seinen Sorgfaltspflichten vorbildlich nachgekommen. Er muss den Elektrotechniker anzeigen, denn dieser versuchte, ihn zu betrügen.

Zu 2:

Der Elektrotechniker wird wegen Betrugs angeklagt.

10.1.8   Der günstige Prüfer

Die Auftragsvergabe für eine Prüfdienstleitung wurde ausgeschrieben als „Prüfung ortveränderlicher elektrischer Geräte". Den Zuschlag bekam ein Unternehmen, welches die Prüfungen pro Gerät mit 1,50 € angeboten hatte. Die Prüfungen wurden durchgeführt. Als der Auftragvergeber, eine öffentliche Institution, die Prüfprotokolle haben wollte, gab es keine. Der Auftragnehmer sah sich auch nicht in der Lage, ohne zusätzliche Kosten diese Protokolle zu erzeugen. Die Behörde war der Ansicht, dass ein Protokoll im Leistungsumfang selbstverständlich enthalten sein muss. Der Behördenleiter warf dem Auftragnehmer weiterhin vor, gar nicht richtig gemessen zu haben.

Es wurde geklagt.

1. Muss der Auftragnehmer ein Protokoll im Lieferumfang haben?
2. Hat die Behörde einen rechtlich begründbaren Anspruch auf das Protokoll?
3. Ist der Vorwurf des „Nicht-richtig-Messens" haltbar?

Zu 1:

Wenn in der Beauftragung kein Protokoll erwähnt wurde, muss der Auftragnehmer streng gesehen kein Protokoll kostenlos liefern. Obwohl ein verantwortungsbewusstes Unternehmen dies in seinen Preis mit einkalkuliert hätte. Dies schon zur eigenen Absicherung!

Weiterhin können Richter rechnen! Wenn der Auftragvergeber jemanden beauftragt, darf er die eigene Sorgfalt nicht außer Acht lassen. Und bei dem Angebot kann jeder leicht nachrechnen, dass man für solch einen Preis keine exzellente Arbeit erwarten darf.

Und genau dies würde ein Richter hinterfragen. Er würde nachrechen wie im Beispiel von **Bild 10.2**:

Geht man von nur etwa 100 Prüflingen aus, denn die Anzahl der Prüflinge ist bei dieser Rechnung egal, und hofft man, der Prüfer könnte, wenn er schnell ist und optimale Bedingungen herrschen, zehn Prüflinge pro Stunde korrekt prüfen, ergibt sich bei jährlicher Wiederholungsprüfung ein Stundensatz von 15 € (**Bild 10.1**) inklusive An- und Abfahrt und mit allen Nebenkosten.

Nur bei diesem Stundensatz und zehn Prüflingen pro Stunde kommt man auf einen Satz von 1,5 € (Bild 10.2) pro Gerät.

Jetzt könnte der Richter vermuten, der Auftrageber habe bei der Vergabe billigend in Kauf genommen, dass er für diesen Preis keine vollwertige Arbeit erwarten könne.

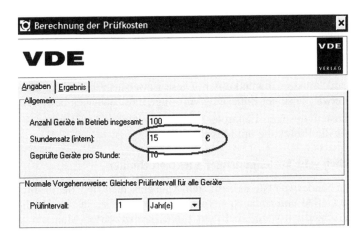

Bild 10.1 Stundensatz

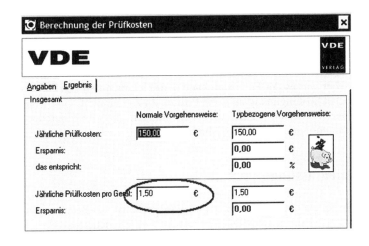

Bild 10.2 Jährliche Prüfkosten pro Gerät

Zu 2:

Der Behördenleiter hat eigentlich einen Anspruch auf eine Dokumentation. Bei diesem Vertrag mit den oben genannten Konditionen „verwirkt" er sich wahrscheinlich seinen Anspruch, da er bewusst sehr wenig zahlt.

Der Stress der nun folgenden gerichtlichen Auseinandersetzung wäre mit ein paar Euro mehr pro Prüfling nicht entstanden. Ebenso der ungewisse Ausgang der Klage.

Zu 3:

Hier gerät der Elektrotechniker in Beweisnot. Denn wenn ein solcher Vorwurf ihm entgegengebracht wird, muss er ihn entkräften. Diese Beweislastregel gilt in allen Zivilverfahren: Wer etwas zu seiner Entlastung vorbringt, muss das auch beweisen.

Hier erwischt den kostengünstigen Elektrotechniker seine eigene Sparsamkeit. Er ist in Beweisnot ohne die Protokolle mit Messwerten.

10.1.9   Ein wirklich sehr kostengünstiger Elektrotechniker

Ein Unternehmen hat bundesweit Niederlassungen. Man entschied sich, die Prüfungen der elektrischen Geräte und Anlagen erstmalig durchführen zu lassen. Da die Angebote sehr unterschiedlich waren, hat man zunächst abgewartet. Man war ja reichlich verwirrt. Denn das kostengünstigste Angebot kam aus Bayern. Der dortige Elektrotechniker wollte nichts für die Prüfung haben und die Prüfbescheinigung so ausstellen. Er kenne schließlich die Anlagen und Geräte und wisse, dass alles in Ordnung sei. Das Unternehmen sah, dass es sich sehr kostengünstig aus der Affäre ziehen kann und möchte nun von allen ortsansässigen Elektrotechnikern dasselbe Entgegenkommen wie das ihres Kollegen aus Bayern. Mit der Begründung, dass der bayrische Elektrotechniker ein Fachmann sei und es ja wissen müsse, was er verantworte.

Es gibt nur wenige Augenblicke, bei dem es einem Gerichtssachverständigen die Sprache verschlägt. Hier war es der Fall. Man kann dem Unternehmen keinen Vorwurf machen, möglichst kostengünstig an seine Prüfungen zu kommen. Und wenn dann noch ein externer „Fachmann" diese Äußerungen macht, sorgt man sich doch um den Ausbildungsstand mancher Elektrotechniker.

10.2   Zusammenfassung

Auch wenn einige Beispiele überspitzt gezeichnet wurden, so ist das Beschriebene doch in der Praxis vorgekommen. Der Staat gibt mit der Betriebssicherheitsverordnung dem Arbeitgeber einen Vertrauensvorschuss. Er will nicht mehr die „Misstrauensgesellschaft" und mit ständiger Kontrolle die Unternehmen und Institutionen gängeln. Deswegen sollten sich alle Unternehmen und Institutionen der Verpflichtung bewusst sein, den Vertauensvorschuss des Staats sinnvoll aufzugreifen und in die Tat umzusetzen.

11 Gesetzestexte

Zum vereinfachten Nachlesen benötigt man die Originaltexte der Gesetze und Verordnungen. Aus diesem Grund werden in diesem Buch die wichtigsten Texte wiedergegeben.

11.1 Arbeitsschutzgesetz (ArbSchG) [5]

11.2 BGV A3 [2]

11.3 Betriebssicherheitsverordnung (BetrSichV) [1]

Dabei werden nur die für die Prüfung elektrischer Geräte, Maschinen und Anlagen relevanten Textpassagen genannt. Andere Textpassagen wurden weggelassen.

11.1 Arbeitsschutzgesetz

Gesetz über die Durchführung von Maßnahmen des Arbeitsschutzes zur Verbesserung der Sicherheit und des Gesundheitsschutzes der Beschäftigten bei der Arbeit (Arbeitsschutzgesetz – ArbSchG).

11.1.1 § 1 Zielsetzung und Anwendungsbereich

(1) Dieses Gesetz dient dazu, Sicherheit und Gesundheitsschutz der Beschäftigten bei der Arbeit durch Maßnahmen des Arbeitsschutzes zu sichern und zu verbessern. Es gilt in allen Tätigkeitsbereichen.

(2) Dieses Gesetz gilt nicht für den Arbeitsschutz von Hausangestellten in privaten Haushalten. Es gilt nicht für den Arbeitsschutz von Beschäftigten auf Seeschiffen und in Betrieben, die dem Bundesberggesetz unterliegen, soweit dafür entsprechende Rechtsvorschriften bestehen.

(3) Pflichten, die die Arbeitgeber zur Gewährleistung von Sicherheit und Gesundheitsschutz der Beschäftigten bei der Arbeit nach sonstigen Rechtsvorschriften haben, bleiben unberührt. Satz 1 gilt entsprechend für Pflichten und Rechte der Beschäftigten. Unberührt bleiben Gesetze, die andere Personen als Arbeitgeber zu Maßnahmen des Arbeitsschutzes verpflichten.

(4) Bei öffentlich-rechtlichen Religionsgemeinschaften treten an die Stelle der Betriebs- oder Personalräte die Mitarbeitervertretungen entsprechend dem kirchlichen Recht.

11.1.2 § 2 Begriffsbestimmungen

(1) Maßnahmen des Arbeitsschutzes im Sinne dieses Gesetzes sind Maßnahmen zur Verhütung von Unfällen bei der Arbeit und arbeitsbedingten Gesundheitsgefahren einschließlich Maßnahmen der menschengerechten Gestaltung der Arbeit.

(2) Beschäftigte im Sinne dieses Gesetzes sind:

Arbeitnehmerinnen und Arbeitnehmer, die zu ihrer Berufsbildung Beschäftigten, arbeitnehmerähnliche Personen im Sinne des § 5, Abs. 1 des Arbeitsgerichtsgesetzes, ausgenommen die in Heimarbeit Beschäftigten und die ihnen Gleichgestellten, Beamtinnen und Beamte, Richterinnen und Richter, Soldatinnen und Soldaten, die in Werkstätten für Behinderte Beschäftigten.

(3) Arbeitgeber im Sinne dieses Gesetzes sind natürliche und juristische Personen und rechtsfähige Personengesellschaften, die Personen nach Absatz 2 beschäftigen.

(4) Sonstige Rechtsvorschriften im Sinne dieses Gesetzes sind Regelungen über Maßnahmen des Arbeitsschutzes in anderen Gesetzen, in Rechtsverordnungen und Unfallverhütungsvorschriften.

(5) Als Betriebe im Sinne dieses Gesetzes gelten für den Bereich des öffentlichen Dienstes die Dienststellen. Dienststellen sind die einzelnen Behörden, Verwaltungsstellen und Betriebe der Verwaltungen des Bundes, der Länder, der Gemeinden und der sonstigen Körperschaften, Anstalten und Stiftungen des öffentlichen Rechts, die Gerichte des Bundes und der Länder sowie die entsprechenden Einrichtungen der Streitkräfte.

11.1.3 § 3 Grundpflichten des Arbeitgebers

(1) Der Arbeitgeber ist verpflichtet, die erforderlichen Maßnahmen des Arbeitsschutzes unter Berücksichtigung der Umstände zu treffen, die Sicherheit und Gesundheit der Beschäftigten bei der Arbeit beeinflussen. Er hat die Maßnahmen auf ihre Wirksamkeit zu überprüfen und erforderlichenfalls sich ändernden Gegebenheiten anzupassen. Dabei hat er eine Verbesserung von Sicherheit und Gesundheitsschutz der Beschäftigten anzustreben.

(2) Zur Planung und Durchführung der Maßnahmen nach Absatz 1 hat der Arbeitgeber unter Berücksichtigung der Art der Tätigkeiten und der Zahl der Beschäftigten für eine geeignete Organisation zu sorgen und die erforderlichen Mittel bereitzustellen sowie Vorkehrungen zu treffen, dass die Maßnahmen erforderlichenfalls bei allen Tätigkeiten und eingebunden in die betrieblichen Führungsstrukturen beachtet werden und die Beschäftigten ihren Mitwirkungspflichten nachkommen können.

(3) Kosten für Maßnahmen nach diesem Gesetz darf der Arbeitgeber nicht den Beschäftigten auferlegen.

11.1.4 § 4 Allgemeine Grundsätze

Der Arbeitgeber hat bei Maßnahmen des Arbeitsschutzes von folgenden allgemeinen Grundsätzen auszugehen:

- die Arbeit ist so zu gestalten, dass eine Gefährdung für Leben und Gesundheit möglichst vermieden und die verbleibende Gefährdung möglichst gering gehalten wird
- Gefahren sind an ihrer Quelle zu bekämpfen
- bei den Maßnahmen sind der Stand von Technik, Arbeitsmedizin und Hygiene sowie sonstige gesicherte arbeitswissenschaftliche Erkenntnisse zu berücksichtigen
- Maßnahmen sind mit dem Ziel zu planen, Technik, Arbeitsorganisation, sonstige Arbeitsbedingungen, soziale Beziehungen und Einfluss der Umwelt auf den Arbeitsplatz sachgerecht zu verknüpfen
- individuelle Schutzmaßnahmen sind nachrangig zu anderen Maßnahmen
- spezielle Gefahren für besonders schutzbedürftige Beschäftigtengruppen sind zu berücksichtigen
- den Beschäftigten sind geeignete Anweisungen zu erteilen
- mittelbar oder unmittelbar geschlechtsspezifisch wirkende Regelungen sind nur zulässig, wenn dies aus biologischen Gründen zwingend geboten ist

11.1.5 § 5 Beurteilung der Arbeitsbedingungen

(1) Der Arbeitgeber hat durch eine Beurteilung der für die Beschäftigten mit ihrer Arbeit verbundene Gefährdung zu ermitteln, welche Maßnahmen des Arbeitsschutzes erforderlich sind.

(2) Der Arbeitgeber hat die Beurteilung je nach Art der Tätigkeiten vorzunehmen. Bei gleichartigen Arbeitsbedingungen ist die Beurteilung eines Arbeitsplatzes oder einer Tätigkeit ausreichend.

(3) Eine Gefährdung kann sich insbesondere ergeben durch die Gestaltung und die Einrichtung der Arbeitsstätte und des Arbeitsplatzes, physikalische, chemische und biologische Einwirkungen, die Gestaltung, die Auswahl und den Einsatz von Arbeitsmitteln, insbesondere von Arbeitsstoffen, Maschinen, Geräten und Anlagen sowie den Umgang damit, die Gestaltung von Arbeits- und Fertigungsverfahren, Arbeitsabläufen und Arbeitszeit und deren Zusammenwirken, unzureichende Qualifikation und Unterweisung der Beschäftigten.

11.1.6 § 6 Dokumentation

(1) Der Arbeitgeber muss über die je nach Art der Tätigkeiten und der Zahl der Beschäftigten erforderlichen Unterlagen verfügen, aus denen das Ergebnis der Gefährdungsbeurteilung, die von ihm festgelegten Maßnahmen des Arbeits-

schutzes und das Ergebnis ihrer Überprüfung ersichtlich sind. Bei gleichartiger Gefährdungssituation ist es ausreichend, wenn die Unterlagen zusammenge-fasste Angaben enthalten. Soweit in sonstigen Rechtsvorschriften nichts anderes bestimmt ist, gilt Satz 1 nicht für Arbeitgeber mit zehn oder weniger Beschäf-tigte; die zuständige Behörde kann, wenn besondere Gefährdungssituationen gegeben sind, anordnen, dass Unterlagen verfügbar sein müssen. Bei der Fest-stellung der Zahl der Beschäftigten nach Satz 3 sind Teilzeitbeschäftigte mit einer regelmäßigen wöchentlichen Arbeitszeit von nicht mehr als 20 Stunden mit 0,5 und nicht mehr als 30 Stunden mit 0,75 zu berücksichtigen.

(2) Unfälle in seinem Betrieb, bei denen ein Beschäftigter getötet oder so verletzt wird, dass er stirbt oder für mehr als drei Tage völlig oder teilweise arbeits- oder dienstunfähig wird, hat der Arbeitgeber zu erfassen.

11.1.7 § 7 Übertragung von Aufgaben

Bei der Übertragung von Aufgaben auf Beschäftigte hat der Arbeitgeber je nach Art der Tätigkeiten zu berücksichtigen, ob die Beschäftigten befähigt sind, die für die Sicherheit und den Gesundheitsschutz bei der Aufgabenerfüllung zu beachtenden Bestimmungen und Maßnahmen einzuhalten.

11.1.8 § 8 Zusammenarbeit mehrerer Arbeitgeber

(1) Werden Beschäftigte mehrerer Arbeitgeber an einem Arbeitsplatz tätig, sind die Arbeitgeber verpflichtet, bei der Durchführung der Sicherheits- und Gesund-heitsschutzbestimmungen zusammenzuarbeiten. Soweit dies für die Sicherheit und den Gesundheitsschutz der Beschäftigten bei der Arbeit erforderlich ist, haben die Arbeitgeber je nach Art der Tätigkeiten insbesondere sich gegenseitig und ihre Beschäftigten über die mit den Arbeiten verbundenen Gefahren für Sicherheit und Gesundheit der Beschäftigten zu unterrichten und Maßnahmen zur Verhütung dieser Gefahren abzustimmen.

(2) Der Arbeitgeber muss sich je nach Art der Tätigkeit vergewissern, dass die Beschäftigten anderer Arbeitgeber, die in seinem Betrieb tätig werden, hinsicht-lich der Gefahren für ihre Sicherheit und Gesundheit während ihrer Tätigkeit in seinem Betrieb angemessene Anweisungen erhalten haben.

11.1.9 § 9 Besondere Gefahren

(1) Der Arbeitgeber hat Maßnahmen zu treffen, damit nur Beschäftigte Zugang zu besonders gefährlichen Arbeitsbereichen haben, die zuvor geeignete Anweisun-gen erhalten haben.

(2) Der Arbeitgeber hat Vorkehrungen zu treffen, dass alle Beschäftigten, die einer unmittelbaren erheblichen Gefahr ausgesetzt sind oder sein können, möglichst frühzeitig über diese Gefahr und die getroffenen oder zu treffenden Schutzmaß-

nahmen unterrichtet sind. Bei unmittelbarer erheblicher Gefahr für die eigene Sicherheit oder die Sicherheit anderer Personen müssen die Beschäftigten die geeigneten Maßnahmen zur Gefahrenabwehr und Schadensbegrenzung selbst treffen können, wenn der zuständige Vorgesetzte nicht erreichbar ist; dabei sind die Kenntnisse der Beschäftigten und die vorhandenen technischen Mittel zu berücksichtigen. Den Beschäftigten dürfen aus ihrem Handeln keine Nachteile entstehen, es sei denn, sie haben vorsätzlich oder grob fahrlässig ungeeignete Maßnahmen getroffen.

(3) Der Arbeitgeber hat Maßnahmen zu treffen, die es den Beschäftigten bei unmittelbarer erheblicher Gefahr ermöglichen, sich durch sofortiges Verlassen der Arbeitsplätze in Sicherheit zu bringen. Den Beschäftigten dürfen hierdurch keine Nachteile entstehen. Hält die unmittelbare erhebliche Gefahr an, darf der Arbeitgeber die Beschäftigten nur in besonders begründeten Ausnahmefällen auffordern, ihre Tätigkeit wieder aufzunehmen. Gesetzliche Pflichten der Beschäftigten zur Abwehr von Gefahren für die öffentliche Sicherheit sowie die §§ 7 und 11 des Soldatengesetzes bleiben unberührt.

11.2 BGV A3

Aus der BGV A3 werden ebenfalls nur die für die elektrischen Geräte, Maschinen und Anlagen wichtigen Teile genannt. Auf den Bereich der reinen Installationen wird verzichtet.

11.2.1 § 1 Geltungsbereich

(1) Diese Unfallverhütungsvorschrift gilt für elektrische Anlagen und Betriebsmittel.

(2) Diese Unfallverhütungsvorschrift gilt auch für nicht elektrotechnische Arbeiten in der Nähe elektrischer Anlagen und Betriebsmittel.

11.2.2 § 2 Begriffe

(1) Elektrische Betriebsmittel im Sinne dieser Unfallverhütungsvorschrift sind alle Gegenstände, die als Ganzes oder in einzelnen Teilen dem Anwenden elektrischer Energie (z. B. Gegenstände zum Erzeugen, Fortleiten, Verteilen, Speichern, Messen, Umsetzen und Verbrauchen) oder dem Übertragen, Verteilen und Verarbeiten von Informationen (z. B. Gegenstände der Fernmelde- und Informationstechnik) dienen. Den elektrischen Betriebsmitteln werden gleichgesetzt Schutz- und Hilfsmittel, soweit an diese Anforderungen hinsichtlich der elektrischen Sicherheit gestellt werden. Elektrische Anlagen werden durch Zusammenschluss elektrischer Betriebsmittel gebildet.

(2) Elektrotechnische Regeln im Sinne dieser Unfallverhütungsvorschrift sind die allgemein anerkannten Regeln der Elektrotechnik, die in den VDE-Bestimmungen enthalten sind, auf die die Berufsgenossenschaft in ihrem Mitteilungsblatt verwiesen hat. Eine elektrotechnische Regel gilt als eingehalten, wenn eine ebenso wirksame andere Maßnahme getroffen wird; der Berufsgenossenschaft ist auf Verlangen nachzuweisen, dass die Maßnahme ebenso wirksam ist.

(3) Als Elektrofachkraft im Sinne dieser Unfallverhütungsvorschrift gilt, wer auf Grund seiner fachlichen Ausbildung, Kenntnisse und Erfahrungen sowie Kenntnis der einschlägigen Bestimmungen die ihm übertragenen Arbeiten beurteilen und mögliche Gefahren erkennen kann.

11.2.3 § 3 Grundsätze

(1) Der Unternehmer hat dafür zu sorgen, dass elektrische Anlagen und Betriebsmittel nur von einer Elektrofachkraft oder unter Leitung und Aufsicht einer Elektrofachkraft den elektrotechnischen Regeln entsprechend errichtet, geändert und instandgehalten werden. Der Unternehmer hat ferner dafür zu sorgen, dass die elektrischen Anlagen und Betriebsmittel den elektrotechnischen Regeln entsprechend betrieben werden.

(2) Ist bei einer elektrischen Anlage oder einem elektrischen Betriebsmittel ein Mangel festgestellt worden, d. h. entsprechen sie nicht oder nicht mehr den elektrotechnischen Regeln, so hat der Unternehmer dafür zu sorgen, dass der Mangel unverzüglich behoben wird und, falls bis dahin eine dringende Gefahr besteht, dafür zu sorgen, dass die elektrische Anlage oder das elektrische Betriebsmittel im mangelhaften Zustand nicht verwendet wird.

11.2.4 § 4 Grundsätze beim Fehlen elektrotechnischer Regeln

(1) Soweit hinsichtlich bestimmter elektrischer Anlagen und Betriebsmittel keine oder zur Abwendung neuer oder bislang nicht festgestellter Gefahren nur unzureichende elektrotechnische Regeln bestehen, hat der Unternehmer dafür zu sorgen, dass die Bestimmungen der nachstehenden Absätze eingehalten werden.

(2) Elektrische Anlagen und Betriebsmittel müssen sich in sicherem Zustand befinden und sind in diesem Zustand zu erhalten.

(3) Elektrische Anlagen und Betriebsmittel dürfen nur benutzt werden, wenn sie den betrieblichen und örtlichen Sicherheitsanforderungen im Hinblick auf Betriebsart und Umgebungseinflüsse genügen.

(4) Die aktiven Teile elektrischer Anlagen und Betriebsmittel müssen entsprechend ihrer Spannung, Frequenz, Verwendungsart und ihrem Betriebsort durch Isolierung, Lage, Anordnung oder fest angebrachte Einrichtungen gegen direktes Berühren geschützt sein.

(5) Elektrische Anlagen und Betriebsmittel müssen so beschaffen sein, dass bei Arbeiten und Handhabungen, bei denen aus zwingenden Gründen der Schutz gegen direktes Berühren nach Absatz 4 aufgehoben oder unwirksam gemacht werden muss,

- der spannungsfreie Zustand der aktiven Teile hergestellt und sichergestellt werden kann oder

- die aktiven Teile unter Berücksichtigung von Spannung, Frequenz, Verwendungsart und Betriebsort durch zusätzliche Maßnahmen gegen direktes Berühren geschützt werden können.

(6) Bei elektrischen Betriebsmitteln, die in Bereichen bedient werden müssen, wo allgemein ein vollständiger Schutz gegen direktes Berühren nicht gefordert wird oder nicht möglich ist, muss bei benachbarten aktiven Teilen mindestens ein teilweiser Schutz gegen direktes Berühren vorhanden sein.

(7) Die Durchführung der Maßnahmen nach Absatz 5 muss ohne Gefährdung, z. B. durch Körperdurchströmung oder durch Lichtbogenbildung, möglich sein.

(8) Elektrische Anlagen und Betriebsmittel müssen entsprechend ihrer Spannung, Frequenz, Verwendungsart und ihrem Betriebsort Schutz bei indirektem Berühren aufweisen, sodass auch im Fall eines Fehlers in der elektrischen Anlage oder in dem elektrischen Betriebsmittel Schutz gegen gefährliche Berührungsspannungen vorhanden ist.

11.2.5   § 5 Prüfungen

(1) Der Unternehmer hat dafür zu sorgen, dass die elektrischen Anlagen und Betriebsmittel auf ihren ordnungsgemäßen Zustand geprüft werden

- vor der ersten Inbetriebnahme und nach einer Änderung oder Instandsetzung vor der Wiederinbetriebnahme durch eine Elektrofachkraft oder unter Leitung und Aufsicht einer Elektrofachkraft und

- in bestimmten Zeitabständen.

Die Fristen sind so zu bemessen, dass entstehende Mängel, mit denen gerechnet werden muss, rechtzeitig festgestellt werden.

(2) Bei der Prüfung sind die sich hierauf beziehenden elektrotechnischen Regeln zu beachten.

(3) Auf Verlangen der Berufsgenossenschaft ist ein Prüfbuch mit bestimmten Eintragungen zu führen.

(4) Die Prüfung vor der ersten Inbetriebnahme nach Absatz 1 ist nicht erforderlich, wenn dem Unternehmer vom Hersteller oder Errichter bestätigt wird, dass die elektrischen Anlagen und Betriebsmittel den Bestimmungen dieser Unfallverhütungsvorschrift entsprechend beschaffen sind.

11.2.6   Ortsveränderliche elektrische Betriebsmittel

Tabelle 1B (**Bild 11.1**) enthält Richtwerte für Prüffristen. Als Maß, ob die Prüffristen ausreichend bemessen werden, gilt die bei den Prüfungen in bestimmten Betriebsbereichen festgestellte Quote von Betriebsmitteln, die Abweichungen von den Grenzwerten aufweisen (Fehlerquote). Beträgt die Fehlerquote höchstens 2 %, kann die Prüffrist als ausreichend angesehen werden.

Die Verantwortung für die ordnungsgemäße Durchführung der Prüfung ortsveränderlicher elektrischer Betriebsmittel darf auch eine elektrotechnisch unterwiesene Person übernehmen, wenn geeignete Mess- und Prüfgeräte verwendet werden.

Anlage/Betriebsmittel	Prüffrist Richt- und Maximal-Werte	Art der Prüfung	Prüfer
Ortsveränderliche elektrische Betriebsmittel (soweit benutzt) Verlängerungs- und Geräteanschlussleitungen mit Steckvorrichtungen Anschlussleitungen mit Stecker bewegliche Leitungen mit Stecker und Festanschluss	Richtwert sechs Monate, auf Baustellen drei Monate*). Wird bei den Prüfungen eine Fehlerquote < 2 % erreicht, kann die Prüffrist entsprechend verlängert werden. Maximalwerte: Auf Baustellen, in Fertigungsstätten und Werkstätten oder unter ähnlichen Bedingungen ein Jahr, in Büros oder unter ähnlichen Bedingungen zwei Jahre.	auf ordnungsgemäßen Zustand	Elektrofachkraft, bei Verwendung geeigneter Mess- und Prüfgeräte auch elektrotechnisch unterwiesene Person

Bild 11.1 Vorschlag Prüffristen nach BGV A3

*)   Konkretisierung siehe „Regeln für Sicherheit und Gesundheitsschutz – Auswahl und Betrieb elektrischer Anlagen und Betriebsmittel auf Baustellen"

Tabelle 1B (Bild 11.1) enthält Aussagen über Wiederholungsprüfungen ortsveränderlicher elektrischer Betriebsmittel.

11.2.7   § 9 Ordnungswidrigkeiten

Ordnungswidrig im Sinne des § 710 Abs. 1 Reichsversicherungsordnung (RVO) handelt, wer vorsätzlich oder fahrlässig den Vorschriften der

• § 3

• § 5 Abs. 1 bis 3

- §§ 6, 7

zuwider handelt.

11.2.8 § 10 Inkrafttreten

Diese Unfallverhütungsvorschrift tritt am 1. April 1979 in Kraft. Gleichzeitig tritt die Unfallverhütungsvorschrift „Elektrische Anlagen und Betriebsmittel" (VBG 4) in der Fassung vom 1. Januar 1962 außer Kraft.

11.3 Betriebssicherheitsverordnung (BetrSichV)

Artikel 1 der Verordnung vom 27. September 2002 (BGBl. IS. 3777), zuletzt geändert durch

Artikel 9 der Verordnung vom 23. Dezember 2004 (BGBl. IS. 3758, 3813)

11.3.1 § 1 Anwendungsbereich

(1) Diese Verordnung gilt für die Bereitstellung von Arbeitsmitteln durch Arbeitgeber sowie für die Benutzung von Arbeitsmitteln durch Beschäftigte bei der Arbeit.

(2) Diese Verordnung gilt auch für überwachungsbedürftige Anlagen im Sinne des § 2 Abs. 7 des Geräte- und Produktsicherheitsgesetzes, soweit es sich handelt um

1.

  a. Dampfkesselanlagen,

  b. Druckbehälteranlagen außer Dampfkesseln,

  c. Füllanlagen,

  d. Leitungen unter innerem Überdruck für entzündliche, leicht entzündliche, hoch entzündliche, ätzende, giftige oder sehr giftige Gase, Dämpfe oder Flüssigkeiten, die

    aa) Druckgeräte im Sinne des Artikels 1 der Richtlinie 97/23/EG des Europäischen Parlaments und des Rates vom 29. Mai 1997 zur Angleichung der Rechtsvorschriften der Mitgliedstaaten über Druckgeräte (ABl. EG Nr. L 181 S.1) mit Ausnahme der Druckgeräte im Sinne des Artikels 3 Abs. 3 dieser Richtlinie,

    bb) innerbetrieblich eingesetzte ortsbewegliche Druckgeräte im Sinne des Artikels 1 Abs. 3 Nr. 3.19 der Richtlinie 97/23/EG oder

    cc) einfache Druckbehälter im Sinne des Artikels 1 der Richtlinie 87/404/EWG des Rates vom 25. Juni 1987 zur Angleichung der Rechtsvorschriften der Mitgliedstaaten für einfache Druckbehälter (ABl. EG

Nr. L 220 S. 48), geändert durch Richtlinie 90/488/EWG des Rates vom 17. September 1990 (ABl. EG Nr. L 270 S. 25) und Richtlinie 93/68/EWG des Rates vom 22. Juli 1993 (ABl. EG Nr. L 220 S.1), mit Ausnahme von einfachen Druckbehältern mit einem Druckinhaltsprodukt von nicht mehr als 50 bar × Liter sind oder beinhalten,

2. Aufzugsanlagen, die

a. Aufzüge im Sinne des Artikels 1 der Richtlinie 95/16/EG des Europäischen Parlaments und des Rates vom 29. Juni 1995 zur Angleichung der Rechtsvorschriften der Mitgliedstaaten über Aufzüge (ABl. EG Nr. L 213 S. 1),

b. Maschinen im Sinne des Anhangs IV Buchstabe A Nr. 16 der Richtlinie 98/37/EG des Europäischen Parlaments und des Rates vom 22. Juni 1998 zur Angleichung der Rechts- und Verwaltungsvorschriften der Mitgliedstaaten für Maschinen (ABl. EG Nr. L 207 S. 1), soweit die Anlagen ortsfest und dauerhaft montiert, installiert und betrieben werden, mit Ausnahme folgender Anlagen

aa) Schiffshebewerke,

bb) Geräte und Anlagen zur Regalbedienung,

cc) Fahrtreppen und Fahrsteige,

dd) Schrägbahnen, ausgenommen Schrägaufzüge,

ee) handbetriebene Aufzugsanlagen,

ff) Fördereinrichtungen, die mit Kranen fest verbunden und zur Beförderung der Kranführer bestimmt sind,

gg) versenkbare Steuerhäuser auf Binnenschiffen,

c. Personen-Umlaufaufzüge,

d. Bauaufzüge mit Personenbeförderung oder

e. Mühlen-Bremsfahrstühle

sind,

3. Anlagen in explosionsgefährdeten Bereichen, die Geräte, Schutzsysteme oder Sicherheits-, Kontroll- oder Regelvorrichtungen im Sinne des Artikels 1 der Richtlinie 94/9/EG des Europäischen Parlaments und des Rates vom 23. März 1994 zur Angleichung der Rechtsvorschriften der Mitgliedstaaten für Geräte und Schutzsysteme zur bestimmungsgemäßen Verwendung in explosionsgefährdeten Bereichen (ABl. EG Nr. L 100 S. 1) sind oder beinhalten, und

4.

a. Lageranlagen mit einem Gesamtrauminhalt von mehr als 10000 Litern,

b. Füllstellen mit einer Umschlagkapazität von mehr als 1000 Litern je Stunde,

c. Tankstellen und Flugfeldbetankungsanlagen sowie

d. Entleerstellen mit einer Umschlagkapazität von mehr als 1000 Litern je Stunde,

soweit entzündliche, leicht entzündliche oder hoch entzündliche Flüssigkeiten gelagert oder abgefüllt werden.

Diese Verordnung gilt ferner für Einrichtungen, die für den sicheren Betrieb der in Satz 1 genannten Anlagen erforderlich sind. Die Vorschriften des Abschnitts 2 finden auf die in den Sätzen 1 und 2 genannten Anlagen und Einrichtungen nur Anwendung, soweit diese von einem Arbeitgeber bereitgestellt und von Beschäftigten bei der Arbeit benutzt werden.

(3) Die Vorschriften des Abschnitts 3 dieser Verordnung gelten nicht für Füllanlagen, die Energieanlagen im Sinne des § 2 Abs. 2 des Energiewirtschaftsgesetzes sind und auf dem Betriebsgelände von Unternehmen der öffentlichen Gasversorgung von diesen errichtet und betrieben werden.

(4) Diese Verordnung gilt nicht in Betrieben, die dem Bundesberggesetz unterliegen, auf Seeschiffen unter fremder Flagge und auf Seeschiffen, für die das Bundesministerium für Verkehr, Bau- und Wohnungswesen nach § 10 des Flaggenrechtsgesetzes die Befugnis zur Führung der Bundesflagge lediglich für die erste Überführungsreise in einen anderen Hafen verliehen hat. Mit Ausnahme von Rohrleitungen gelten abweichend von Satz 1 die Vorschriften des Abschnitts 3 dieser Verordnung für überwachungsbedürftige Anlagen in Tagesanlagen der Unternehmen des Bergwesens.

(5) Immissionsschutzrechtliche Vorschriften des Bundes und der Länder sowie verkehrsrechtliche Vorschriften des Bundes bleiben unberührt, soweit sie Anforderungen enthalten, die über die Vorschriften dieser Verordnung hinausgehen. Atomrechtliche Vorschriften des Bundes und der Länder bleiben unberührt, soweit in ihnen weitergehende oder andere Anforderungen gestellt oder zugelassen werden.

(6) Das Bundesministerium der Verteidigung kann für Arbeitsmittel und überwachungsbedürftige Anlagen, die dieser Verordnung unterliegen, Ausnahmen von den Vorschriften dieser Verordnung zulassen, wenn zwingende Gründe der Verteidigung oder die Erfüllung zwischenstaatlicher Verpflichtungen der Bundesrepublik Deutschland dies erfordern und die Sicherheit auf andere Weise gewährleistet ist.

11.3.2 § 2 Begriffsbestimmungen

(1) Arbeitsmittel im Sinne dieser Verordnung sind Werkzeuge, Geräte, Maschinen oder Anlagen. Anlagen im Sinne von Satz 1 setzen sich aus mehreren Funktionseinheiten zusammen, die zueinander in Wechselwirkung stehen und deren sicherer Betrieb wesentlich von diesen Wechselwirkungen bestimmt wird; hierzu gehören insbesondere überwachungsbedürftige Anlagen im Sinne des § 2 Abs. 7 des Geräte- und Produktsicherheitsgesetzes.

(2) Bereitstellung im Sinne dieser Verordnung umfasst alle Maßnahmen, die der Arbeitgeber zu treffen hat, damit den Beschäftigten nur der Verordnung entsprechende Arbeitsmittel zur Verfügung gestellt werden können. Bereitstellung im Sinne von Satz 1 umfasst auch Montagearbeiten wie den Zusammenbau eines Arbeitsmittels einschließlich der für die sichere Benutzung erforderlichen Installationsarbeiten.

(3) Benutzung im Sinne dieser Verordnung umfasst alle ein Arbeitsmittel betreffenden Maßnahmen wie Erprobung, Ingangsetzen, Stillsetzen, Gebrauch, Instandsetzung und Wartung, Prüfung, Sicherheitsmaßnahmen bei Betriebsstörung, Um- und Abbau und Transport.

(4) Betrieb überwachungsbedürftiger Anlagen im Sinne des § 1 Abs. 2 Satz 1 umfasst die Prüfung durch zugelassene Überwachungsstellen oder befähigte Personen und die Benutzung nach Absatz 3 ohne Erprobung vor erstmaliger Inbetriebnahme, Abbau und Transport.

(5) Änderung einer überwachungsbedürftigen Anlage im Sinne dieser Verordnung ist jede Maßnahme, bei der die Sicherheit der Anlage beeinflusst wird. Als Änderung gilt auch jede Instandsetzung, welche die Sicherheit der Anlage beeinflusst.

(6) Wesentliche Veränderung einer überwachungsbedürftigen Anlage im Sinne dieser Verordnung ist jede Änderung, welche die überwachungsbedürftige Anlage soweit verändert, dass sie in den Sicherheitsmerkmalen einer neuen Anlage entspricht.

(7) Befähigte Person im Sinne dieser Verordnung ist eine Person, die durch ihre Berufsausbildung, ihre Berufserfahrung und ihre zeitnahe berufliche Tätigkeit über die erforderlichen Fachkenntnisse zur Prüfung der Arbeitsmittel verfügt.

(8) Explosionsfähige Atmosphäre im Sinne dieser Verordnung ist ein Gemisch aus Luft und brennbaren Gasen, Dämpfen, Nebeln oder Stäuben unter atmosphärischen Bedingungen, in dem sich der Verbrennungsvorgang nach erfolgter Entzündung auf das gesamte unverbrannte Gemisch überträgt.

(9) Gefährliche explosionsfähige Atmosphäre ist eine explosionsfähige Atmosphäre, die in einer solchen Menge (gefahrdrohende Menge) auftritt, dass besondere Schutzmaßnahmen für die Aufrechterhaltung des Schutzes von Sicherheit und Gesundheit der Arbeitnehmer oder Anderer erforderlich werden.

(10) Explosionsgefährdeter Bereich im Sinne dieser Verordnung ist ein Bereich, in dem gefährliche explosionsfähige Atmosphäre auftreten kann. Ein Bereich, in dem explosionsfähige Atmosphäre nicht in einer solchen Menge zu erwarten ist, dass besondere Schutzmaßnahmen erforderlich werden, gilt nicht als explosionsgefährdeter Bereich.

(11) Lageranlagen im Sinne dieser Verordnung sind Räume oder Bereiche, ausgenommen Tankstellen, in Gebäuden oder im Freien, die dazu bestimmt sind, dass in ihnen entzündliche, leicht entzündliche oder hoch entzündliche Flüssigkeiten in ortsfesten oder ortsbeweglichen Behältern gelagert werden.

(12) Füllanlagen im Sinne dieser Verordnung sind

1. Anlagen, die dazu bestimmt sind, dass in ihnen Druckbehälter zum Lagern von Gasen mit Druckgasen aus ortsbeweglichen Druckgeräten befüllt werden,

2. Anlagen, die dazu bestimmt sind, dass in ihnen ortsbewegliche Druckgeräte mit Druckgasen befüllt werden, und

3. Anlagen, die dazu bestimmt sind, dass in ihnen Land-, Wasser- oder Luftfahrzeuge mit Druckgasen befüllt werden.

(13) Füllstellen im Sinne dieser Verordnung sind ortsfeste Anlagen, die dazu bestimmt sind, dass in ihnen Transportbehälter mit entzündlichen, leicht entzündlichen oder hoch entzündlichen Flüssigkeiten befüllt werden.

(14) Tankstellen im Sinne dieser Verordnung sind ortsfeste Anlagen, die der Versorgung von Land-, Wasser- und Luftfahrzeugen mit entzündlichen, leicht entzündlichen oder hoch entzündlichen Flüssigkeiten dienen, einschließlich der Lager- und Vorratsbehälter.

(15) Flugfeldbetankungsanlagen im Sinne dieser Verordnung sind Anlagen oder Bereiche auf Flugfeldern, in denen Kraftstoffbehälter von Luftfahrzeugen aus Hydrantenanlagen oder Flugfeldtankwagen befüllt werden.

(16) Entleerstellen im Sinne dieser Verordnung sind Anlagen oder Bereiche, die dazu bestimmt sind, dass in ihnen mit entzündlichen, leicht entzündlichen oder hoch entzündlichen Flüssigkeiten gefüllte Transportbehälter entleert werden.

(17) Personen-Umlaufaufzüge im Sinne dieser Verordnung sind Aufzugsanlagen, die ausschließlich dazu bestimmt sind, Personen zu befördern, und die so eingerichtet sind, dass Fahrkörbe an zwei endlosen Ketten aufgehängt sind und während des Betriebs ununterbrochen umlaufend bewegt werden.

(18) Bauaufzüge mit Personenbeförderung im Sinne dieser Verordnung sind auf Baustellen vorübergehend errichtete Aufzugsanlagen, die dazu bestimmt sind, Personen und Güter zu befördern, und deren Förderhöhe und Haltestellenzahl dem Baufortschritt angepasst werden kann.

(19) Mühlen-Bremsfahrstühle im Sinne dieser Verordnung sind Aufzugsanlagen, die dazu bestimmt sind, Güter oder Personen zu befördern, die von demjenigen beschäftigt werden, der die Anlage betreibt; bei Mühlen-Bremsfahrstühlen erfolgt der Antrieb über eine Aufwickeltrommel, die über ein vom Lastaufnahmemittel zu betätigendes Steuerseil für die Aufwärtsfahrt an eine laufende Friktionsscheibe gedrückt und für die Abwärtsfahrt von einem Bremsklotz abgehoben wird.

Abschnitt 2

Gemeinsame Vorschriften für Arbeitsmittel

11.3.3 § 3 Gefährdungsbeurteilung

(1) Der Arbeitgeber hat bei der Gefährdungsbeurteilung nach § 5 des Arbeitsschutz-gesetzes unter Berücksichtigung der Anhänge 1 bis 5, des § 7 der Gefahrstoff-verordnung und der allgemeinen Grundsätze des § 4 des Arbeitsschutzgesetzes die notwendigen Maßnahmen für die sichere Bereitstellung und Benutzung der Arbeitsmittel zu ermitteln. Dabei hat er insbesondere die Gefährdungen zu berücksichtigen, die mit der Benutzung des Arbeitsmittels selbst verbunden sind und die am Arbeitsplatz durch Wechselwirkungen der Arbeitsmittel untereinander oder mit Arbeitsstoffen oder der Arbeitsumgebung hervorgerufen werden.

(2) Kann nach den Bestimmungen der §§ 7 und 12 der Gefahrstoffverordnung die Bildung gefährlicher explosionsfähiger Atmosphären nicht sicher verhindert werden, hat der Arbeitgeber zu beurteilen

1. die Wahrscheinlichkeit und die Dauer des Auftretens gefährlicher explosi-onsfähiger Atmosphären,

2. die Wahrscheinlichkeit des Vorhandenseins, der Aktivierung und des Wirk-samwerdens von Zündquellen einschließlich elektrostatischer Entladungen und

3. das Ausmaß der zu erwartenden Auswirkungen von Explosionen.

(3) Für Arbeitsmittel sind insbesondere Art, Umfang und Fristen erforderlicher Prü-fungen zu ermitteln. Ferner hat der Arbeitgeber die notwendigen Vorausset-zungen zu ermitteln und festzulegen, welche die Personen erfüllen müssen, die von ihm mit der Prüfung oder Erprobung von Arbeitsmitteln zu beauftragen sind.

11.3.4 § 4 Anforderungen an die Bereitstellung und Benutzung der Arbeitsmittel

(1) Der Arbeitgeber hat die nach den allgemeinen Grundsätzen des § 4 des Arbeits-schutzgesetzes erforderlichen Maßnahmen zu treffen, damit den Beschäftigten nur Arbeitsmittel bereitgestellt werden, die für die am Arbeitsplatz gegebenen Bedingungen geeignet sind und bei deren bestimmungsgemäßer Benutzung Sicherheit und Gesundheitsschutz gewährleistet sind. Ist es nicht möglich, Sicherheit und Gesundheitsschutz der Beschäftigten in vollem Umfang zu gewährleisten, hat der Arbeitgeber geeignete Maßnahmen zu treffen, um eine Gefährdung so gering wie möglich zu halten. Die Sätze 1 und 2 gelten entspre-chend für die Montage von Arbeitsmitteln, deren Sicherheit vom Zusammenbau abhängt.

(2) Bei den Maßnahmen nach Absatz 1 sind die vom Ausschuss für Betriebssicherheit ermittelten und vom Bundesministerium für Wirtschaft und Arbeit im Bundesarbeitsblatt veröffentlichten Regeln und Erkenntnisse zu berücksichtigen. Die Maßnahmen müssen dem Ergebnis der Gefährdungsbeurteilung nach § 3 und dem Stand der Technik entsprechen.

(3) Der Arbeitgeber hat sicherzustellen, dass Arbeitsmittel nur benutzt werden, wenn sie gemäß den Bestimmungen dieser Verordnung für die vorgesehene Verwendung geeignet sind.

(4) Bei der Festlegung der Maßnahmen nach den Absätzen 1 und 2 sind für die Bereitstellung und Benutzung von Arbeitsmitteln auch die ergonomischen Zusammenhänge zwischen Arbeitsplatz, Arbeitsmittel, Arbeitsorganisation, Arbeitsablauf und Arbeitsaufgabe zu berücksichtigen; dies gilt insbesondere für die Körperhaltung, die Beschäftigte bei der Benutzung der Arbeitsmittel einnehmen müssen.

11.3.5 § 5 Explosionsgefährdete Bereiche

(1) Der Arbeitgeber hat explosionsgefährdete Bereiche im Sinne von § 2 Abs. 10 entsprechend Anhang 3 unter Berücksichtigung der Ergebnisse der Gefährdungsbeurteilung gemäß § 3 in Zonen einzuteilen.

(2) Der Arbeitgeber hat sicherzustellen, dass die Mindestvorschriften des Anhangs 4 angewendet werden.

11.3.6 § 6 Explosionsschutzdokument

(1) Der Arbeitgeber hat unabhängig von der Zahl der Beschäftigten im Rahmen seiner Pflichten nach § 3 sicherzustellen, dass ein Dokument (Explosionsschutzdokument) erstellt und auf dem letzten Stand gehalten wird.

(2) Aus dem Explosionsschutzdokument muss insbesondere hervorgehen,

1. dass die Explosionsgefährdungen ermittelt und einer Bewertung unterzogen worden sind

2. dass angemessene Vorkehrungen getroffen werden, um die Ziele des Explosionsschutzes zu erreichen

3. welche Bereiche entsprechend Anhang 3 in Zonen eingeteilt wurden und

4. für welche Bereiche die Mindestvorschriften gemäß Anhang 4 gelten

(3) Das Explosionsschutzdokument ist vor Aufnahme der Arbeit zu erstellen. Es ist zu überarbeiten, wenn Veränderungen, Erweiterungen oder Umgestaltungen der Arbeitsmittel oder des Arbeitsablaufs vorgenommen werden.

(4) Unbeschadet der Einzelverantwortung jedes Arbeitgebers nach dem Arbeitsschutzgesetz und den §§ 7 und 17 der Gefahrstoffverordnung koordiniert der Arbeitgeber, der die Verantwortung für die Bereitstellung und Benutzung der

Arbeitsmittel trägt, die Durchführung aller die Sicherheit und den Gesundheitsschutz der Beschäftigten betreffenden Maßnahmen und macht in seinem Explosionsschutzdokument genauere Angaben über das Ziel, die Maßnahmen und die Bedingungen der Durchführung dieser Koordinierung.

(5) Bei der Erfüllung der Verpflichtungen nach Absatz 1 können auch vorhandene Gefährdungsbeurteilungen, Dokumente oder andere gleichwertige Berichte verwendet werden, die auf Grund von Verpflichtungen nach anderen Rechtsvorschriften erstellt worden sind.

11.3.7 § 7 Anforderungen an die Beschaffenheit der Arbeitsmittel

(1) Der Arbeitgeber darf den Beschäftigten erstmalig nur Arbeitsmittel bereitstellen, die

1. solchen Rechtsvorschriften entsprechen, durch die Gemeinschaftsrichtlinien in deutsches Recht umgesetzt werden, oder,

2. wenn solche Rechtsvorschriften keine Anwendung finden, den sonstigen Rechtsvorschriften entsprechen, mindestens jedoch den Vorschriften des Anhangs I.

(2) Arbeitsmittel, die den Beschäftigten vor dem 3. Oktober 2002 erstmalig bereitgestellt worden sind, müssen

1. den im Zeitpunkt der erstmaligen Bereitstellung geltenden Rechtsvorschriften entsprechen, durch die Gemeinschaftsrichtlinien in deutsches Recht umgesetzt worden sind, oder,

2. wenn solche Rechtsvorschriften keine Anwendung finden, den im Zeitpunkt der erstmaligen Bereitstellung geltenden sonstigen Rechtsvorschriften entsprechen, mindestens jedoch den Anforderungen des Anhangs I Nr. 1 und 2.

Unbeschadet des Satzes 1 müssen die besonderen Arbeitsmittel nach Anhang I Nr. 3 spätestens am 1. Dezember 2002 mindestens den Vorschriften des Anhangs I Nr. 3 entsprechen.

(3) Arbeitsmittel zur Verwendung in explosionsgefährdeten Bereichen müssen den Anforderungen des Anhangs 4 Abschnitte A und B entsprechen, wenn sie nach dem 30. Juni 2003 erstmalig im Unternehmen den Beschäftigten bereitgestellt werden.

(4) Arbeitsmittel zur Verwendung in explosionsgefährdeten Bereichen müssen ab dem 30. Juni 2003 den in Anhang 4 Abschnitt A aufgeführten Mindestvorschriften entsprechen, wenn sie vor diesem Zeitpunkt bereits verwendet oder erstmalig im Unternehmen den Beschäftigten bereitgestellt worden sind und

1. keine Rechtsvorschriften anwendbar sind, durch die andere Richtlinien der Europäischen Gemeinschaften als die Richtlinie 1999/92/EG in nationales Recht umgesetzt werden, oder

2. solche Rechtsvorschriften nur teilweise anwendbar sind.

(5) Der Arbeitgeber hat die erforderlichen Maßnahmen zu treffen, damit die Arbeitsmittel während der gesamten Benutzungsdauer den Anforderungen der Absätze 1 bis 4 entsprechen.

11.3.8 § 8 Sonstige Schutzmaßnahmen

Ist die Benutzung eines Arbeitsmittels mit einer besonderen Gefährdung für die Sicherheit oder Gesundheit der Beschäftigten verbunden, hat der Arbeitgeber die erforderlichen Maßnahmen zu treffen, damit die Benutzung des Arbeitsmittels den hierzu beauftragten Beschäftigten vorbehalten bleibt.

11.3.9 § 9 Unterrichtung und Unterweisung

(1) Bei der Unterrichtung der Beschäftigten nach § 81 des Betriebsverfassungsgesetzes und § 14 des Arbeitsschutzgesetzes hat der Arbeitgeber die erforderlichen Vorkehrungen zu treffen, damit den Beschäftigten

1. angemessene Informationen, insbesondere zu den sie betreffenden Gefahren, die sich aus den in ihrer unmittelbaren Arbeitsumgebung vorhandenen Arbeitsmitteln ergeben, auch wenn sie diese Arbeitsmittel nicht selbst benutzen, und,

2. soweit erforderlich, Betriebsanweisungen für die bei der Arbeit benutzten Arbeitsmittel

3. in für sie verständlicher Form und Sprache zur Verfügung stehen. Die Betriebsanweisungen müssen mindestens Angaben über die Einsatzbedingungen, über absehbare Betriebsstörungen und über die bezüglich der Benutzung des Arbeitsmittels vorliegenden Erfahrungen enthalten.

(2) Bei der Unterweisung nach § 12 des Arbeitsschutzgesetzes hat der Arbeitgeber die erforderlichen Vorkehrungen zu treffen, damit

1. die Beschäftigten, die Arbeitsmittel benutzen, eine angemessene Unterweisung insbesondere über die mit der Benutzung verbundenen Gefahren erhalten und

2. die mit der Durchführung von Instandsetzungs-, Wartungs- und Umbauarbeiten beauftragten Beschäftigten eine angemessene spezielle Unterweisung erhalten.

11.3.10 § 10 Prüfung der Arbeitsmittel

(1) Der Arbeitgeber hat sicherzustellen, dass die Arbeitsmittel, deren Sicherheit von den Montagebedingungen abhängt, nach der Montage und vor der ersten Inbetriebnahme sowie nach jeder Montage auf einer neuen Baustelle oder an einem neuen Standort geprüft werden. Die Prüfung hat den Zweck, sich von der ordnungsgemäßen Montage und der sicheren Funktion dieser Arbeitsmittel zu über-

zeugen. Die Prüfung darf nur von hierzu befähigten Personen durchgeführt werden.

(2) Unterliegen Arbeitsmittel Schäden verursachenden Einflüssen, die zu gefährlichen Situationen führen können, hat der Arbeitgeber die Arbeitsmittel entsprechend den nach § 3 Abs. 3 ermittelten Fristen durch hierzu befähigte Personen überprüfen und erforderlichenfalls erproben zu lassen. Der Arbeitgeber hat Arbeitsmittel einer außerordentlichen Überprüfung durch hierzu befähigte Personen unverzüglich zu unterziehen, wenn außergewöhnliche Ereignisse stattgefunden haben, die schädigende Auswirkungen auf die Sicherheit des Arbeitsmittels haben können. Außergewöhnliche Ereignisse im Sinne des Satzes 2 können insbesondere Unfälle, Veränderungen an den Arbeitsmitteln, längere Zeiträume der Nichtbenutzung der Arbeitsmittel oder Naturereignisse sein. Die Maßnahmen nach den Sätzen 1 und 2 sind mit dem Ziel durchzuführen, Schäden rechtzeitig zu entdecken und zu beheben sowie die Einhaltung des sicheren Betriebs zu gewährleisten.

(3) Der Arbeitgeber hat sicherzustellen, dass Arbeitsmittel nach Instandsetzungsarbeiten, welche die Sicherheit der Arbeitsmittel beeinträchtigen können, durch befähigte Personen auf ihren sicheren Betrieb geprüft werden.

(4) Der Arbeitgeber hat sicherzustellen, dass die Prüfungen auch den Ergebnissen der Gefährdungsbeurteilung nach § 3 genügen.

11.3.11 § 11 Aufzeichnungen

Der Arbeitgeber hat die Ergebnisse der Prüfungen nach § 10 aufzuzeichnen. Die zuständige Behörde kann verlangen, dass ihr diese Aufzeichnungen auch am Betriebsort zur Verfügung gestellt werden. Die Aufzeichnungen sind über einen angemessenen Zeitraum aufzubewahren, mindestens bis zur nächsten Prüfung. Werden Arbeitsmittel, die § 10 Absätze 1 und 2 unterliegen, außerhalb des Unternehmens verwendet, ist ihnen ein Nachweis über die Durchführung der letzten Prüfung beizufügen.

Abschnitt 3
Besondere Vorschriften für überwachungsbedürftige Anlagen

11.3.12 § 12 Betrieb

(1) Überwachungsbedürftige Anlagen müssen nach dem Stand der Technik montiert, installiert und betrieben werden. Bei der Einhaltung des Standes der Technik sind die vom Ausschuss für Betriebssicherheit ermittelten und vom Bundesministerium für Wirtschaft und Arbeit im Bundesarbeitsblatt veröffentlichten Regeln und Erkenntnisse zu berücksichtigen.

176

(2) Überwachungsbedürftige Anlagen dürfen erstmalig und nach wesentlichen Veränderungen nur in Betrieb genommen werden,

1. wenn sie den Anforderungen der Verordnungen nach § 3 Abs. 1 des Geräte- und Produktsicherheitsgesetzes entsprechen, durch die die in § 1 Abs. 2 Satz 1 genannten Richtlinien in deutsches Recht umgesetzt werden, oder,

2. wenn solche Rechtsvorschriften keine Anwendung finden, sie den sonstigen Rechtsvorschriften, mindestens dem Stand der Technik, entsprechen.

3. Überwachungsbedürftige Anlagen dürfen nach einer Änderung nur wieder in Betrieb genommen werden, wenn sie hinsichtlich der von der Änderung betroffenen Anlagenteile dem Stand der Technik entsprechen.

(3) Wer eine überwachungsbedürftige Anlage betreibt, hat diese in ordnungsgemäßem Zustand zu erhalten, zu überwachen, notwendige Instandsetzungs- oder Wartungsarbeiten unverzüglich vorzunehmen und die den Umständen nach erforderlichen Sicherheitsmaßnahmen zu treffen.

(4) Wer eine Aufzugsanlage betreibt, muss sicherstellen, dass auf Notrufe aus einem Fahrkorb in angemessener Zeit reagiert wird und Befreiungsmaßnahmen sachgerecht durchgeführt werden.

(5) Eine überwachungsbedürftige Anlage darf nicht betrieben werden, wenn sie Mängel aufweist, durch die Beschäftigte oder Dritte gefährdet werden können.

11.3.13 § 13 Erlaubnisvorbehalt

(1) Montage, Installation, Betrieb, wesentliche Veränderungen und Änderungen der Bauart oder der Betriebsweise, welche die Sicherheit der Anlage beeinflussen, von

1. Dampfkesselanlagen im Sinne des § 1 Abs. 2 Satz 1 Nr. 1 Buchstabe a, die befeuerte oder anderweitig beheizte überhitzungsgefährdete Druckgeräte zur Erzeugung von Dampf oder Heißwasser mit einer Temperatur von mehr als 110 °C beinhalten, die gemäß Artikel 9 in Verbindung mit Anhang II Diagramm 5 der Richtlinie 97/23/EG in die Kategorie IV einzustufen sind,

2. Füllanlagen im Sinne des § 1 Abs. 2 Satz 1 Nr. 1 Buchstabe c mit Druckgeräten zum Abfüllen von Druckgasen in ortsbewegliche Druckgeräte zur Abgabe an Andere mit einer Füllkapazität von mehr als 10 kg/h sowie zum Befüllen von Land-, Wasser- oder Luftfahrzeugen mit Druckgasen,

3. Lageranlagen, Füllstellen und Tankstellen im Sinne des § 1 Abs. 2 Satz 1 Nr. 4 Buchstaben a bis c für leicht entzündliche oder hoch entzündliche Flüssigkeiten und

4. ortsfesten Flugfeldbetankungsanlagen im Sinne des § 1 Abs. 2 Satz 1 Nr. 4 Buchstabe c

bedürfen der Erlaubnis der zuständigen Behörde. Satz 1 findet keine Anwendung auf

1. Anlagen, in denen Wasserdampf oder Heißwasser in einem Herstellungsverfahren durch Wärmerückgewinnung entsteht, es sei denn, Rauchgase werden gekühlt und der entstehende Wasserdampf oder das entstehende Heißwasser werden nicht überwiegend der Verfahrensanlage zugeführt, und

2. Anlagen zum Entsorgen von Kältemitteln, die Wärmetauschern entnommen und in ortsbewegliche Druckgeräte gefüllt werden.

(2) Die Erlaubnis ist schriftlich zu beantragen. Dem Antrag auf Erlaubnis sind alle für die Beurteilung der Anlage notwendigen Unterlagen beizufügen. Mit dem Antrag ist die gutachterliche Äußerung einer zugelassenen Überwachungsstelle einzureichen, aus der hervorgeht, dass Aufstellung, Bauart und Betriebsweise der Anlage den Anforderungen dieser Verordnung entsprechen.

(3) Bei Anlagen nach Absatz 1 Nr. 3 und 4 ist abweichend von Absatz 2 die Beteiligung einer zugelassenen Überwachungsstelle nicht erforderlich.

(4) Über den Antrag ist innerhalb einer Frist von drei Monaten nach Eingang bei der zuständigen Behörde zu entscheiden. Die Frist kann in begründeten Fällen verlängert werden. Die Erlaubnis gilt als erteilt, wenn die zuständige Behörde nicht innerhalb der in den Sätzen 1 und 2 genannten Frist die Montage und Installation der Anlage untersagt.

(5) Die Erlaubnis kann beschränkt, befristet, unter Bedingungen erteilt sowie mit Auflagen verbunden werden. Die nachträgliche Aufnahme, Änderung oder Ergänzung von Auflagen ist zulässig.

(6) Absatz 1 findet keine Anwendung auf überwachungsbedürftige Anlagen der Wasser- und Schifffahrtsverwaltung des Bundes, der Bundeswehr und des Bundesgrenzschutzes.

11.3.14 § 14 Prüfung vor Inbetriebnahme

(1) Eine überwachungsbedürftige Anlage darf erstmalig und nach einer wesentlichen Veränderung nur in Betrieb genommen werden, wenn die Anlage unter Berücksichtigung der vorgesehenen Betriebsweise durch eine zugelassene Überwachungsstelle auf ihren ordnungsgemäßen Zustand hinsichtlich der Montage, der Installation, den Aufstellungsbedingungen und der sicheren Funktion geprüft worden ist.

(2) Nach einer Änderung darf eine überwachungsbedürftige Anlage im Sinne des § 1 Abs. 2 Satz 1 Nr. 1 bis 3 und 4 Buchstaben a bis c nur wieder in Betrieb genommen werden, wenn die Anlage hinsichtlich ihres Betriebs auf ihren ordnungsgemäßen Zustand durch eine zugelassene Überwachungsstelle geprüft worden ist, soweit der Betrieb oder die Bauart der Anlage durch die Änderung beeinflusst wird.

(3) Bei den Prüfungen überwachungsbedürftiger Anlagen nach den Absätzen 1 und 2 können

1. Geräte, Schutzsysteme sowie Sicherheits-, Kontroll- und Regelvorrichtungen im Sinne der Richtlinie 94/9/EG ,

2. Druckgeräte im Sinne der Richtlinie 97/23/EG , die gemäß Artikel 9 in Verbindung mit Anhang II der Richtlinie nach

   a. Diagramm 1 in die

   - Kategorie I, II oder
   - Kategorie III oder IV, sofern der maximal zulässige Druck P_S nicht mehr als 1 bar beträgt,

   b. Diagramm 2 in die

   - Kategorie I oder
   - Kategorie II oder III, sofern der maximal zulässige Druck P_S nicht mehr als 1 bar beträgt,

   c. Diagramm 3 in die

   - Kategorie I oder
   - Kategorie II, sofern bei einem maximal zulässigen Druck P_S von mehr als 500 bar das Produkt aus P_S und maßgeblichem Volumen V nicht mehr als 1000 bar × Liter beträgt,

   d. Diagramm 4 in die Kategorie I, sofern bei einem maximal zulässigen Druck P_S von mehr als 500 bar das Produkt aus P_S und maßgeblichem Volumen V nicht mehr als 1000 bar × Liter beträgt,

   e. Diagramm 5 in die Kategorie I oder II,

   f. Diagramm 6, sofern das Produkt aus maximal zulässigem Druck P_S und Nennweite D_N nicht mehr als 2000 bar beträgt und die Rohrleitung nicht für sehr giftige Fluide verwendet wird, oder

   g. Diagramm 7, sofern das Produkt aus maximal zulässigem Druck P_S und Nennweite D_N nicht mehr als 2000 bar beträgt,

   einzustufen sind, und

3. Druckbehälter im Sinne der Richtlinie 87/404/EWG , sofern das Produkt aus maximal zulässigem Druck P_S und maßgeblichem Volumen V nicht mehr als 200 bar × Liter beträgt,

durch eine befähigte Person geprüft werden. Setzt sich eine überwachungsbedürftige Anlage ausschließlich aus Anlagenteilen nach Satz 1 Nr. 1 bis 3 zusammen, so können die Prüfungen der Anlage nach den Absätzen 1 und 2 durch eine befähigte Person erfolgen. Die Prüfungen nach Absatz 1 können durch eine befähigte Person vorgenommen werden bei

1. Röhrenöfen in verfahrenstechnischen Anlagen, soweit es sich um Rohranordnungen handelt,

2. ausschließlich aus Rohranordnungen bestehenden Druckgeräten in Kälte- und Wärmepumpenanlagen,

3. Kondenstöpfen und Abscheidern für Gasblasen, wenn der Gasraum bei Abscheidern auf höchstens 10 % des Behälterinhalts begrenzt ist,

4. dampfbeheizten Muldenpressen sowie Pressen zum maschinellen Bügeln, Dämpfen, Verkleben, Fixieren und dem Fixieren ähnlichen Behandlungsverfahren von Kleidungsstücken, Wäsche oder anderen Textilien und Ledererzeugnissen,

5. Pressgas-Kondensatoren und

6. nicht direkt beheizten Wärmeerzeugern mit einer Heizmitteltemperatur von höchstens 120 °C und Ausdehnungsgefäßen in Heizungs- und Kälteanlagen mit Wassertemperaturen von höchstens 120 °C.

Bei überwachungsbedürftigen Anlagen, die für einen ortsveränderlichen Einsatz vorgesehen sind und nach der ersten Inbetriebnahme an einem neuen Standort aufgestellt werden, können die Prüfungen nach Absatz 1 durch eine befähigte Person vorgenommen werden.

(4) Absatz 3 Satz 1 Nr. 2 Buchstabe b findet entsprechende Anwendung auf tragbare Feuerlöscher und Flaschen für Atemschutzgeräte im Sinne der Richtlinie 97/23/EG , die gemäß Artikel 9 in Verbindung mit Anhang II der Richtlinie nach Diagramm 2 mindestens in die Kategorie III einzustufen sind, soweit das Produkt aus maximal zulässigem Druck P_S und maßgeblichem Volumen V zu einer Einstufung in die Kategorie I führen würde.

(5) Abweichend von Absatz 3 Satz 3 in Verbindung mit Absatz 1 ist bei überwachungsbedürftigen Anlagen mit

1. Druckgeräten im Sinne der Richtlinie 97/23/EG , ausgenommen Dampfkesselanlagen nach § 13 Abs. 1 Satz 1 Nr. 1, oder

2. einfachen Druckbehältern im Sinne der Richtlinie 87/404/EWG ,

die an wechselnden Aufstellungsorten verwendet werden, nach dem Wechsel des Aufstellungsorts eine erneute Prüfung vor Inbetriebnahme nicht erforderlich, wenn

1. eine Bescheinigung über eine andernorts durchgeführte Prüfung vor Inbetriebnahme vorliegt,

2. sich beim Ortswechsel keine neue Betriebsweise ergeben hat und die Anschlussverhältnisse sowie die Ausrüstung unverändert bleiben und

3. an die Aufstellung keine besonderen Anforderungen zu stellen sind.

Bei besonderen Anforderungen an die Aufstellung genügt es, wenn die ordnungsgemäße Aufstellung am Betriebsort durch eine befähigte Person geprüft wird und hierüber eine Bescheinigung vorliegt.

(6) Ist ein Gerät, ein Schutzsystem oder eine Sicherheits-, Kontroll- oder Regelvorrichtung im Sinne der Richtlinie 94/9/EG hinsichtlich eines Teils, von dem der Explosionsschutz abhängt, instandgesetzt worden, so darf es abweichend von Absatz 2 erst wieder in Betrieb genommen werden, nachdem die zugelassene Überwachungsstelle festgestellt hat, dass es in den für den Explosionsschutz wesentlichen Merkmalen den Anforderungen dieser Verordnung entspricht, und nachdem sie hierüber eine Bescheinigung nach § 19 erteilt oder das Gerät, das Schutzsystem oder die Sicherheits-, Kontroll- oder Regelvorrichtung mit einem Prüfzeichen versehen hat. Die Prüfungen nach Satz 1 dürfen auch von befähigten Personen eines Unternehmens durchgeführt werden, soweit diese Personen von der zuständigen Behörde für die Prüfung der durch dieses Unternehmen instandgesetzten Geräte, Schutzsysteme oder Sicherheits-, Kontroll- oder Regelvorrichtungen anerkannt sind. Die Sätze 1 und 2 gelten nicht, wenn ein Gerät, ein Schutzsystem oder eine Sicherheits-, Kontroll- oder Regelvorrichtung nach der Instandsetzung durch den Hersteller einer Prüfung unterzogen worden ist und der Hersteller bestätigt, dass das Gerät, das Schutzsystem oder die Sicherheits-, Kontroll- oder Regelvorrichtung in den für den Explosionsschutz wesentlichen Merkmalen den Anforderungen dieser Verordnung entspricht.

(7) Absatz 1 findet keine Anwendung auf Aufzugsanlagen im Sinne des § 1 Abs. 2 Satz 1 Nr. 2 Buchstabe a. Die Absätze 1 und 2 finden keine Anwendung auf Lageranlagen im Sinne des § 1 Abs. 2 Satz 1 Nr. 4 Buchstabe a für ortsbewegliche Behälter und auf Entleerstellen im Sinne des § 1 Abs. 2 Satz 1 Nr. 4 Buchstabe d.

(8) Absatz 3 findet keine Anwendung auf Füllanlagen im Sinne des § 2 Abs. 12 Nr. 2 und 3.

11.3.15 § 15 Wiederkehrende Prüfungen

(1) Eine überwachungsbedürftige Anlage und ihre Anlagenteile sind in bestimmten Fristen wiederkehrend auf ihren ordnungsgemäßen Zustand hinsichtlich des Betriebs durch eine zugelassene Überwachungsstelle zu prüfen. Der Betreiber hat die Prüffristen der Gesamtanlage und der Anlagenteile auf der Grundlage einer sicherheitstechnischen Bewertung zu ermitteln. Eine sicherheitstechnische Bewertung ist nicht erforderlich, soweit sie im Rahmen einer Gefährdungsbeurteilung im Sinne von § 3 dieser Verordnung oder § 3 der Allgemeinen Bundesbergverordnung bereits erfolgt ist. § 14 Abs. 3 Sätze 1 bis 3 findet entsprechende Anwendung.

(2) Prüfungen nach Absatz 1 Satz 1 bestehen aus einer technischen Prüfung, die an der Anlage selbst unter Anwendung der Prüfregeln vorgenommen wird und

einer Ordnungsprüfung. Bei Anlagenteilen von Dampfkesselanlagen, Druckbehälteranlagen außer Dampfkesseln, Anlagen zur Abfüllung von verdichteten, verflüssigten oder unter Druck gelösten Gasen, Leitungen unter innerem Überdruck für entzündliche, leicht entzündliche, hoch entzündliche, ätzende oder giftige Gase, Dämpfe oder Flüssigkeiten sind Prüfungen, die aus äußeren Prüfungen, inneren Prüfungen und Festigkeitsprüfungen bestehen, durchzuführen.

(3) Bei der Festlegung der Prüffristen nach Absatz 1 dürfen die in den Absätzen 5 bis 9 und 12 bis 16 für die Anlagenteile genannten Höchstfristen nicht überschritten werden. Der Betreiber hat die Prüffristen der Anlagenteile und der Gesamtanlage der zuständigen Behörde innerhalb von sechs Monaten nach Inbetriebnahme der Anlage unter Beifügung anlagenspezifischer Daten mitzuteilen. Satz 2 findet keine Anwendung auf überwachungsbedürftige Anlagen, die ausschließlich in § 14 Abs. 3 Satz 1 genannte Anlagenteile enthalten, sowie auf alle weiteren überwachungsbedürftigen Anlagen, die wiederkehrend von befähigten Personen geprüft werden können.

(4) Soweit die Prüfungen nach Absatz 1 von zugelassenen Überwachungsstellen vorzunehmen sind, unterliegt die Ermittlung der Prüffristen durch den Betreiber einer Überprüfung durch eine zugelassene Überwachungsstelle. Ist eine vom Betreiber ermittelte Prüffrist länger als die von einer zugelassenen Überwachungsstelle ermittelte Prüffrist, darf die überwachungsbedürftige Anlage bis zum Ablauf der von der zugelassenen Überwachungsstelle ermittelten Prüffrist betrieben werden; die zugelassene Überwachungsstelle unterrichtet die zuständige Behörde über die unterschiedlichen Prüffristen. Die zuständige Behörde legt die Prüffrist fest. Für ihre Entscheidung kann die Behörde ein Gutachten einer im Einvernehmen mit dem Betreiber auszuwählenden anderen zugelassenen Überwachungsstelle heranziehen, dessen Kosten der Betreiber zu tragen hat.

(5) Prüfungen nach Absatz 2 müssen spätestens innerhalb des in der Tabelle genannten Zeitraums unter Beachtung der für das einzelne Druckgerät maßgeblichen Einstufung gemäß Spalte 1 durchgeführt werden:

Bei Druckgeräten, die nicht von Satz 1 erfasst werden, müssen die Prüffristen für äußere Prüfung, innere Prüfung und Festigkeitsprüfung auf Grund der Herstellerinformationen sowie der Erfahrung mit Betriebsweise und Beschickungsgut festgelegt werden. Diese Druckgeräte können durch eine befähigte Person geprüft werden.

(6) Abweichend von Absatz 5 können äußere Prüfungen bei Druckgeräten entfallen, die den Nummern 1 bis 4 der Tabelle in Absatz 5 zugeordnet werden, sofern sie nicht feuerbeheizt, abgasbeheizt oder elektrisch beheizt sind.

(7) Abweichend von Absatz 5 müssen Prüfungen der von Nummer 2 der Tabelle in Absatz 5 erfassten Flaschen für

1. Atemschutzgeräte, die verwendet werden, als äußere Prüfung, innere Prüfung, Festigkeits- und Gewichtsprüfung spätestens alle fünf Jahre und

2. Atemschutzgeräte, die als Tauchgeräte für Arbeits- und Rettungszwecke verwendet werden, als

   a. Festigkeitsprüfung spätestens alle fünf Jahre und

   b. äußere Prüfung, innere Prüfung und Gewichtsprüfung alle zweieinhalb Jahre

von zugelassenen Überwachungsstellen durchgeführt werden.

(8) Abweichend von Absatz 5 müssen bei Anlagen mit von Nummer 5 der Tabelle in Absatz 5 erfassten Druckgeräten, in denen Wasserdampf oder Heißwasser in einem Herstellungsverfahren durch Wärmerückgewinnung entsteht, Prüfungen von zugelassenen Überwachungsstellen durchgeführt werden als

1. äußere Prüfungen spätestens alle zwei Jahre

2. innere Prüfungen spätestens alle fünf Jahre und

3. Festigkeitsprüfungen spätestens alle zehn Jahre

Satz 1 gilt nicht für Anlagen, in denen Rauchgase gekühlt und der entstehende Wasserdampf oder das entstehende Heißwasser nicht überwiegend der Verfahrensanlage zugeführt werden.

(9) Bei Druckbehältern im Sinne der Richtlinie 87/ 404/EWG , bei denen das Produkt aus dem maximal zulässigen Druck P_S und dem maßgeblichen Volumen V mehr als 1000 bar × Liter beträgt, müssen Prüfungen von zugelassenen Überwachungsstellen durchgeführt werden als

1. innere Prüfung spätestens nach fünf Jahren und

2. Festigkeitsprüfung spätestens nach zehn Jahren

Bei Druckbehältern, die nicht von Satz 1 erfasst werden, finden Absatz 5 Sätze 2 und 3 sowie Absatz 10 entsprechende Anwendung.

(10) Bei äußeren und inneren Prüfungen können Besichtigungen durch andere geeignete gleichwertige Verfahren und bei Festigkeitsprüfungen die statischen Druckproben durch gleichwertige zerstörungsfreie Verfahren ersetzt werden, wenn ihre Durchführung aus Gründen der Bauart des Druckgeräts nicht möglich oder aus Gründen der Betriebsweise nicht zweckdienlich ist.

(11) Hat der Betreiber in einem Prüfprogramm für die wiederkehrenden Prüfungen von Rohrleitungen, die von den Nummern 6 bis 9 der Tabelle in Absatz 5 erfasst sind, schriftliche Festlegungen getroffen, die von einer zugelassenen Überwachungsstelle geprüft worden sind und für die diese bescheinigt, dass mit ihnen die Anforderungen dieser Verordnung erfüllt werden, dürfen abweichend von den Nummern 6 bis 9 der Tabelle in Absatz 5 die Prüfungen von einer befähigten Person durchgeführt werden, wenn sich eine zugelassene

Überwachungsstelle durch stichprobenweise Überprüfungen von der Einhaltung der schriftlichen Festlegung überzeugt.

(12) Bei Füllanlagen im Sinne des § 1 Abs. 2 Satz 1 Nr. 1 Buchstabe c, die dazu bestimmt sind, dass in ihnen Land-, Wasser- oder Luftfahrzeuge mit Druckgasen befüllt werden, müssen Prüfungen im Betrieb spätestens alle fünf Jahre durchgeführt werden. Auf die übrigen Füllanlagen im Sinne des § 1 Abs. 2 Satz 1 Nr. 1 Buchstabe c findet Absatz 1 keine Anwendung.

(13) Bei Aufzugsanlagen im Sinne des § 1 Abs. 2 Satz 1 Nr. 2 Buchstaben a, c, d und e müssen Prüfungen im Betrieb spätestens alle zwei Jahre durchgeführt werden. Zwischen der Inbetriebnahme und der ersten wiederkehrenden Prüfung sowie zwischen zwei wiederkehrenden Prüfungen sind Aufzugsanlagen daraufhin zu prüfen, ob sie ordnungsgemäß betrieben werden können und ob sich die Tragmittel in ordnungsgemäßem Zustand befinden.

(14) Bei Aufzugsanlagen im Sinne des § 1 Abs. 2 Satz 1 Nr. 2 Buchstabe b müssen Prüfungen im Betrieb spätestens alle vier Jahre durchgeführt werden. Absatz 13 Satz 2 findet entsprechende Anwendung.

(15) Bei Anlagen in explosionsgefährdeten Bereichen im Sinne des § 1 Abs. 2 Satz 1 Nr. 3 müssen Prüfungen im Betrieb spätestens alle drei Jahre durchgeführt werden.

(16) Bei Lageranlagen für ortsfeste Behälter, Füllstellen, Tankstellen und Flugfeldbetankungsanlagen im Sinne des § 1 Abs. 2 Satz 1 Nr. 4 Buchstaben a bis c müssen Prüfungen im Betrieb spätestens alle fünf Jahre durchgeführt werden. Diese Prüfungen schließen Anlagen im Sinne von § 1 Abs. 2 Satz 1 Nr. 3 ein. Die Prüffrist beträgt abweichend von Absatz 15 fünf Jahre. Abweichend von § 14 Abs. 3 erfolgt die Prüfung dieser Anlagen durch eine zugelassene Überwachungsstelle.

(17) Die zuständige Behörde kann die in den Absätzen 5 bis 16 genannten Fristen im Einzelfall

1. verlängern, soweit die Sicherheit auf andere Weise gewährleistet ist, oder

2. verkürzen, soweit es der Schutz der Beschäftigten oder Dritter erfordert.

(18) Die Fristen der Prüfungen laufen vom Tag der ersten Prüfung vor Inbetriebnahme. Abweichend von Satz 1 laufen die Fristen nach einer wesentlichen Veränderung vom Tag der erneuten Prüfung vor Inbetriebnahme sowie bei Aufzugsanlagen im Sinne des § 1 Abs. 2 Satz 1 Nr. 2 Buchstabe a vom Tag der ersten Inbetriebnahme.

(19) Ist eine außerordentliche Prüfung durchgeführt worden, so beginnt die Frist für eine wiederkehrende Prüfung mit dem Abschluss der außerordentlichen Prüfung, soweit diese der wiederkehrenden Prüfung entspricht.

(20) Ist eine überwachungsbedürftige Anlage am Fälligkeitstermin der wiederkehrenden Prüfung außer Betrieb gesetzt, so darf sie erst wieder in Betrieb genommen werden, nachdem diese Prüfung durchgeführt worden ist.

(21) Absatz 1 findet keine Anwendung auf

1. Lageranlagen im Sinne des § 1 Abs. 2 Satz 1 Nr. 4 Buchstabe a für ortsbewegliche Behälter und

2. Entleerstellen im Sinne des § 1 Abs. 2 Satz 1 Nr. 4 Buchstabe d.

11.3.16 § 16 Angeordnete außerordentliche Prüfung

(1) Die zuständige Behörde kann im Einzelfall eine außerordentliche Prüfung für überwachungsbedürftige Anlagen anordnen, wenn hierfür ein besonderer Anlass besteht, insbesondere wenn ein Schadensfall eingetreten ist.

(2) Eine außerordentliche Prüfung nach Absatz 1 ist durch die zuständige Behörde insbesondere dann anzuordnen, wenn der Verdacht besteht, dass die überwachungsbedürftige Anlage sicherheitstechnische Mängel aufweist.

(3) Der Betreiber hat eine angeordnete Prüfung unverzüglich zu veranlassen.

11.3.17 § 17 Prüfung besonderer Druckgeräte

Für die in Anhang 5 genannten überwachungsbedürftigen Anlagen, die Druckgeräte sind oder beinhalten, sind die nach den §§ 14 bis 16 vorgesehenen Prüfungen mit den sich aus den Vorschriften des Anhangs 5 ergebenden Maßgaben durchzuführen.

11.3.18 § 18 Unfall- und Schadensanzeige

(1) Der Betreiber hat der zuständigen Behörde unverzüglich

1. jeden Unfall, bei dem ein Mensch getötet oder verletzt worden ist, und

2. jeden Schadensfall, bei dem Bauteile oder sicherheitstechnische Einrichtungen versagt haben oder beschädigt worden sind,

anzuzeigen.

(2) Die zuständige Behörde kann vom Betreiber verlangen, dass dieser das anzuzeigende Ereignis auf seine Kosten durch eine möglichst im gegenseitigen Einvernehmen bestimmte zugelassene Überwachungsstelle sicherheitstechnisch beurteilen lässt und ihr die Beurteilung schriftlich vorlegt. Die sicherheitstechnische Beurteilung hat sich insbesondere auf die Feststellung zu erstrecken,

1. worauf das Ereignis zurückzuführen ist,

2. ob sich die überwachungsbedürftige Anlage nicht in ordnungsgemäßem Zustand befand und ob nach Behebung des Mangels eine Gefährdung nicht mehr besteht und

3. ob neue Erkenntnisse gewonnen worden sind, die andere oder zusätzliche Schutzvorkehrungen erfordern.

11.3.19 § 19 Prüfbescheinigungen

(1) Über das Ergebnis der nach diesem Abschnitt vorgeschriebenen oder angeordneten Prüfungen sind Prüfbescheinigungen zu erteilen. Soweit die Prüfung von befähigten Personen durchgeführt wird, ist das Ergebnis aufzuzeichnen.

(2) Bescheinigungen und Aufzeichnungen nach Absatz 1 sind am Betriebsort der überwachungsbedürftigen Anlage aufzubewahren und der zuständigen Behörde auf Verlangen vorzuzeigen.

11.3.20 § 20 Mängelanzeige

Hat die zugelassene Überwachungsstelle bei einer Prüfung Mängel festgestellt, durch die Beschäftigte oder Dritte gefährdet werden, so hat sie dies der zuständigen Behörde unverzüglich mitzuteilen.

11.3.21 § 21 Zugelassene Überwachungsstellen

(1) Zugelassene Überwachungsstellen für die nach diesem Abschnitt vorgeschriebenen oder angeordneten Prüfungen sind Stellen nach § 17 Absätze 1 und 2 des Geräte- und Produktsicherheitsgesetzes.

(2) Voraussetzungen für die Akkreditierung einer zugelassenen Überwachungsstelle sind über die Anforderungen des § 17 Abs. 5 des Geräte- und Produktsicherheitsgesetzes hinaus:

1. Es muss eine Haftpflichtversicherung mit einer Deckungssumme von mindestens zweieinhalb Millionen Euro bestehen.

2. Sie muss mindestens die Prüfung aller überwachungsbedürftigen Anlagen nach

   a. § 1 Abs. 2 Satz 1 Nr. 1,

   b. § 1 Abs. 2 Satz 1 Nr. 2 oder

   c. § 1 Abs. 2 Satz 1 Nrn. 3 und 4 vornehmen können.

3. Sie muss eine Leitung haben, welche die Gesamtverantwortung dafür trägt, dass die Prüftätigkeiten in Übereinstimmung mit den Bestimmungen dieser Verordnung durchgeführt werden.

4. Sie muss ein angemessenes wirksames Qualitätssicherungssystem mit regelmäßiger interner Auditierung anwenden.

5. Sie darf die mit den Prüfungen beschäftigten Personen nur mit solchen Aufgaben betrauen, bei deren Erledigung ihre Unparteilichkeit gewahrt bleibt.

6. Die Vergütung für die mit den Prüfungen beschäftigten Personen darf nicht unmittelbar von der Anzahl der durchgeführten Prüfungen und nicht von deren Ergebnissen abhängen.

(3) Als zugelassene Überwachungsstellen können Prüfstellen von Unternehmen im Sinne von § 17 Abs. 5 Satz 3 des Geräte- und Produktsicherheitsgesetzes benannt werden, wenn die Voraussetzungen des Absatzes 2 Nrn. 3 bis 6 erfüllt sind, dies sicherheitstechnisch angezeigt ist und sie

1. organisatorisch abgrenzbar sind

2. innerhalb des Unternehmens, zu dem sie gehören, über Berichtsverfahren verfügen, die ihre Unparteilichkeit sicherstellen und belegen

3. nicht für die Planung, die Herstellung, den Vertrieb, den Betrieb oder die Instandhaltung der überwachungsbedürftigen Anlage verantwortlich sind

4. keinen Tätigkeiten nachgehen, die mit der Unabhängigkeit ihrer Beurteilung und ihrer Zuverlässigkeit im Rahmen ihrer Überprüfungsarbeiten in Konflikt kommen können, und

5. ausschließlich für das Unternehmen arbeiten, dem sie angehören

Die Benennung nach Satz 1 ist zu beschränken auf Prüfungen an überwachungsbedürftigen Anlagen im Sinne des § 1 Abs. 2 Satz 1 Nrn. 1, 3 und 4 einschließlich der Einrichtungen im Sinne des § 1 Abs. 2 Satz 2.

11.3.22 § 22 Aufsichtsbehörden für überwachungsbedürftige Anlagen des Bundes

Aufsichtsbehörde für überwachungsbedürftige Anlagen der Wasser- und Schifffahrtsverwaltung des Bundes, der Bundeswehr und des Bundesgrenzschutzes ist das zuständige Bundesministerium oder die von ihm bestimmte Behörde. Für andere überwachungsbedürftige Anlagen, die der Aufsicht durch die Bundesverwaltung unterliegen, gilt § 18 Abs. 1 des Geräte- und Produktsicherheitsgesetzes [15].

11.3.23 § 23 Innerbetrieblicher Einsatz ortsbeweglicher Druckgeräte

Sofern die in Übereinkünften

1. des Europäischen Übereinkommens über die internationale Beförderung gefährlicher Güter auf der Straße (ADR)

2. der Ordnung über die internationale Eisenbahnbeförderung gefährlicher Güter (RID)

3. des Codes für die Beförderung gefährlicher Güter mit Seeschiffen (IMDG-Code) oder

4. der Technischen Vorschriften der Internationalen Zivilluftfahrt-Organisation (ICAO-TI)

genannten Voraussetzungen nicht mehr erfüllt sind, dürfen innerbetrieblich eingesetzte ortsbewegliche Druckgeräte im Sinne des Artikels 1 Abs. 3 Nr. 3.19 der Richtlinie 97/23/EG nur in Betrieb genommen und betrieben werden, wenn die in den genannten Übereinkünften vorgeschriebenen Betriebsbedingungen eingehalten werden und die in diesen Übereinkünften vorgesehenen wiederkehrenden Prüfungen durchgeführt worden sind.

Abschnitt 4
Gemeinsame Vorschriften, Schlussvorschriften

11.3.24 § 24 Ausschuss für Betriebssicherheit

(1) Zur Beratung in allen Fragen des Arbeitsschutzes für die Bereitstellung und Benutzung von Arbeitsmitteln und für den Betrieb überwachungsbedürftiger Anlagen wird beim Bundesministerium für Wirtschaft und Arbeit der Ausschuss für Betriebssicherheit gebildet, in dem sachverständige Mitglieder der öffentlichen und privaten Arbeitgeber, der Länderbehörden, der Gewerkschaften, der Träger der gesetzlichen Unfallversicherung, der Wissenschaft und der zugelassenen Stellen angemessen vertreten sein sollen. Die Gesamtzahl der Mitglieder soll 21 Personen nicht überschreiten. Die Mitgliedschaft im Ausschuss für Betriebssicherheit ist ehrenamtlich.

(2) Der Ausschuss für Betriebssicherheit richtet Unterausschüsse ein.

(3) Das Bundesministerium für Wirtschaft und Arbeit beruft die Mitglieder des Ausschusses und für jedes Mitglied einen Stellvertreter. Der Ausschuss gibt sich eine Geschäftsordnung und wählt den Vorsitzenden aus seiner Mitte. Die Geschäftsordnung und die Wahl des Vorsitzenden bedürfen der Zustimmung des Bundesministeriums für Wirtschaft und Arbeit.

(4) Zu den Aufgaben des Ausschusses gehört es,

1. dem Stand der Technik, Arbeitsmedizin und Hygiene entsprechende Regeln und sonstige gesicherte arbeitswissenschaftliche Erkenntnisse

   a. für die Bereitstellung und Benutzung von Arbeitsmitteln sowie

   b. für den Betrieb überwachungsbedürftiger Anlagen unter Berücksichtigung der für andere Schutzziele vorhandenen Regeln und, soweit dessen Zuständigkeiten berührt sind, in Abstimmung mit dem Technischen Ausschuss für Anlagensicherheit nach § 31a Abs. 1 des Bundes-Immissionsschutzgesetzes

   zu ermitteln,

2. Regeln zu ermitteln, wie die in dieser Verordnung gestellten Anforderungen erfüllt werden können, und

3. das Bundesministerium für Wirtschaft und Arbeit in Fragen der betrieblichen Sicherheit zu beraten.

4. Bei der Wahrnehmung seiner Aufgaben soll der Ausschuss die allgemeinen Grundsätze des Arbeitsschutzes nach § 4 des Arbeitsschutzgesetzes berücksichtigen.

(5) Das Bundesministerium für Wirtschaft und Arbeit kann die vom Ausschuss für Betriebssicherheit nach Absatz 4 Nr. 1 ermittelten Regeln und Erkenntnisse sowie die nach Absatz 4 Nr. 2 ermittelten Verfahrensregeln im Bundesarbeitsblatt bekannt machen. Bei Einhaltung der in Satz 1 genannten Regeln und Erkenntnisse ist in der Regel davon auszugehen, dass die in der Verordnung gestellten Anforderungen insoweit erfüllt werden.

(6) Die Bundesministerien sowie die zuständigen obersten Landesbehörden können zu den Sitzungen des Ausschusses Vertreter entsenden. Diesen ist auf Verlangen in der Sitzung das Wort zu erteilen.

(7) Die Geschäfte des Ausschusses führt die Bundesanstalt für Arbeitsschutz und Arbeitsmedizin.

11.3.25   § 25 Ordnungswidrigkeiten

(1) Ordnungswidrig im Sinne des § 25 Abs. 1 Nr. 1 des Arbeitsschutzgesetzes handelt, wer vorsätzlich oder fahrlässig

1. entgegen § 10 Abs. 1 Satz 1 nicht sicherstellt, dass die Arbeitsmittel geprüft werden

2. entgegen § 10 Abs. 2 Satz 1 ein Arbeitsmittel nicht oder nicht rechtzeitig prüfen lässt oder

3. entgegen § 10 Abs. 2 Satz 2 ein Arbeitsmittel einer außerordentlichen Überprüfung nicht oder nicht rechtzeitig unterzieht

(2) Ordnungswidrig im Sinne des § 19 Abs. 1 Nr. 1 Buchstabe b des Geräte- und Produktsicherheitsgesetzes handelt, wer vorsätzlich oder fahrlässig

1. entgegen § 15 Abs. 3 Satz 2 eine Mitteilung nicht, nicht richtig, nicht vollständig oder nicht rechtzeitig macht oder

2. entgegen § 18 Abs. 1 eine Anzeige nicht, nicht richtig, nicht vollständig oder nicht rechtzeitig erstattet

(3) Ordnungswidrig im Sinne des § 19 Abs. 1 Nr. 1 Buchstabe a des Geräte- und Produktsicherheitsgesetzes [15] handelt, wer vorsätzlich oder fahrlässig

1. eine überwachungsbedürftige Anlage

   a) entgegen § 12 Abs. 5 betreibt oder

   b) entgegen § 14 Abs. 1 oder 2 oder § 15 Abs. 20 in Betrieb nimmt

2. ohne Erlaubnis nach § 13 Abs. 1 Satz 1 eine dort genannte Anlage betreibt,

3. entgegen § 15 Abs. 1 Satz 1 eine überwachungsbedürftige Anlage oder einen Anlagenteil nicht, nicht richtig, nicht vollständig oder nicht rechtzeitig prüft oder

4. entgegen § 16 Abs. 3 eine vollziehbar angeordnete Prüfung nicht oder nicht rechtzeitig veranlasst.

11.3.26   § 26 Straftaten

(1) Wer durch eine in § 25 Abs. 1 bezeichnete vorsätzliche Handlung Leben oder Gesundheit eines Beschäftigten gefährdet, ist nach § 26 Nr. 2 des Arbeitsschutzgesetzes [5] strafbar.

(2) Wer eine in § 25 Abs. 3 bezeichnete Handlung beharrlich wiederholt oder durch eine solche Handlung Leben oder Gesundheit eines Anderen oder fremde Sachen von bedeutendem Wert gefährdet, ist nach § 20 des Geräte- und Produktsicherheitsgesetzes [15] strafbar.

11.3.27   § 27 Übergangsvorschriften

(1) Für Arbeitsmittel und Arbeitsabläufe in explosionsgefährdeten Bereichen, die vor dem 3. Oktober 2002 erstmalig bereitgestellt oder eingeführt worden sind, hat der Arbeitgeber seine Pflichten nach § 6 Abs. 1 spätestens bis zum 31. Dezember 2005 zu erfüllen.

(2) Der Weiterbetrieb einer überwachungsbedürftigen Anlage, die vor dem 1. Januar 2005 befugt errichtet und betrieben wurde, ist zulässig. Eine nach dem bis zu diesem Zeitpunkt geltenden Recht erteilte Erlaubnis gilt als Erlaubnis im Sinne dieser Verordnung.

(3) Für überwachungsbedürftige Anlagen, die vor dem 1. Januar 2003 bereits erstmalig in Betrieb genommen waren, bleiben hinsichtlich der an sie zu stellenden Beschaffenheitsanforderungen die bisher geltenden Vorschriften maßgebend. Die zuständige Behörde kann verlangen, dass diese Anlagen entsprechend den Vorschriften der Verordnung geändert werden, soweit nach der Art des Betriebs vermeidbare Gefahren für Leben oder Gesundheit der Beschäftigten oder Dritter zu befürchten sind. Die in der Verordnung enthaltenen Betriebsvorschriften mit Ausnahme von § 15 Abs. 3 Satz 2 und Abs. 4 müssen spätestens bis zum 31. Dezember 2007 angewendet werden. Hierzu hat der Betreiber seine Verpflichtungen nach § 15 Abs. 1 und 2 innerhalb der genannten Frist zu erfüllen.

(4) Für überwachungsbedürftige Anlagen, die vor dem 1. Januar 2003 nicht von einer Rechtsverordnung nach § 11 des Gerätesicherheitsgesetzes in der am 31. Dezember 2000 geltenden Fassung erfasst wurden und die vor diesem Zeitpunkt bereits errichtet waren oder mit deren Errichtung begonnen wurde, müssen die in der Verordnung enthaltenen Betriebsvorschriften mit Ausnahme von § 15 Absätze 3 Satz 2 spätestens bis zum 31. Dezember 2005 angewendet wer-

den. Hierzu hat der Betreiber seine Verpflichtungen nach § 15 Abs. 1 und 2 innerhalb der genannten Frist zu erfüllen. Ist seit der Inbetriebnahme der Anlage die Prüffrist verstrichen, ist eine wiederkehrende Prüfung vor Ablauf der in Satz 1 genannten Frist durchzuführen.

(5) Mühlen-Bremsfahrstühle dürfen bis spätestens 31. Dezember 2009 weiterbetrieben werden, sofern nach Art der Anlage vermeidbare Gefahren für Leben oder Gesundheit der Benutzer nicht zu befürchten sind.

(6) Die von einem auf Grund einer Rechtsverordnung nach § 11 des Gerätesicherheitsgesetzes in der am 31. Dezember 2000 geltenden Fassung eingesetzten Ausschuss ermittelten technischen Regeln gelten bezüglich ihrer betrieblichen Anforderungen bis zur Überarbeitung durch den Ausschuss für Betriebssicherheit und ihrer Bekanntgabe durch das Bundesministerium für Wirtschaft und Arbeit fort.

Anhang I

11.3.28   Mindestvorschriften für Arbeitsmittel gemäß § 7 Abs. 1 Nr. 2

11.3.28.1   1. Vorbemerkung

Die Anforderungen dieses Anhangs gelten nach Maßgabe dieser Verordnung in den Fällen, in denen mit der Benutzung des betreffenden Arbeitsmittels eine entsprechende Gefährdung für Sicherheit und Gesundheit der Beschäftigten verbunden ist. Für bereits in Betrieb genommene Arbeitsmittel braucht der Arbeitgeber zur Erfüllung der nachstehenden Mindestvorschriften nicht die Maßnahmen gemäß den grundlegenden Anforderungen für neue Arbeitsmittel zu treffen, wenn

a) der Arbeitgeber eine andere, ebenso wirksame Maßnahme trifft, oder

b) die Einhaltung der grundlegenden Anforderungen im Einzelfall zu einer unverhältnismäßigen Härte führen würde und die Abweichung mit dem Schutz der Beschäftigten vereinbar ist.

11.3.28.2   2. Allgemeine Mindestvorschriften für Arbeitsmittel

2.1   Befehlseinrichtungen von Arbeitsmitteln, die Einfluss auf die Sicherheit haben, müssen deutlich sichtbar und als solche identifizierbar sein und gegebenenfalls entsprechend gekennzeichnet werden. Befehlseinrichtungen müssen außerhalb des Gefahrenbereichs so angeordnet sein, dass ihre Betätigung keine zusätzlichen Gefährdungen mit sich bringen kann. Befehlseinrichtungen müssen so angeordnet und beschaffen sein oder gesichert werden können, dass ein unbeabsichtigtes Betätigen verhindert ist. Vom Bedienungsstand aus muss sich das Bedienungspersonal vergewissern können, dass sich keine Personen oder Hindernisse im Gefahrenbereich aufhalten oder befinden.

Ist dies nicht möglich, muss dem Ingangsetzen automatisch ein sicheres System wie zum Beispiel ein System zur Personenerkennung oder mindestens ein akustisches oder optisches Warnsignal vorgeschaltet sein.

Beschäftigte müssen ausreichend Zeit oder die Möglichkeit haben, sich den Gefahren in Verbindung mit dem Ingangsetzen des Arbeitsmittels zu entziehen oder das Ingangsetzen zu verhindern.

Die Befehlseinrichtungen müssen sicher sein. Bei ihrer Auslegung sind die vorhersehbaren Störungen, Beanspruchungen und Zwänge zu berücksichtigen.

2.2   Das Ingangsetzen eines Arbeitsmittels darf nur durch absichtliche Betätigung einer hierfür vorgesehenen Befehlseinrichtung möglich sein.

Dies gilt auch

- für das Wiederingangsetzen nach einem Stillstand, ungeachtet der Ursache für diesen Stillstand, und

- für die Steuerung einer wesentlichen Änderung des Betriebszustands (zum Beispiel der Geschwindigkeit oder des Drucks),

sofern dieses Wiederingangsetzen oder diese Änderung für die Beschäftigten nicht völlig gefahrlos erfolgen kann.

Diese Anforderung gilt nicht für das Wiederingangsetzen oder die Änderung des Betriebszustands während des normalen Programmablaufs im Automatikbetrieb.

Verfügt das Arbeitsmittel über mehrere Befehlseinrichtungen zum Ingangsetzen, so dürfen diese nicht gleichzeitig das Ingangsetzen freigeben.

2.3   Kraftbetriebene Arbeitsmittel müssen mit einer Befehlseinrichtung zum sicheren Stillsetzen des gesamten Arbeitsmittels ausgerüstet sein.

Jeder Arbeitsplatz muss mit Befehlseinrichtungen ausgerüstet sein, mit denen sich entsprechend der Gefahrenlage das gesamte Arbeitsmittel oder nur bestimmte Teile stillsetzen lassen, um das Arbeitsmittel in einen sicheren Zustand zu versetzen.

Der Befehl zum Stillsetzen des Arbeitsmittels muss den Befehlen zum Ingangsetzen übergeordnet sein.

Nach dem Stillsetzen des Arbeitsmittels oder seiner gefährlichen Teile muss die Energieversorgung des Antriebs unterbrochen werden können.

Sind die Befehlseinrichtungen nach Nummer 2.1 gleichzeitig die Hauptbefehlseinrichtungen nach Nummer 2.13, dann gelten die dortigen Forderungen sinngemäß.

2.4 Kraftbetriebene Arbeitsmittel müssen mit mindestens einer Notbefehlseinrichtung versehen sein, mit der gefahrbringende Bewegungen oder Prozesse möglichst schnell stillgesetzt werden, ohne zusätzliche Gefährdungen zu erzeugen.

Ihre Stellteile müssen schnell, leicht und gefahrlos erreichbar und auffällig gekennzeichnet sein.

Dies gilt nicht, wenn durch die Notbefehlseinrichtung die Gefährdung nicht gemindert werden kann, da die Notbefehlseinrichtung entweder die Zeit bis zum normalen Stillsetzen nicht verkürzt oder es nicht ermöglicht, besondere, wegen der Gefährdung erforderliche Maßnahmen zu ergreifen.

2.5 Ist beim Arbeitsmittel mit herabfallenden oder herausschleudernden Gegenständen zu rechnen, müssen geeignete Schutzvorrichtungen vorhanden sein.

Arbeitsmittel müssen mit Vorrichtungen zum Zurückhalten oder Ableiten von ihm ausströmender Gase, Dämpfe, Flüssigkeiten oder Stäube versehen sein.

2.6 Arbeitsmittel und ihre Teile müssen durch Befestigung oder auf anderem Wege gegen eine unbeabsichtigte Positions- und Lageänderung stabilisiert sein.

2.7 Die verschiedenen Teile eines Arbeitsmittels sowie die Verbindungen untereinander müssen den Belastungen aus inneren Kräften und äußeren Lasten standhalten können.

Besteht bei Teilen eines Arbeitsmittels Splitter- oder Bruchgefahr, so müssen geeignete Schutzeinrichtungen vorhanden sein.

2.8 Arbeitsmittel müssen mit Schutzeinrichtungen ausgestattet sein, die den unbeabsichtigten Zugang zum Gefahrenbereich von beweglichen Teilen verhindern oder welche die beweglichen Teile vor dem Erreichen des Gefahrenbereichs stillsetzen.

- die Schutzeinrichtungen müssen stabil gebaut sein

- dürfen keine zusätzlichen Gefährdungen verursachen

- dürfen nicht auf einfache Weise umgangen oder unwirksam gemacht werden können

- müssen ausreichend Abstand zum Gefahrenbereich haben

- dürfen die Beobachtung des Arbeitszyklus nicht mehr als notwendig einschränken und

- müssen die für Einbau oder Austausch von Teilen sowie für die Instandhaltungs- und Wartungsarbeiten erforderlichen Eingriffe möglichst ohne Demontage der Schutzeinrichtungen zulassen, wobei der Zugang auf den für die Arbeit notwendigen Bereich beschränkt sein muss.

2.9 Die Arbeits- bzw. Instandsetzungs- und Wartungsbereiche des Arbeitsmittels müssen entsprechend den vorzunehmenden Arbeiten ausreichend beleuchtet sein.

2.10 Sehr heiße oder sehr kalte Teile eines Arbeitsmittels müssen mit Schutzeinrichtungen versehen sein, die verhindern, dass die Beschäftigten die betreffenden Teile berühren oder ihnen gefährlich nahe kommen.

2.11 Warneinrichtungen und Kontrollanzeigen eines Arbeitsmittels müssen leicht wahrnehmbar und unmissverständlich sein.

2.12 Instandsetzungs- und Wartungsarbeiten müssen bei Stillstand des Arbeitsmittels vorgenommen werden können. Wenn dies nicht möglich ist, müssen für ihre Durchführung geeignete Schutzmaßnahmen ergriffen werden können, oder die Instandsetzung und Wartung müssen außerhalb des Gefahrenbereichs erfolgen können. Sind Instandsetzungs- und Wartungsarbeiten unter angehobenen Teilen oder Arbeitseinrichtungen erforderlich, so müssen diese mit geeigneten Einrichtungen gegen Herabfallen gesichert werden können. Können in Arbeitsmitteln nach dem Trennen von jeder Energiequelle in Systemen mit Speicherwirkung noch Energien gespeichert sein, so müssen Einrichtungen vorhanden sein, mit denen diese Systeme energiefrei gemacht werden können. Diese Einrichtungen müssen gekennzeichnet sein. Ist ein vollständiges Energiefreimachen nicht möglich, müssen entsprechende Gefahrenhinweise an Arbeitsmitteln vorhanden sein.

2.13 Arbeitsmittel müssen mit deutlich erkennbaren Vorrichtungen (zum Beispiel Hauptbefehlseinrichtungen) ausgestattet sein, mit denen sie von jeder einzelnen Energiequelle getrennt werden können. Beim Wiederingangsetzen dürfen die betreffenden Beschäftigten keiner Gefährdung ausgesetzt sein. Diese Vorrichtungen (zum Beispiel Hauptbefehlseinrichtungen) müssen gegen unbefugtes oder irrtümliches Betätigen zu sichern sein; dabei ist die Trennung einer Steckverbindung nur dann ausreichend, wenn die Kupplungsstelle vom Bedienungsstand überwacht werden kann.

Diese Vorrichtungen, ausgenommen Steckverbindungen, dürfen jeweils nur eine „Aus"- und eine „Ein"-Stellung haben.

2.14 Arbeitsmittel müssen zur Gewährleistung der Sicherheit der Beschäftigten mit den dazu erforderlichen Kennzeichnungen (zum Beispiel Hersteller, technische Daten) oder Gefahrenhinweisen versehen sein.

2.15 Bei Produktions-, Einstellungs-, Instandsetzungs- und Wartungsarbeiten an Arbeitsmitteln muss für die Beschäftigten ein sicherer Zugang zu allen hierfür notwendigen Stellen vorhanden sein.

An diesen Stellen muss ein gefahrloser Aufenthalt möglich sein.

2.16 Arbeitsmittel müssen für den Schutz der Beschäftigten gegen Gefährdung durch Brand oder Erhitzung des Arbeitsmittels oder durch Freisetzung von

Gas, Staub, Flüssigkeiten, Dampf oder anderen Stoffen ausgelegt werden, die in Arbeitsmitteln erzeugt, verwendet oder gelagert werden.

2.17 Arbeitsmittel müssen so ausgelegt sein, dass jegliche Explosionsgefahr, die von den Arbeitsmitteln selbst oder von Gasen, Flüssigkeiten, Stäuben, Dämpfen und anderen freigesetzten oder verwendeten Substanzen ausgeht, vermieden wird.

2.18 Arbeitsmittel müssen mit einem Schutz gegen direktes oder indirektes Berühren spannungsführender Teile ausgelegt sein.

2.19 Arbeitsmittel müssen gegen Gefährdungen aus der von ihnen verwendeten nicht elektrischen Energie (zum Beispiel hydraulische, pneumatische, thermische) ausgelegt sein.

Leitungen, Schläuche und andere Einrichtungen zum Erzeugen oder Fortleiten dieser Energien müssen so verlegt sein, dass mechanische, thermische oder chemische Beschädigungen vermieden werden.

Anhang 2

11.3.29 Mindestvorschriften zur Verbesserung der Sicherheit und des Gesundheitsschutzes der Beschäftigten bei der Benutzung von Arbeitsmitteln

11.3.29.1 1. Vorbemerkung

Die im Folgenden aufgeführten Mindestanforderungen zur Bereitstellung und Benutzung von Arbeitsmitteln sind bei der Gefährdungsbeurteilung nach § 3 einzubeziehen.

11.3.29.2 2. Allgemeine Mindestvorschriften

2.1 Der Arbeitgeber beschafft die erforderlichen Informationen, die Hinweise zur sicheren Bereitstellung und Benutzung der Arbeitsmittel geben. Er wählt die unter den Umständen seines Betriebs für die sichere Bereitstellung und Benutzung der Arbeitsmittel bedeutsamen Informationen aus und bezieht sie bei der Festlegung der Schutzmaßnahmen mit ein. Er bringt den Beschäftigten die erforderlichen Informationen zur Kenntnis.

Diese sind bei der Benutzung der Arbeitsmittel zu beachten.

2.2 Die Arbeitsmittel sind so bereitzustellen und zu benutzen, dass Gefährdungen für Beschäftigte durch physikalische, chemische und biologische Einwirkungen vermieden werden.

Insbesondere muss gewährleistet sein, dass

- Arbeitsmittel nicht für Arbeitsgänge und unter Bedingungen eingesetzt werden, für die sie entsprechend der Betriebsanleitung des Herstellers nicht geeignet sind

- der Auf- und Abbau der Arbeitsmittel entsprechend den Hinweisen des Herstellers sicher durchgeführt werden kann

- genügend freier Raum zwischen beweglichen Bauteilen der Arbeitsmittel und festen oder beweglichen Teilen in ihrer Umgebung vorhanden ist und

- alle verwendeten oder erzeugten Energieformen und Materialien sicher zugeführt und entfernt werden können

Können Gefährdungen für Beschäftigte bei der Benutzung von Arbeitsmitteln nicht vermieden werden, so sind angemessene Maßnahmen festzulegen und umzusetzen.

2.3 Bei der Benutzung der Arbeitsmittel müssen die Schutzeinrichtungen benutzt werden und dürfen nicht unwirksam gemacht werden.

2.4 Der Arbeitgeber hat Vorkehrungen zu treffen, damit

- bei der Benutzung der Arbeitsmittel eine angemessene Beleuchtung gewährleistet ist;

- die Arbeitsmittel vor der Benutzung auf Mängel überprüft werden und während der Benutzung soweit möglich Mängelfreiheit gewährleistet ist. Bei Feststellung von Mängeln, die Auswirkungen auf die Sicherheit der Beschäftigten haben, dürfen die Arbeitsmittel nicht benutzt werden. Werden derartige Mängel während der Benutzung festgestellt, dürfen die Arbeitsmittel nicht weiter benutzt werden.

- Änderungs-, Instandsetzungs- und Wartungsarbeiten nur bei Stillstand des Arbeitsmittels vorgenommen werden. Das Arbeitsmittel und seine beweglichen Teile sind während dieser Arbeiten gegen Einschalten und unbeabsichtigte Bewegung zu sichern. Ist es nicht möglich, die Arbeiten bei Stillstand des Arbeitsmittels durchzuführen, so sind angemessene Maßnahmen zu treffen, welche die Gefährdung für die Beschäftigten verringern. Maßnahmen der Instandsetzung und Wartung sind zu dokumentieren; sofern ein Wartungsbuch zu führen ist, sind die Eintragungen auf dem neuesten Stand zu halten.

- zur Vermeidung von Gefährdungen bei der Benutzung von Arbeitsmitteln an den Arbeitsmitteln oder in der Umgebung angemessene, verständliche und gut wahrnehmbare Kennzeichnungen und Gefahrenhinweise angebracht werden. Diese müssen von den Beschäftigten beachtet werden.

- die Benutzung von Arbeitsmitteln im Freien angepasst an die Witterungsverhältnisse so erfolgt, dass Sicherheit und Gesundheitsschutz der Beschäftigten gewährleistet sind.

2.5 Die Benutzung der Arbeitsmittel bleibt dazu geeigneten, unterwiesenen oder beauftragten Beschäftigten vorbehalten. Trifft dies für Beschäftigte nicht zu, dürfen diese Arbeitsmittel nur unter Aufsicht der Beschäftigten nach Satz 1 benutzt werden.

2.6 Die Arbeitsmittel sind so aufzubewahren, dass deren sicherer Zustand erhalten bleibt.

2.7 Bei der Benutzung von Arbeitsmitteln müssen angemessene Möglichkeiten zur Verständigung sowie Warnung bestehen und bei Bedarf genutzt werden, um Gefährdungen für die Beschäftigten abzuwenden. Signale müssen leicht wahrnehmbar und unmissverständlich sein. Sie sind gegebenenfalls zwischen den beteiligten Beschäftigten zu vereinbaren.

11.3.29.3 3. Mindestanforderungen für die Benutzung mobiler selbstfahrender und nicht selbstfahrender Arbeitsmittel

3.1 Der Arbeitgeber hat Vorkehrungen zu treffen, damit

- das Führen selbstfahrender Arbeitsmittel den Beschäftigten vorbehalten bleibt, die im Hinblick auf das sichere Führen dieser Arbeitsmittel eine angemessene Unterweisung erhalten haben und dazu geeignet sind;

- für die Benutzung mobiler Arbeitsmittel in einem Arbeitsbereich geeignete Verkehrsregeln festgelegt und eingehalten werden;

- verhindert wird, dass sich Beschäftigte im Gefahrenbereich selbstfahrender Arbeitsmittel aufhalten. Ist die Anwesenheit aus betrieblichen Gründen unvermeidlich, sind Maßnahmen zu treffen, um Verletzungen der Beschäftigten zu verhindern.

- mobile Arbeitsmittel mit Verbrennungsmotor oder mit anderen kraftbetriebenen Einrichtungen nur benutzt werden, wenn die Zufuhr gesundheitlich zuträglicher Atemluft in ausreichender Menge sichergestellt ist;

- Verbindung und Trennung mobiler Arbeitsmittel mit anderen mobilen Arbeitsmitteln oder Zusatzausrüstungen ohne Gefährdung für die Beschäftigten erfolgt. Verbindungen müssen ausreichend bemessen sein und dürfen sich nicht unbeabsichtigt lösen können.

- mobile Arbeitsmittel so abgestellt und beim Transport sowie der Be- und Entladung so gesichert werden, dass unbeabsichtigte Bewegungen der Arbeitsmittel vermieden sind.

3.2 Das Mitfahren von Beschäftigten auf mobilen Arbeitsmitteln ist nur auf sicheren und für diesen Zweck ausgerüsteten Plätzen erlaubt. Die Geschwindigkeit ist zu verringern, falls Arbeiten während des Fahrens durchgeführt werden müssen.

Anhang 3

11.3.30 Zoneneinteilung explosionsgefährdeter Bereiche

11.3.30.1 1. Vorbemerkung

Die nachfolgende Zoneneinteilung gilt für Bereiche, in denen Vorkehrungen gemäß den §§ 3, 4 und 6 getroffen werden müssen. Aus dieser Einteilung ergibt sich der Umfang der zu ergreifenden Vorkehrungen nach Anhang 4 Abschnitt A. Schichten, Ablagerungen und Aufhäufungen von brennbarem Staub sind wie jede andere Ursache, die zur Bildung einer gefährlichen explosionsfähigen Atmosphäre führen kann, zu berücksichtigen. Als Normalbetrieb gilt der Zustand, in dem Anlagen innerhalb ihrer Auslegungsparameter benutzt werden.

11.3.30.2 2. Zoneneinteilung

Explosionsgefährdete Bereiche werden nach Häufigkeit und Dauer des Auftretens von gefährlicher explosionsfähiger Atmosphäre in Zonen unterteilt.

2.1 Zone 0 ist ein Bereich, in dem gefährliche explosionsfähige Atmosphäre als Gemisch aus Luft und brennbaren Gasen, Dämpfen oder Nebeln ständig, über lange Zeiträume oder häufig vorhanden ist.

2.2 Zone 1 ist ein Bereich, in dem sich bei Normalbetrieb gelegentlich eine gefährliche explosionsfähige Atmosphäre als Gemisch aus Luft und brennbaren Gasen, Dämpfen oder Nebeln bilden kann.

2.3 Zone 2 ist ein Bereich, in dem bei Normalbetrieb eine gefährliche explosionsfähige Atmosphäre als Gemisch aus Luft und brennbaren Gasen, Dämpfen oder Nebeln normalerweise nicht oder aber nur kurzzeitig auftritt.

2.4 Zone 20 ist ein Bereich, in dem gefährliche explosionsfähige Atmosphäre in Form einer Wolke aus in der Luft enthaltenem brennbaren Staub ständig, über lange Zeiträume oder häufig vorhanden ist.

2.5 Zone 21 ist ein Bereich, in dem sich bei Normalbetrieb gelegentlich eine gefährliche explosionsfähige Atmosphäre in Form einer Wolke aus in der Luft enthaltenem brennbaren Staub bilden kann.

2.6 Zone 22 ist ein Bereich in dem bei Normalbetrieb eine gefährliche explosionsfähige Atmosphäre in Form einer Wolke aus in der Luft enthaltenem brennbaren Staub normalerweise nicht oder aber nur kurzzeitig auftritt.

Anhang 4

11.3.31 A. Mindestvorschriften zur Verbesserung der Sicherheit und des Gesundheitsschutzes der Beschäftigten, die durch gefährliche explosionsfähige Atmosphäre gefährdet werden können

11.3.31.1 1. Vorbemerkung

Die Anforderungen dieses Anhangs gelten

- für Bereiche, die gemäß Anhang 3 als explosionsgefährdet eingestuft und in Zonen eingeteilt sind, in allen Fällen, in denen die Eigenschaften der Arbeitsumgebung, der Arbeitsplätze, der verwendeten Arbeitsmittel oder Stoffe sowie deren Wechselwirkung untereinander und die von der Benutzung ausgehenden Gefährdungen durch gefährliche explosionsfähige Atmosphären dies erfordern, und

- für Einrichtungen in nicht explosionsgefährdeten Bereichen, die für den explosionssicheren Betrieb von Arbeitsmitteln, die sich innerhalb von explosionsgefährdeten Bereichen befinden, erforderlich sind oder dazu beitragen.

11.3.31.2 2. Organisatorische Maßnahmen

2.1 Unterweisung der Beschäftigten

Für Arbeiten in explosionsgefährdeten Bereichen muss der Arbeitgeber die Beschäftigten ausreichend und angemessen hinsichtlich des Explosionsschutzes unterweisen.

2.2 Schriftliche Anweisungen, Arbeitsfreigaben, Aufsicht

Arbeiten in explosionsgefährdeten Bereichen sind gemäß den schriftlichen Anweisungen des Arbeitgebers auszuführen; ein Arbeitsfreigabesystem ist anzuwenden bei

- gefährlichen Tätigkeiten und
- Tätigkeiten, die durch Wechselwirkung mit anderen Arbeiten gefährlich werden können

Die Arbeitsfreigabe ist vor Beginn der Arbeiten von einer hierfür verantwortlichen Person zu erteilen.

Während der Anwesenheit von Beschäftigten in explosionsgefährdeten Bereichen ist eine angemessene Aufsicht gemäß den Grundsätzen der Gefährdungsbeurteilung zu gewährleisten.

2.3 Explosionsgefährdete Bereiche sind an ihren Zugängen mit Warnzeichen nach Anhang III der Richtlinie 1999/92/EG des Europäischen Parlaments und des Rates vom 16. Dezember 1999 über Mindestvorschriften zur Verbesserung des Gesundheitsschutzes und der Sicherheit der Arbeitnehmer, die durch explosionsfähige Atmosphäre gefährdet werden können (Fünfzehnte Einzel-richtlinie im Sinne von Artikel 16 Abs. 1 der Richtlinie 89/391 /EWG) zu kennzeichnen.

2.4 In explosionsgefährdeten Bereichen sind Zündquellen, wie zum Beispiel das Rauchen und die Verwendung von offenem Feuer und offenem Licht zu ver-bieten. Ferner ist das Betreten von explosionsgefährdeten Bereichen durch Unbefugte zu verbieten. Auf das Verbot muss deutlich erkennbar und dauer-haft hingewiesen sein.

11.3.31.3 3. Explosionsschutzmaßnahmen

3.1 Treten innerhalb eines explosionsgefährdeten Bereichs mehrere Arten von brennbaren Gasen, Dämpfen, Nebeln oder Stäuben auf, so müssen die Schutz-maßnahmen auf das größtmögliche Gefährdungspotential ausgelegt sein.

3.2 Anlagen, Geräte, Schutzsysteme und die dazugehörigen Verbindungsvorrich-tungen dürfen nur in Betrieb genommen werden, wenn aus dem Explosions-schutzdokument hervorgeht, dass sie in explosionsgefährdeten Bereichen sicher verwendet werden können. Dies gilt ebenfalls für Arbeitsmittel und die dazugehörigen Verbindungsvorrichtungen, die nicht als Geräte oder Schutz-systeme im Sinne der Richtlinie 94/9/EG gelten, wenn ihre Verwendung in einer Einrichtung an sich eine potenzielle Zündquelle darstellt. Es sind die erforderlichen Maßnahmen zu ergreifen, damit Verbindungsvorrichtungen nicht verwechselt werden.

3.3 Es sind alle erforderlichen Vorkehrungen zu treffen, um sicherzustellen, dass der Arbeitsplatz, die Arbeitsmittel und die dazugehörigen Verbindungsvor-richtungen, die den Arbeitnehmern zur Verfügung gestellt werden, so konstru-iert, errichtet, zusammengebaut und installiert werden und so gewartet und betrieben werden, dass die Explosionsgefahr so gering wie möglich gehalten wird und, falls es doch zu einer Explosion kommen sollte, die Gefahr einer Explosionsübertragung innerhalb des Bereichs des betreffenden Arbeitsplat-zes oder des Arbeitsmittels kontrolliert oder so gering wie möglich gehalten wird. Bei solchen Arbeitsplätzen sind geeignete Maßnahmen zu treffen, um die Gefährdung der Beschäftigten durch die physikalischen Auswirkungen der Explosion so gering wie möglich zu halten.

3.4 Erforderlichenfalls sind die Beschäftigten vor Erreichen der Explosionsbedin-gungen optisch und akustisch zu warnen und zurückzuziehen.

3.5 Bei der Bewertung von Zündquellen sind auch gefährliche elektrostatische Entladungen zu beachten und zu vermeiden.

3.6 Explosionsgefährdete Bereiche sind mit Flucht- und Rettungswegen sowie Ausgängen in ausreichender Zahl so auszustatten, dass diese von den Beschäftigten im Gefahrenfall schnell, ungehindert und sicher verlassen und Verunglückte jederzeit gerettet werden können.

3.7 Soweit nach der Gefährdungsbeurteilung erforderlich, sind Fluchtmittel bereitzustellen und zu warten, um zu gewährleisten, dass die Beschäftigten explosionsgefährdete Bereiche bei Gefahr schnell und sicher verlassen können.

3.8 Vor der erstmaligen Nutzung von Arbeitsplätzen in explosionsgefährdeten Bereichen muss die Explosionssicherheit der Arbeitsplätze einschließlich der vorgesehenen Arbeitsmittel und der Arbeitsumgebung sowie der Maßnahmen zum Schutz von Dritten überprüft werden. Sämtliche zur Gewährleistung des Explosionsschutzes erforderlichen Bedingungen sind aufrechtzuerhalten. Diese Überprüfung ist von einer befähigten Person durchzuführen, die über besondere Kenntnisse auf dem Gebiet des Explosionsschutzes verfügt.

3.9 Wenn sich aus der Gefährdungsbeurteilung die Notwendigkeit dazu ergibt,

- und ein Energieausfall zu einer Gefahrenausweitung führen kann, muss es bei Energieausfall möglich sein, die Geräte und Schutzsysteme unabhängig vom übrigen Betriebssystem in einem sicheren Betriebszustand zu halten;

- müssen im Automatikbetrieb laufende Geräte und Schutzsysteme, die vom bestimmungsgemäßen Betrieb abweichen, unter sicheren Bedingungen von Hand abgeschaltet werden können. Derartige Eingriffe dürfen nur von beauftragten Beschäftigten durchgeführt werden;

- müssen gespeicherte Energien beim Betätigen der Notabschalteinrichtungen so schnell und sicher wie möglich abgebaut oder isoliert werden, damit sie ihre gefahrbringende Wirkung verlieren.

11.3.32 B. Kriterien für die Auswahl von Geräten und Schutzsystemen

Sofern im Explosionsschutzdokument unter Zugrundelegung der Ergebnisse der Gefährdungsbeurteilung nichts anderes vorgesehen ist, sind in explosionsgefährdeten Bereichen Geräte und Schutzsysteme entsprechend den Kategorien gemäß der Richtlinie 94/9/EG auszuwählen.

Insbesondere sind in explosionsgefährdeten Bereichen folgende Kategorien von Geräten zu verwenden, sofern sie für brennbare Gase, Dämpfe, Nebel oder Stäube geeignet sind

- in Zone 0 oder Zone 20: Geräte der Kategorie 1

- in Zone 1 oder Zone 21: Geräte der Kategorie 1 oder der Kategorie 2

- in Zone 2 oder Zone 22: Geräte der Kategorie 1, der Kategorie 2 oder der Kategorie 3

12 Checkliste und Bestellungsformulare

Der Gebrauch von Checklisten befreit ausdrücklich nicht vom Nachdenken! Diese Checklisten sollen Sie bei der Arbeit unterstützen. Denn Checklisten helfen uns, nichts zu vergessen, nicht mehr und nicht weniger. Sie helfen auch, dass der Anwender möglicht rechtssicher arbeiten kann. Sie können aber keine Rechtssicherheit garantieren.

Das Gleiche gilt für den Gebrauch der Bestellungsformulare für die Befähigten Personen, Elektrofachkräfte etc. Sie wurden nach bestem Wissen und Gewissen erstellt und von einem Rechtsanwalt kontrolliert.

12.1 Vorschläge für Checklisten

Die Checklisten dürfen kostenfrei vom Käufer des Buches genutzt werden. Vervielfältigung für andere Nutzer ist verboten. Sie sind als PDF-Dokument auf der beiliegenden CD-ROM vorhanden.

12.1.1 Checkliste für elektrische Fremdarbeiten

Bitte beachten, wer für was zuständig ist. Dieses Formular (**Bild 12.1**) bringt beiden Seiten Absicherung. Je nachdem, ob (1) oder (2) bei „zuständig" steht, hat die jeweilige Person die Aufgabe zu erledigen.

Eine immer wieder unterschätzte Position ist die Baustelle. Ein „Sicherheits- und Gesundheitskoordinator" (SiKo) ist immer zu bestellen. Verantwortlich ist in erster Instanz immer der Bauherr.

Bitte immer ein Duplikat erstellen und getrennt ablegen.

12.1.2 Checkliste für den Einkauf oder die Vergabe elektrischer Fremdarbeiten

Gerade elektrotechnisch nicht versierte Einkäufer oder Technische Leiter übersehen bei der Vergabe von Elektroarbeiten oft wichtige Punkte. Diese Checkliste (**Bild 12.2**) sollte vor Auftragsvergabe vom potenziellen Auftragnehmer ausgefüllt werden. Dann hat der Einkäufer oder Technische Leiter den Nachweis, dass er bei der Vergabe sorgfältig gearbeitet hat.

Checkliste für elektrische Fremdarbeiten

Name und Anschrift des ausführenden Fremdunternehmens (1)

Notfalltelefonnummer:

Art der Tätigkeit und Zeitraum:

Checkpunkte	verant-wortlich	zu-ständig	Bemerkung
Verantwortlicher des Fremd-unternehmens (Arbeitsverantwortlicher) (1)		–	Name eintragen
Verantwortlicher des Auftragebers (Anlagenverantwortlicher) (2)		–	Name eintragen
Verantwortliche Elektrofachkraft (Befähigte Person)		–	Name eintragen. Weisungsfreistellung muss erfolgt sein. Nachweise müssen verfügbar sein.
Elektrofachkraft (Befähigte Person)		–	Name eintragen. Nachweise müssen verfügbar sein.
Elektrotechnisch unterwiesene Personen (Befähigte Person)		–	Wenn mehrere Personen, siehe Anhang. Nachweise müssen verfügbar sein.
Ist der Arbeitsverantwortliche belehrt worden?		–	Unterlagen darüber müssen abrufbar sein.
Sind alle Mitarbeiter belehrt worden?		1	Unterlagen darüber müssen abrufbar sein.
Die mitgebrachten Arbeitsmittel entsprechen der BetrSichV und anderen geltenden Vorschriften		1	Bestätigung durch den Verantwortlichen. Bei Bedarf müssen Unterlagen abrufbar sein.
Für Baustellen: Wer stellt den Sicherheits- und Gesundheitskoordinator?		–	Name und Firma eintragen.
Gefährdungsbeurteilung erfolgt?		–	Durch wen? Nachweise müssen verfügbar sein.
Information der Mitarbeiter über innerbetriebliche Änderungen		2	Verantwortlichen dafür eintragen.
Erlaubnis von Arbeiten an spannungsführenden Teilen, wenn abweichend vom Arbeitsverantwortlichen		–	Verantwortlichen dafür eintragen. Beauftragungen müssen verfügbar sein.
Unterweisung und Kenntnis über das sichere Arbeiten gemäß BetrSichV, BGV A3, technischen Regeln etc.		1	Nachweise müssen verfügbar sein.

Datum:

Anlagenverantwortlicher (2)

Arbeitsverantwortlicher (1)

Bild 12.1 Checkliste für elektrische Fremdarbeiten

Checkliste für den Einkauf oder die Vergabe elektrischer Fremdarbeiten

Name und Anschrift des ausführenden Fremdunternehmens:

Art der Tätigkeit und Zeitraum:

Checkpunkte	ja	nein	Bemerkung
Eingetragene Fachfirma			Nachweise müssen auf Verlangen verfügbar sein.
Entsprechen die Befähigten Personen den Anforderungen der BetrSichV?			Berufsausbildung, Weiterbildung, zeitnahe praktische Tätigkeit.
Ist eine Verantwortliche Elektrofachkraft vorhanden (Befähigte Person)?			Name eintragen. Nachweise müssen verfügbar sein.
Ist eine Elektrofachkraft vorhanden (Befähigte Person)?			Name eintragen. Nachweise müssen verfügbar sein
Sind Elektrotechnisch unterwiesene Personen vorhanden (Befähigte Person)?			Wenn mehrere Personen, siehe Anhang. Nachweise müssen verfügbar sein.
Wird der Arbeitsverantwortliche alle Mitarbeiter unaufgefordert belehren?			Arbeitsschutzunterlagen darüber müssen bei Verlangen abrufbar sein.
Entsprechen die mitgebrachten Arbeits- und Schutzmittel der BetrSichV und anderen geltenden Vorschriften?			Sind z. B. die Messgeräte kalibriert? Wird eine entsprechende Arbeitsschutzausrüstung gestellt?
Nur für Baustellen: Wird der Sicherheits- und Gesundheitskoordinator gestellt?			Name und Firma im Anhang eintragen.
Gefährdungsbeurteilung erfolgt?			Nachweise müssen verfügbar sein.
Werden Sub- Unternehmen mit eingebunden?			Verantwortlichen dafür eintragen.
Wird der Arbeitsverantwortliche alle Sub-Unternehmen unaufgefordert belehren?			Unterlagen darüber müssen bei Verlangen abrufbar sein.
Datenübergabe schriftlich (zweifach)?			Doppelte Ausführung immer bei schriftlicher Form verlangen.
Datenübergabe elektronisch?			PDF-Dokumente oder ähnliche Form. Datenbankformate klären!
Wenn elektronisch: Ist eine geeignete manipulationssicher Software vorhanden?			Welche Software? Muss Login und Passwort verwenden.
Unterweisung über das sichere Arbeiten gemäß BetrSichV, BGV A3, technischen Regeln etc. erfolgt?			Nachweise müssen bei Verlangen verfügbar sein.

Datum:

Auftragnehmer

Auftragvergeber

Bild 12.2 Checkliste für den Einkauf oder die Vergabe elektrischer Fremdarbeiten

12.1.3 Checkliste für elektrische Fremdarbeiten

Auch die vergebenen Fremdarbeiten bedürfen einer Kontrolle. Um im Vorfeld keine Fehler zu machen, gibt diese Checkliste Anregungen. Besonders der Punkt des Einsatzes von Subunternehmen schafft immer wieder rechtliche Probleme. Die Checkliste (**Bild 12.3**) ausfüllen und vom Auftraggeber unterschreiben lassen.

12.1.4 Checkliste für externe Anbieter – potentielle Zusatzdienstleistungen bei bestehenden Kunden

Oft wird bares Geld liegen gelassen. Der externe Anbieter, der beim Kunden ja schon eine Dienstleistung erbringt, vergisst die Möglichkeit, Zusatzdienstleistungen zu verkaufen. Diese Checkliste (**Bild 12.4**) soll helfen, die Ressourcen beim Kunden zu entdecken und richtig anzubieten.

Handlungsbedarf bei allen „ja" und wenn „interessant und möglich" und die Dienstleistung anbieten. Davor beachten, dass die Befähigten Personen für die Prüfung der jeweiligen Arbeitsmittel vorhanden und geschult sind. Geeignete Messgeräte besorgen!

12.1.5 Checkliste Qualifikation des Prüfers

Diese Liste (**Bild 12.5**) soll helfen, die Qualifikation des Prüfers zu ermitteln

12.1.6 Checkliste über Auswahlverfahren des Prüfers

Diese Checkliste (**Bild 12.6**) hilft bei der Festlegung des notwendigen Fachwissens des Prüfers und dessen Umsetzungsbedarf.

12.1.7 Checkliste für Arbeiten, die der Prüfer ausführen muss

Hier (**Bild 12.7**) werden die Punkte festgelegt, die der Prüfer durchzuführen hat.

12.2 Vorschläge für Bestellungsformulare bzw. -urkunden

Die Bestellungsurkunden (Bild 12.6 und Bild 12.7) dürfen kostenfrei vom Käufer des Buches genutzt werden. Sie sind als PDF-Dokument auf der beiliegenden CD-ROM vorhanden. Vervielfältigung für andere Nutzer ist verboten.

Checkliste für elektrische Fremdarbeiten

Name und Anschrift des ausführenden Fremdunternehmens (1)

Notfalltelefonnummer:

Art der Tätigkeit und Zeitraum:

Checkpunkte	Verant- wortlicher	zu- ständig	Bemerkung
Verantwortlicher des Fremdunternehmens (Arbeitsverantwortlicher) (1)		–	Name eintragen
Verantwortlicher des Auftragebers (Anlagenverantwortlicher) (2)		–	Name eintragen
Verantwortliche Elektrofachkraft (Befähigte Person)		–	Name eintragen. Weisungsfreistellung muss erfolgt sein. Nachweise müssen verfügbar sein.
Elektrofachkraft (Befähigte Person)		–	Name eintragen. Nachweise müssen verfügbar sein.
Elektrotechnisch unterwiesene Personen (Befähigte Person)		–	Wenn mehrere Personen, siehe Anhang. Nachweise müssen verfügbar sein.
Ist der Arbeitsverantwortliche belehrt worden?		2	Unterlagen darüber müssen abrufbar sein.
Sind alle Mitarbeiter belehrt worden?		1	Unterlagen darüber müssen abrufbar sein.
Die mitgebrachten Arbeitsmittel entsprechen der BetrSichV und anderen geltenden Vorschriften?		1	Bestätigung durch den Verantwortlichen. Bei Bedarf müssen Unterlagen abrufbar sein.
Für Baustellen: Wer stellt den Sicherheits- und Gesundheitskoordinator?		–	Name und Firma eintragen.
Gefährdungsbeurteilung erfolgt?		–	Durch wen? Nachweise müssen verfügbar sein.
Information der Mitarbeiter über innerbetriebliche Änderungen?		2	Verantwortlichen dafür eintragen.
Erlaubnis von Arbeiten an spannungsführenden Teilen, wenn abweichend vom Arbeitsverantwortlicher?		–	Verantwortlichen dafür eintragen. Beauftragungen müssen verfügbar sein.
Unterweisung und Kenntnis über das sichere Arbeiten gemäß BetrSichV, BGV A3, technischen Regeln etc.		1	Nachweise müssen verfügbar sein.

Datum:

---------------------------------- ----------------------------------
Anlagenverantwortlicher (2)   Arbeitsverantwortlicher (1)

Bild 12.3 Checkliste für elektrische Fremdarbeiten

Checkliste für externe Anbieter für
potentielle Zusatzdienstleistungen bei bestehenden Kunden

Name und Anschrift des potentiellen Kunden:

Bisherige Tätigkeit und Zeitraum:

Checkpunkte	ja	nein	interessant und möglich	Bemerkung und gesetzliche Grundlage als Argument
Prüfungen für ortveränderliche Geräte (DIN VDE 0701/0702) anbieten				Gesetzlicher Zwang vorhanden und Grundlage dafür z. B. BetrSichV, BGV A3, GUV, UVV etc.
Prüfungen für ortsfeste Geräte (DIN VDE 0113) anbieten				Gesetzlicher Zwang vorhanden und Grundlage dafür z. B. BetrSichV, BGV A3, GUV, UVV etc.
Prüfungen der Installationen (DIN VDE 0100) anbieten				Gesetzlicher Zwang vorhanden und Grundlage dafür z. B. BGV A3, GUV, UVV etc.
Oberschwingungsmessung anbieten				Große Energieeinsparung möglich, wenn Oberschwingungen gefunden werden! Weniger Schäden an den Arbeitsmitteln.
Inventurlisten anbieten				Elektronisch (Datenbank oder PDF-Dokument) oder in Papierform.
Standortliste anbieten				Wenn keine Inventurliste gewünscht.
Tätigkeit der verantwortlichen Elektrofachkraft anbieten				Wenn nicht vorhanden! Gesetzlicher Zwang vorhanden und Grundlage dafür § 2 BetrSichV und BGV A3
Prüffristenermittlung anbieten				Gesetzlicher Zwang vorhanden und Grundlage dafür § 3 BetrSichV
Prüfung für Leitern anbieten				Gesetzlicher Zwang vorhanden und Grundlage dafür die BetrSichV. Befähigung über BG schulen lassen.
Prüfung für Lastaufnahmemittel anbieten				Gesetzlicher Zwang vorhanden und Grundlage dafür die BetrSichV. Befähigung über BG schulen lassen.
Prüfung für Flurfördermittel anbieten				Gesetzlicher Zwang vorhanden und Grundlage dafür die BetrSichV. Befähigung über BG schulen lassen.
Brandkappen, Feuerlöscher etc.?				
Mit dem Kunden darüber gesprochen?			-----------	Dienstleistungen verkaufen sich nicht von selbst!
Termin für das Gespräch gemacht?			Wann: -----------	Nicht vor sich herschieben!

Bild 12.4 Checkliste für externe Anbieter für potentielle Zusatzdienstleistungen bei bestehenden Kunden

Checkpunkte	erfüllt/Kommentar
abgeschlossene Berufsausbildung oder gleichwertige Kenntnisse	
elektrotechnisch unterwiesene Person	
Ausbildung hinsichtlich des Prüfens entsprechend den Anforderungen an eine Elektrofachkraft für festgelegte Tätigkeit	
Erfahrungen beim Prüfen aus der Zusammenarbeit mit einer Elektrofachkraft beim Prüfen aller im Unternehmen vorhandenen Arten/ Typen elektrischer Geräte	
Einweisung in die Prüfaufgabe durch den verantwortlichen Prüfer, ständige aktualisierende Unterweisungen	
Erfahrungen im Umgang mit technischen Werkzeugen und technischen Geräten	
Einweisung in die Softwareumgebung (wenn vorhanden)	

Datum:

Verantwortlicher

Prüfer/Befähigte Person

Bemerkung: Es werden die Begriffe „Prüfer" und „Befähigte Person" wegen der bestmöglichen rechtlichen Absicherung gleichzeitig verwendet.

Bild 12.5 Checkliste Qualifikation des Prüfers

Wissen und Umsetzungsbedarf	erfüllt/Kommentar
Grundanliegen der BetrSichV, der UVVs und der anderen Vorgaben	
Grundkenntnisse über Schutzmaßnahmen, Schutzklasse, Schutzart	
Grundkenntnisse über den Aufbau elektrischer Geräte sowie ihre Funktion und die Wirksamkeit der Schutzmaßnahmen an diesen Geräten	
Kenntnisse über die Besonderheiten der zu prüfenden Geräte (Hitze, Druck) und den dadurch notwendigen besonderen Umgang mit diesen Geräten (nach Prüfanweisung!)	
Kenntnisse über Abweichungen vom üblichen Prüfablauf bzw. der üblichen Bewertung bei bestimmten Geräten (nach Prüfanweisung!)	
Grundanliegen, Aufbau und Inhalt der Norm DIN VDE 0701/0702/0113 etc.	
Grundkenntnisse über Funktionsablauf und Prüfverfahren der übergebenen Prüfgeräte?	
Kenntnisse über die Gefährdungen durch Elektrizität, ausführliche Kenntnisse über die Gefährdungen beim Prüfen, ihre Ursachen und das zu ihrer Abwehr nötige Verhalten	
Grundkenntnisse über die Datenverarbeitung bei Verwendung einer Software	

Datum:

---------------------------------   ---------------------------------
Verantwortlicher   Prüfer/Befähigte Person

Bemerkung: Es werden die Begriffe „Prüfer" und „Befähigte Person" wegen der bestmöglichen rechtlichen Absicherung gleichzeitig verwendet.

Bild 12.6 Checkliste für Auswahlverfahren des Prüfers

Arbeiten	erfüllt/Kommentar
Abarbeiten und striktes Einhalten der vorgegebenen Arbeits- bzw. Prüfanweisungen	
Identifizierung der zur Prüfung angelieferten Geräte und ihre Zuordnung zu Geräteaufstellung, Prüfanweisung, Prüfgeräten u. a.	
Entscheidung über die anzuwendenden Prüfgeräte und Prüfverfahren im Rahmen der vorgegebenen Arbeits-/Prüfanweisung	
Besichtigen der von ihm zu prüfenden Geräte hinsichtlich offensichtlicher Fehler	
Erkennen von Unregelmäßigkeiten, Spuren von Fremdeingriffen, falscher Anwendung oder Überlastung an den zu prüfenden Geräten	
Anschließen der Prüflinge an die vorgegebenen Prüfgeräte	
Ablesen der Anzeigen (digital und analog) der Prüfgeräte, Beurteilen der angezeigten Werte durch Vergleich mit den Vorgaben der Prüfanweisung	
Sichere Handhabung bei Verwendung einer Software	
Information in der Fachliteratur bzw. durch Fragen an den verantwortlichen Prüfer über die rechtlichen und technischen Belange der Arbeitsaufgabe	

Datum:

--------------------------------   ----------------------------------
Verantwortlicher   Prüfer/Befähigte Person

Bemerkung: Es werden die Begriffe „Prüfer" und „Befähigte Person" wegen der bestmöglichen rechtlichen Absicherung gleichzeitig verwendet.

Bild 12.7 Checkliste für Arbeiten, die der Prüfer ausführen muss

12.2.1 Bestellung zur „Verantwortlichen Elektrofachkraft"

**Bestellung zur
„Verantwortlichen Elektrofachkraft" gemäß BGV A3 und zur
„Befähigten Person für die Unterweisung zur Prüfung und
für die Prüfung von Elektrogeräten, -maschinen
und -installationen" gemäß BetrSichV**

Name, Vorname:
(Personalnummer, wenn möglich)

Arbeits- /Bestellungsbereich:
(Aufgabe, Ort und Zeit)

Betreiber der Geräte, Maschinen und/oder Anlagen:
(Arbeitgeber)

Hiermit wird die oben genannte Person durch den Arbeitgeber zur Verantwortlichen Elektrofachkraft/Befähigten Person für die Unterweisung und zur Prüfung elektrischer Geräte, Maschinen und Anlagen bestellt.

Grundlagen der Bestellung:

- § 2 BetrSichV
- § 9 OWiG
- § 15 SGB VII
- § 13 ArbSchG
- § 12 BGV A1
- § 1 BGV A3

Die persönlichen und beruflichen Voraussetzungen für die Tätigkeit der Verantwortlichen Elektrofachkraft/Befähigten Person gemäß BetrSichV §2 Abs. 7 sind erfüllt und werden als Anhang dokumentiert.

Für den Bestellungsbereich innerhalb des beschriebenen Arbeitsgebiets ist die Verantwortliche Elektrofachkraft/Befähigte Person in jeder Hinsicht für seine Aufgabe weisungsfrei gestellt.

Eine Kopie dieser Bestellung ist der Verantwortlichen Elektrofachkraft/Befähigten Person auszuhändigen und eine weitere Kopie in den Personalakten zu hinterlegen.

Eine Haftpflichtversicherung für den zu verantwortenden Bestellungsbereich ist für die Verantwortliche Elektrofachkraft/Befähigte Person dringend anzuraten.

Der Verantwortlichen Elektrofachkraft/Befähigten Person stehen geeignete Mess- und Prüfeinrichtungen sowie alle für ein sicheres Arbeiten erforderlichen Hilfsmittel und Schutzeinrichtungen zur Verfügung.

Eine regelmäßige Weiterbildung ist gemäß Durchführungsbestimmung zum Energiewirtschaftsgesetz zu ermöglichen.

Datum:

Arbeitgeber

Verantwortliche Elektrofachkraft/
Befähigte Person

Bild 12.8 Verantwortliche Elektrofachkraft/Befähigte Person

12.2.2 Bestellung zur „Elektrofachkraft"

**Bestellung zur
„Elektrofachkraft" gemäß BGV A3 und zur
„Befähigten Person für die Prüfung von Elektrogeräten, -maschinen
und -installationen" gemäß BetrSichV**

Name, Vorname: (Personalnummer, wenn möglich)

Arbeits- /Bestellungsbereich: (Aufgabe, Ort und Zeit)

Betreiber der Geräte, Maschinen und/oder Anlagen: (Arbeitgeber)

Hiermit wird die oben genannte Person durch den Arbeitgeber zur Elektrofachkraft/Befähigten Person für die Prüfung elektrischer Geräte, Maschinen- und Anlagen bestellt.

Grundlagen der Bestellung:

* § 2 BetrSichV
* § 9 OWiG
* § 15 SGB VII
* § 13 ArbSchG
* § 12 BGV A1
* § 1 BGV A3
* Vorhandensein einer Verantwortlichen Elektrofachkraft

Die persönlichen und beruflichen Voraussetzungen für diese Tätigkeit der Elektrofachkraft/Befähigten Person gemäß BetrSichV § 2 Abs. 7 sind erfüllt und werden als Anhang dokumentiert.

Für den Bestellungsbereich innerhalb des beschriebenen Arbeitsgebiets ist der Elektrofachkraft/Befähigten Person eine Aufsicht führende Verantwortliche Elektrofachkraft/Befähigte Person zugeordnet. Deren Bestellungsurkunde ist als Anhang beigefügt.

Die Elektrofachkraft/Befähigte Person untersteht in fachlicher Hinsicht der Verantwortlichen Elektrofachkraft/Befähigten Person.

Der Elektrofachkraft/Befähigten Person stehen geeignete Mess- und Prüfeinrichtungen sowie alle für ein sicheres Arbeiten erforderlichen Hilfsmittel und Schutzeinrichtungen zur Verfügung.

Eine regelmäßige Weiterbildung ist gemäß Durchführungsbestimmung zum Energiewirtschaftsgesetz zu ermöglichen.

Datum:

---------------------------------   ----------------------------------
Arbeitgeber   Verantwortliche Elektrofachkraft/
                                                              Befähigte Person

Bemerkung: Es werden die Begriffe „Elektrofachkraft" und „Befähigte Person" wegen der bestmöglichen rechtlichen Absicherung gleichzeitig verwendet.

Bild 12.9 Elektrofachkraft/Befähigte Person

13   Magie der Sicherheit

Eine Hilfe für die Mitarbeiterschulung im Rahmen des Arbeitsschutzes. Sie ist in der Form der persönlichen Ansprache gehalten.

Schwerpunkt: Rechtlich korrektes Verhalten im Arbeitsschutz

Warum entstand diese Magie der Sicherheit?

Die erste Auflage von Band 121 der VDE-Schriftenreihe „Betriebssicherheitsverordnung in der Elektrotechnik" brachte viele Leseranfragen und Anrufe. Die Leser fragten nach einer prägnanten Zusammenfassung der wichtigsten Verhaltensregeln, sozusagen nach dem Extrakt. Dem Wunsch wurde entsprochen. Das Ergebnis: einfache und doch sehr, sehr wirkungsvolle Regeln. Allerdings vergessen wir im beruflichen Stress das eine oder andere und brauchen deshalb einen Hinweis beziehungsweise eine kurze Regel oder einen Merksatz. Nennen wir ihn Sicherheitssatz, denn Regeln haben wir ja genug. Sozusagen einen „Anti-Vergessen-Hinweiser". Es entstand der Aufkleber „Magie der Sicherheit©". Später kam der Wunsch nach Erläuterung der Sicherheitssätze noch hinzu. Zum Beispiel: Wie soll ich folgende Sätze verstehen: Gib Du die Regeln vor? Wie im Detail anwenden? Was genau ist wichtig? – Das Ergebnis ist das vorliegende Sicherheits-Handbuch. Verständlich, kurz und sehr eindringlich geschrieben, vermeidet es Probleme und bringt offensichtlich zusätzliche Sicherheit im Betrieb.

Deswegen entstand dieses zusätzliche Sicherheits-Kapitel. Es soll verständlich, kurz und sehr eindringlich helfen, Probleme zu vermeiden – und somit etwas für die betriebliche Sicherheit tun!

13.1   Einleitung

Die folgenden Erklärungen machen beim ersten Lesen den Eindruck, der Autor sieht immer nur schwarz und ist ein Paragraphenreiter! Stimmt! Allerdings rein beruflich und zum Nutzen seiner Mandanten. Denn auf seinem Schreibtisch landen niemals die Fälle:

- ist gerade noch gut gegangen

- die Berufsgenossenschaft ist gnädiger gestimmt, als sie müsste

- die Geschädigten kennen ihre Rechte nicht

- man hat einfach Glück gehabt

Die Magie der Sicherheit

Thorsten Neumann©

1. **Gib** den Mitarbeitern und Fremdfirmen Deine **Regeln vor!**

2. Wer **fragt**, der **führt!**

3. **Bringe** die **Dinge** sofort **in Ordnung**, denn ein Anderer tut es nicht!

4. Was Du nicht selbst erledigen kannst, **delegiere eindeutig und schriftlich!**

5. **Siehst Du** eine **potentielle Gefahr**, frage Dich: Warum sollte jetzt nichts passieren? Hast Du keine ehrliche Antwort: **Handele!**

6. Siehst Du etwas und **nimmst** auch nur **an, dass etwas passieren könnte, handelst Du vorsätzlich!**

7. Gehe **mit offenen Augen** durch das Unternehmen!

8. Du bist der Sicherheits-Sachverständige, **handele mit besonderer Umsicht!**

9. Verwechsle Routine nicht mit **Erfahrung!**

10. Führe alle Aufgaben mit **Erfolg** durch! **Immer!**

11. Tue alles mit **Leidenschaft**, dann wird es auch gut!

12. Wer **schreibt**, der **bleibt!**

THORSTEN NEUMANN
GefDa · Sachverständigenbüro
www.gefda.com

Bild 13.1 Aufkleber „Magie der Sicherheit"

Auf seinem Schreibtisch finden sich nur die Fälle mit fehlenden Unterschriften (zum Beispiel Organisationsverschulden), dem „Nicht-nachdenken" (zum Beispiel Fahrlässigkeit), dem „Das-war-doch-immer-so" oder „Das-mache-ich-nicht"-Verhalten (zum Beispiel Vorsatz) und auch nicht verhinderbarer Unfälle (einfach nur Pech).

Stress mit Gerichten, Schiedskommissionen, Berufsgenossenschaften oder Gewerbeaufsicht sind, selbst wenn man nicht schuldig gesprochen wird, doch immer mit sehr viel Aufwand und Ärger verbunden. Davor will der Autor bewahren. Dem Autor geht es darum, im Vorfeld die Probleme zu erkennen und den Leser zu schützen. Ihn, seine Familie, die Kollegen und die Gesellschaft. Vor vermeidbaren Problemen, vor unnötigen Problemen!

13.2   Es passiert doch so wenig!

Häufig kommt: Es ist doch noch keiner verurteilt worden! Irrtum! Zudem brauchen Verfahren einige Jahre, um alle Instanzen zu durchlaufen und veröffentlicht zu werden. Es dauert also. Weiterhin ist es ein Irrglaube, dass alles immer vor Gericht entschieden wird. Es gibt auch außergerichtliche Einigungen wie zum Beispiel Schiedsverfahren. Zudem legen gerade große und bekannte Unternehmen keinen gesteigerten Wert darauf, dass „Verfehlungen" in die Öffentlichkeit geraten. Es wird intern und hinter den Kulissen mehr verhandelt, entschieden und sich geeinigt, als man denkt. Das ist auch gut so, es darf nur nicht über alles hinwegtäuschen! Denn es passiert mehr, als man hört. Erheblich mehr!

An dieser Stelle sollen die Berufsgenossenschaften ausdrücklich gelobt werden. Sie sind wichtig! Sehr wichtig! Man mag über sie denken wie man will, aber ohne sie wären viele Unternehmen oder Institutionen nicht mehr da. Finanziell ruiniert! Und viele Menschen tot! Die Präventionsoffensiven und die tagtägliche Beratung der Berufsgenossenschaften helfen Leben zu schützen. Die Berufsgenossenschaften fangen einen Großteil der Probleme finanziell ab. Aber: Sie holen sich ihre Ausgaben durchaus zurück. Das ist auch gut so, denn warum soll die Allgemeinheit mit ihren Beitragszahlungen das vorsätzliche oder grob fahrlässige Verhalten von anderen mitbezahlen? Hier hört das Solidarprinzip auf! Denn das wäre Missbrauch!

Weiterhin: Man misst dem Zivilprozess, der sich dem Strafprozess anschließen kann, keine große Bedeutung bei. Doch Vorsicht! Hier wird über Schadensersatzansprüche entschieden. Das heißt auch eine zum Beispiel lebenslange Rente für einen Geschädigten! Und wer zahlt? Der Verantwortliche!

Noch einmal: Der Autor will nur das Beste! Von ganzem Herzen! In Kenntnis seiner Tätigkeit als bestellter und öffentlich bestellter Sachverständiger und in Zusammenhang mit seinen weiteren Tätigkeiten. Der Autor will bewahren. Mit eindringlichen „Sicherheitssätzen". Eindringlich. Direkt. Sicherheit auf den Punkt gebracht!

13.3 Die 12 Regeln

1. Gib den Mitarbeitern und Fremdfirmen Deine Regeln vor!

Es gibt immer zwei Möglichkeiten: 1. Du führst. 2. Du wirst geführt. Das klingt sehr einfach. Ist jedoch eine wichtige und wesentliche Voraussetzung für den Erfolg! Einige denken nun: Was soll das? Oder: Er untergräbt das Vorgesetzten-Unterstellten-Verhältnis! Ich sage Dir, Du hast in Deinem Spezialgebiet die Verantwortung! Das ist alles. Du alleine hast Ver-ANTWORT-ung©. Das bedeutet: Du musst eine Antwort auf die Frage haben, wieso Dinge sind. Oder eben nicht sind. Das bedeutet: Du musst den Leuten, die für Dich oder Dein Unternehmen arbeiten, die Spielregeln vorgeben. Spielregeln der Sicherheit. Die alles entscheidende Botschaft lautet: Verlasse Dich nicht auf die Kompetenz der anderen, frage Dich immer zuerst selbst: „Hätte ich das auch so gemacht?" Du wirst feststellen, dass bei kompetenten Mitarbeitern oder Fremdfirmen dasselbe Ergebnis herauskommt. Dennoch denke immer daran: Das zu wissen ist kein Freibrief dafür, dass Du Vertrauen vor Verantwortung stellst. Deine Regeln müssen gelten! Merke: Achte auf das Verständnis der Regeln. Sie müssen logisch sein!

Zudem: Deine Mitarbeiter oder Fremdfirmen stellen fest, dass Du die Regeln vorgibst! Deine Mitarbeiter und Fremdfirmen arbeiten umso sorgfältiger. Regeln vorgeben, ist dabei etwas entscheidend und grundlegend anderes als alles selbst zu machen. Deine Mitarbeiter und Fremdfirmen erledigen den Auftrag. Erledigen die Arbeit. Das Ergebnis: Du hast Autorität. Du hast Führungsautorität. Das gilt auch dann, wenn Du verantwortlich bist für eine Maschine. Selbst Problemfälle sind so leichter zu handhaben. Denn die Führung ist geregelt. Und die Frage der jeweiligen Autorität ist somit auch geregelt.

Denn diese Autorität verlangt sogar der Gesetzgeber von Dir! Es heißt Aufsichts- und Kontrollpflicht!

Praxisbeispiel

Sage Deinen Mitarbeitern oder Fremdfirmen, dass die von Dir vergebenen Aufgaben an Dich zurückgemeldet werden müssen. Gib ihnen am besten eine kleine Checkliste mit. Betone die Konsequenzen der Nichtbefolgung. Sage danach sofort, dass nur, wenn alles klappt, deine vollste Unterstützung besteht. Und nur dann! Sie können sich aber mit allen Fragen vertrauensvoll an Dich wenden.

Rechtliche Grundlage, unter anderem

Bürgerliches Gesetzbuch (BGB) §§ 278, 831 I 1

2. Wer fragt, der führt!

Das hat vor allem mit der Sicht der Leute zu tun. Denn was für Dich rot ist, muss für den anderen nicht auch zwangsläufig rot sein. Es kann rosa sein, oder der andere hat gar kein Gefühl für Farben oder misst Rot keine Bedeutung bei. Klar, Beispiele hinken oft! – Tatsache ist: Die Qualität der Fragen bestimmt die Qualität Deines betrieblichen Lebens. Die Qualität Deiner Fragen bestimmt die Qualität Deines Lebens als Arbeitnehmer. Gleich ob Beamter, Selbstständiger, Angestellter oder Arbeiter. Das bedeutet: Fragen! Fragen! Fragen! Immer! Dann und nur dann ist allen Beteiligten eindeutig klar, was gemeint ist. Du willst qualifizierter Ansprechpartner sein! Dann frage soviel wie möglich und nötig. Wenn Du Mitarbeiter hast: Fordere diese auf zu fragen! Das ist alles. Die Erfolgsschritte 1. und 2. lauten: Gib Du die Regeln vor! Frage! Regeln vorgeben und konsequent fragen. Merke: Führen durch Regeln und führen durch Fragen sichert Dich ab!

Praxisbeispiel

Nachdem Du allen Deine Regeln vorgegeben hast, musst Du sie unbedingt auch kontrollieren. Sonst denken alle, Du bist ein zahnloser Tiger. Du musst nicht jeden kontrollieren, sondern nur so, dass alle es merken. Das spart Dir sehr viel Arbeit, da jeder davon ausgehen muss, auch einmal richtig kontrolliert zu werden. Dabei helfen einfache Fragen wie: Hast Du das verstanden? Wie hast Du das gemeint? Würdest Du es auch so machen? Oder ganz einfach: Frage mich, wenn du etwas nicht verstanden hast!

Rechtliche Grundlage, unter anderem

BGB § 276 (Sorgfaltspflicht)

3. Bringe die Dinge sofort in Ordnung, denn ein anderer tut es nicht!

Hier kommt der Faktor Mensch ins Spiel. Du als Praktiker weißt: Immer dann, wenn nicht exakt gesagt wird, was gemacht werden soll, passiert nichts. Oder es kommt der Herr „Alle" ins Spiel. Aber die Herrn „Alle", „Der andere" oder „Jeder" sind einfach nicht fassen. Die sind, wenn Probleme auftreten, verschwunden! Auch das weißt Du als Praktiker! Und Dich trifft es dann. Ordnung bedeutet in diesem Fall, dass Dinge organisiert werden müssen. Du darfst Dich niemals darauf verlassen, dass andere für Dich Deine Probleme in Ordnung bringen. Meine Praxis zeigt es immer wieder: Im wirklichen, ernsten Problemfall stehst Du alleine da! Denn Du läufst Gefahr, in ein Organisationsverschulden hineinzusteuern. Achtung: Achte darauf, dass Deine Verkehrssicherungs- und Kontrollpflicht nicht auf der Strecke bleibt! Klar: Wo kein Kläger, da kein Richter! Aber das ändert sich manchmal sehr schnell. Hier gilt: Wenn Du es nicht selber machst, dann immer Kontrollieren und Dokumentieren! Da bist Du schon beim nächsten Sicherheitssatz.

Wichtig: Ordnung bedeutet auch nicht, dass Du alles selbst tun musst! Eine gute Delegierung (Satz 4) der Erledigung der Dinge und deren Kontrolle (Satz 2) sichert Dich hervorragend ab. Denn dann bist Du ein nachweißlich sorgfältiger Mensch. Vergiss nicht die Erledigungszeit vorzugeben. Denn sonst passiert nichts!

Merke: Erledige problematische Dinge sofort, sonst erledigen sie Dich!

Praxisbeispiel

Eine Maschine scheint unsicher zu sein. Du selbst hast keine Zeit, oder es fehlt Dir an der notwendigen Fachkompetenz, die Maschine selbst zu reparieren. Also schreibe Dir auf, was und durch wen und bis wann gemacht werden muss. Gebe dies zum Beispiel nach der Begehung sofort weiter und frage regelmäßig nach dem Sachstand der Erledigung. Hier kommt wieder unser Satz 2 „Wer fragt, der führt" zum Einsatz!

Übrigens: Hilfreich ist eine kleine Tagesliste mit den Spalten „Problem", „wer macht es" und „bis wann". Mehr braucht es nicht, wenn Du es jeden Tag abarbeitest. Diese Liste hefte ab oder speichere sie, damit Du später immer einen Nachweis für Dein sorgfältiges Verhalten hast.

Rechtliche Grundlage, unter anderem

BGB § 276 (Sorgfaltspflicht)

4. Was Du nicht selbst erledigen kannst, delegiere eindeutig und schriftlich!

Du weißt: Im normalen Geschäftsleben kann man heute nicht alles selbst erledigen. Deshalb muss man delegieren können. Ich weiß, es fällt schwer, auch andere mit verantwortungsvollen Aufgaben zu betrauen. Schließlich hast Du Deine gesammelten Erfahrungen und kannst die Sachlage deswegen am besten einschätzen. Am sichersten einschätzen! Nur was passiert, wenn Du selber ausfällst? Hier zeigt sich die Größe und Weitsicht eines Sicherheitsexperten. Denn er sorgt sogar für Sicherheit, wenn er nicht da ist. Nämlich mit kompetenten Mitarbeitern, die von Dir hinlänglich genug auf die Praxis geschult wurden. Von Dir mit Deinen Regeln! Deshalb ist es nicht schlimm, wenn Du nicht alles selber machen kannst. Also lerne zu delegieren! Lerne allerdings auch sicher zu delegieren. Nämlich an Leute, die diese Aufgaben erledigen können.

Dazu gehört auch, die Delegation so eindeutig zu formulieren, dass der andere Dich versteht! Denke an „Wer fragt, der führt" und frage, ob er es verstanden hat. Am sichersten bist Du, wenn die Delegation einer verantwortungsvollen Aufgabe schriftlich gemacht wird. Und: Wichtig gemäß Satz 12: Bewahre eine Kopie von wichtigen Delegierungen auf!

Praxisbeispiel

Klar, jeder hat seine Aufgaben und will nicht von Dir „eingespannt werden", und dann noch mit „Deinen" Aufgaben. Hier heißt es den Wurm so schmackhaft zu machen, dass er dem Fisch schmeckt! Diese alte Anglerweisheit birgt viel Wahres. Das gilt für Unterstellte genauso wie für gleichgestellte Kollegen. Bei Unterstellten kann man allerdings direkter den „Befehlsweg" einschlagen. Hier gibt es weniger Schwierigkeiten. Aber bei gleichgestellten Kollegen oder aus einer Stabsfunktion heraus gilt es diplomatischer vorzugehen. Es hilft oft folgende Taktik: „Kollege Meier, ich stecke in der Klemme und glaube, Du kannst mir einen Rat geben. Bei diesem Sachverhalt würde ich selber gerne die Klärung übernehmen, ich denke allerdings, Du hast hier mehr Detailerfahrung. Was würdest Du vorschlagen?"

Danach ist es ein einfacher Schritt zu sagen: „Das hast Du toll erklärt, darf ich Dich bitten, das zu übernehmen, hier bist Du eindeutig geeigneter!" Bei soviel Charme klappt das eigentlich fast immer. Und da man für die Vertretung sowieso keinen Grünschnabel nimmt, sondern einen mit der Materie vertrauten Kollegen, entspricht das auch nicht der Unwahrheit.

Letzter Schritt: Zur eigenen Absicherung sollte man die Delegierung von seinen Aufgaben immer gemäß Satz 12 schriftlich untermauern. Am einfachsten geht es mit einem Papier, worauf die Aufgabenstellung steht.

Es muss wahrlich nicht für jede Delegierung eine Unterschrift oder Gegenzeichnung erfolgen, es reicht oft, wenn die Aufgabe nachweislich übergeben wurde. Zum Beispiel vor Kollegen, per E-Mail, Fax oder über Dritte.

Rechtliche Grundlage, unter anderem

- ArbSchG § 7
- Sozialgesetzbuch VII § 15 Absatz 1.1 „Übertragung von Pflichten"
- Arbeitsschutzgesetz (ArbSchG) § 13 Absatz 2 „Übertragung von Unternehmerpflicht"
- Berufsgenossenschaftliche Vorschrift (BGV A1) § 13 „Pflichtenübertragung"
- grundlegend ist allerdings: BGB § 831 I 2

Wie Du siehst, steht die Delegierung auf einem breiten rechtlichen Sockel. Deshalb beachte Punkt 12: „Wer schreibt, der bleibt!"

5. Siehst Du eine potentielle Gefahr, frage Dich: Warum sollte jetzt nichts passieren? Hast Du keine ehrliche Antwort: Handle!

Ein sehr kluger Richter erklärte es mir genauso: Wenn Du auf diese Frage auch nur eine gute und glaubhafte Antwort hat, so handelst Du nicht vorsätzlich!

Das ist extrem wichtig! Denn für Vorsatz zahlt keine Haftpflichtversicherung! Für Vorsatz zahlst Du selber! Aber das kommt im nächsten Satz genauer.

Zurück zu unserer erkannten Gefahr. Dieser kleine Satz ist wie ein Test. Er hilft uns, akuten Handlungsbedarf zu erkennen. Und wenn Du Handlungsbedarf hast, musst Du sofort an Satz 4 denken: „Bringe die Dinge sofort in Ordnung, denn ein anderer tut es nicht!"

Praxisbeispiel

Du gehst über das Betriebsgelände und siehst Fremdarbeiter auf einem Gerüst stehen. Stelle Dir die Frage: „Warum fallen sie nicht herunter?" Eine mögliche Antwort wäre: Sie sind mit Gurten gesichert. Prima, in diesem Punkt hast Du keinen akuten Handlungsbedarf.

Rechtliche Grundlage, unter anderem

Grundgesetz Artikel 2

BGB § 276

6. Siehst Du etwas und nimmst auch nur an, dass etwas passieren könnte, handelst Du vorsätzlich!

Ein Richter sagte zu mir: Du kannst alles tun, aber bitte nicht vorsätzlich! Ich erkläre Dir das mal am besten mit folgendem Beispiel.

Praxisbeispiel

Du gehst wieder über das Betriebsgelände und siehst Fremdarbeiter ohne Helm und Sicherung auf dem Gerüst stehen. Nun sagst Du zu Deinem Kollegen nebenan: „Sind die besonders doof oder sehr mutig?" Achtung: Wenn jetzt einer dieser Arbeiter abstürzt und man weiß, dass Du es vorher gesehen hast, könntest Du sogar vorsätzlich gehandelt haben. Denn Du hast nicht gehandelt, obwohl Du ein Sicherheitsexperte bist! Und das Problem sogar noch bemerkt hast. Merke: Wissen verpflichtet auch zum Handeln!

Also kommst Du vom Satz 5 „Siehst Du eine potentielle Gefahr, frage Dich: Warum sollte jetzt nichts passieren? Hast Du keine ehrliche Antwort: Handle!" bei Nichtbefolgung direkt zu Satz 6 „Siehst Du etwas und nimmst auch nur an, dass etwas passieren könnte, handelst Du vorsätzlich!" Das ist ähnlich wie beim Monopoly: Gehe direkt ins Gefängnis, gehe nicht über Los! Entschuldige, das Beispiel ist ziemlich platt, aber man merkt es sich! Deswegen: Wie gesagt, tue alles, aber bitte niemals vorsätzlich!

Rechtliche Grundlage, unter anderem

BGB §§ 276, 823 II in Verbindung mit Schutzgesetz

7. Gehe mit offenen Augen durch das Unternehmen!

Denke niemals, dass Dich etwas nichts angeht! Es geht Dich an! Auch wenn es nicht Dein Bereich ist, nicht Deine Verantwortung, nicht Deine Leute, so wird Dein „Nichthandeln" ein Problem für Dich. Das kann unterlassene Hilfeleistung oder ein „vorsätzliches" Übersehen von Gefährdungen sein. Egal, es kann zum massiven Problem werden! Denke an Satz 5 „Siehst Du eine potentielle Gefahr, frage Dich: Warum sollte jetzt nichts passieren? Hast Du keine ehrliche Antwort: Handle!" Doch die Grundvoraussetzung dafür ist, dass Du mit offenen Augen durch das Unternehmen gehst. Und dies auch aktiv von Deinen Mitarbeitern einforderst, es zu Deiner Regel machst!

Wenn wir alle (!) mit offenen Augen durch das Unternehmen, über die Baustelle etc. laufen, bewahren wir uns und andere vor Schaden. Unterstützen wir uns gegenseitig! Allerdings musst Du wieder mit gutem Beispiel vorangehen! Merke: Du bist der Sicherheitssachverständige!

Rechtliche Grundlage, unter anderem

BGB § 276 – Sorgfaltspflicht

8. Du bist der Sicherheits-Sachverständige, handle deshalb mit besonderer Umsicht!

Ein ganz heikles Thema! Du hast für Dein Gebiet Spezialwissen. Also bist Du quasi ein Sachverständiger. Wieso eigentlich? Dieser Begriff ist nicht geschützt und bezeichnet alle, die mehr Ahnung von einem Fachgebiet haben als die Masse der Bevölkerung. Mit anderen Worten: Du zählst im Problemfall sowieso als Sachverständiger, da Du besonderes innerbetriebliches Wissen hast. Dein Chef ist oft nicht gleichzeitig ein Fachmann auf Deinem Gebiet. Also würdest Du bei maßgeblichen Problemen mit im Kreuzfeuer stehen. Warum? Weil Du für andere Leute aufgrund Deiner Erfahrung „mitdenken" musst. Demzufolge kommt im Problemfall die Frage, ob Du eindringlich und nachweislich auf die Beseitigung eines Missstands hingearbeitet hast? Hast Du das? Auch nachweislich?

Denn es ist schwer, im Nachhinein etwas zu beweisen. Du sollst deswegen das Übel an der Wurzel packen. Also: Einfach mit der größtmöglichen Umsicht durch das Unternehmen laufen. Stellst Du etwas fest, dann beseitige es oder lasse es beseitigen. Kannst Du es nicht selber oder fehlt die Zeit, delegiere die Aufgaben.

Merkst Du es? Die letzten Sätze besteht nur aus Handlungshinweisen, aus Sicherheitssätzen! Es ist doch einfach, sich und andere abzusichern!

Rechtliche Grundlage, unter anderem

BGB § 276 – Sorgfaltspflicht

9. Verwechsle Routine nicht mit Erfahrung!

Hier hätte ich auch schreiben können: Werde nicht betriebsblind! Aber das ist illusorisch, denn alle werden irgendwie oder irgendwann betriebsblind. Auch Du! Denn es liegt in der Natur der Sache oder besser in der Unzulänglichkeit des Menschen. Wenn wir aber wissen, dass wir unzulänglich sind, ist die Gefahr gebannt. Denn aus dieser Erkenntnis können wir, nein – kannst Du – die Gegenmaßnahmen ergreifen.

Ein Sprichwort sagt: Es gibt alte Elektriker und dumme Elektriker. Es gibt aber keinen dummen alten Elektriker!

Es gilt routiniert zu werden mittels Erfahrung. Deine Erfahrung ist Dein gesammeltes persönliches Wissen. Es ist kein erworbenes, sprich angelesenes oder gehörtes Wissen. Erst Deine eigene Handlung macht aus Wissen Deine persönliche Erfahrung. Das kann Dir niemand nehmen, es ist ein nicht verhandelbares, nicht delegierbares Wissen. Dieses Wissen ist ungeheuer wichtig für Dein Berufsleben. Und es ist der Grundbaustein für die Sicherheit Deiner Kollegen, für die Du die Mitverantwortung hast!

Merke: Wer lernt, seine Erfahrung richtig zu verkaufen, mit seinen Regeln und seinem Fach-Führungsanspruch, der sichert sich seinen Arbeitsplatz langfristig. Mache Du das auch! Gerade in der heutigen, schnelllebigen Zeit wird Sicherheitserfahrung ein immer selteneres Gut. Häufe es an und mache Dich unentbehrlich!

Rechtliche Grundlage, unter anderem

BGB § 276 – Sorgfaltspflicht

10. Führe alle Aufgaben mit Erfolg durch! Immer!

Einfach gesagt, schwer getan! Lass uns über den Begriff „Erfolg" reden. Unter Erfolg solltest Du nicht vorrangig die positive Umsetzung Deiner Ideen verstehen. Dein größter Erfolg ist Deine und die Sicherheit Deiner Kollegen. Zu diesem Ziel führen viele Wege, und mitunter muss man pragmatisch sein. Bei allem Pragmatismus darfst Du eines nicht vergessen: Deine persönliche Absicherung ist auch ein Erfolg, wenn Du mit Deinen Vorschlägen nicht auf Gehör stößt! Hier gilt wieder Satz 12: „Wer schreibt, der bleibt!" Ich weiß es, Du weißt es: Der Fürst gilt mitunter wenig im eigenen Land. Aber: Wenn man nicht auf Dich hören will oder Du rennst gegen Windmühlen an, gilt Folgendes: Steter Tropfen höhlt den Stein. Wenn Du immer wieder nachweislich versucht hast, Änderungen einzuführen, hast Du eine gute Position. Denn Du warst sorgfältig! Du hast alles in Deiner Macht Stehende getan! Dir kann man keinen Vorwurf machen. Somit hast Du Deine Aufgabe im Rahmen des Möglichen mit Erfolg durchgeführt.

Rechtliche Grundlage, unter anderem

BGB § 276 – Sorgfaltspflicht

11. Tue alles mit Leidenschaft, dann wird es auch gut!

Zählst Du zu denen, die diesen Satz nicht als so wichtig sehen? Kennst Du: „Nur was du gerne machst, machst du auch gut!" Der Satz 11 ist aber die Grundlage für alle Deine Tätigkeiten!

An Sicherheitsexperten werden hohe moralische Forderungen gestellt. Also auch an Dich! Dem kannst Du nicht mit „Dienst nach Vorschrift" begegnen! Man muss es leben oder, besser gesagt, vorleben. Nur dann werden Deine Mitarbeiter und Fremdauftragnehmer ebenfalls Deine Regeln vom Satz 1 gerne und bewusst anwenden. Niemals Wasser predigen und Wein saufen. Da das schon die Bibel verlangt hat, sollten für uns Sicherheitsexperten eine grundlegende Verhaltensweise sein. Nur, zur Leidenschaft gehört auch Geduld! Erwarte nicht von heute auf morgen die großen Veränderungen, die große Akzeptanz. Sie wird schleichend kommen, aber sie kommt wie das Amen in der Kirche! Nur denke daran: Geduld ist eine besondere Tugend des Sicherheitsbeauftragten. Also sollte es besser heißen: „Tue alles mit Leidenschaft und Geduld, dann wird es auch gut!"

Und Leidenschaft ist die Grundlage für Qualität! Du kannst keine Elektrofachkraft, keine Sicherheitsfachkraft, keine Befähigte Person sein, wenn Du es nebenbei machen willst. Merke: Pure Pflichterfüllung ist hier fehl am Platz! Die bringt Dir, Deinem Mitarbeitern keine Sicherheit!

Ein kleiner persönlicher Test:

- Hört Sicherheit nach Arbeitsende für Dich auf?
- Beschäftigst Du Dich nie in Deiner Freizeit mit dem Gedanken an Sicherheit?

- Würdest Du privat von Unbekannten keinen Schaden abwenden wollen?
- Verzweifelst Du, wenn andere nicht das machen, was Du willst?

Kannst Du alles mit „ja" beantworten, so suche Dir am besten eine andere innerbetriebliche Aufgabe. Denn dann bist Du für Dich selbst ein Sicherheitsrisiko. Das ist nicht böse gemeint, es ist nur zu Deinem und Deiner Kollegen Besten.

Rechtliche Grundlage, unter anderem

BGB § 276 – Sorgfaltspflicht

12. Wer schreibt, der bleibt!

Mein Lieblingsspruch. Er ist kurz und prägnant. Jeder Skatspieler kennt ihn, doch was bedeutet er für Dich? Eigentlich braucht man diesen Spruch ganz selten. Oder besser: Man merkt die Tragweite immer erst im Problemfall. Ich hoffe, er tritt nie bei Dir auf! Das wünsche ich Dir von ganzem Herzen! Aber weder ich noch Du können das garantieren. Also bringe alles in eine Form, die Du später wieder nachvollziehen kannst. Eine Akte, gesicherte Daten, Karteikarten, Softwaredokumentation …

Egal: Was auch immer! Nur nachvollziehbar muss es sein! Merke: Du musst Dich absichern!

Denn Schadensersatzansprüche werden im Zivilverfahren – ich wünsche Dir das nie – verhandelt. Hier gilt die Beweislastumkehr. Das bedeutet, dass Du alles, was Du zu Deiner Entlastung vorbringen willst, beweisen (!) musst. Und wenn Du hier nichts Schriftliches hast, gerätst Du in den Beweisnotstand. Das muss nicht sein!

Und bitte: Verwechsle Qualität nicht mit Quantität! Nicht die Menge der Aufzeichnungen sichert Dich ab! Denn Du musst es im Problemfall auch wiederfinden. Deine Unterlagen müssen unbedingt plausibel sein. Also auch für andere nachvollziehbar! Und: halte Dich an den „Stand der Technik" oder mache am besten noch etwas mehr. Aber übertreibe es nicht!

Rechtliche Grundlage, unter anderem

Dokumentationspflicht

Fazit: Sicherheit ist kein unlösbares Problem. Allerdings: Wir werden nie eine 100%ige Sicherheit erhalten. Ein Restrisiko gibt es immer. Das ist aber wie im Straßenverkehr: Sowie Du im Auto sitzt, bist Du quasi schon leicht fahrlässig. Aber das ist kein Problem. Das Leben ist mit Gefahren verbunden, auch das Berufsleben. Es gilt, mit Sachverstand, Gefühl und Enthusiasmus die Lage zu beurteilen und die Gegenmaßnahmen zu ergreifen.

Diese 12 Sicherheitssätze sollen ein Leitfaden sein, um die gefährlichen Klippen wie Vorsatz, grobe Fahrlässigkeit und Schaden verursachende Sorglosigkeit sicher zu umschiffen.

Es wird bei diesen 12 Sicherheitssätzen wichtigere und weniger wichtige Sätze für Dich, für Deinen Betrieb geben. Aber definitiv keine unwichtigen Sätze!

14 Dokumente und Software auf der CD-ROM

Auf der dem Buch beiliegenden CD-ROM sind alle Formulare und Checklisten als PDF-Dokumente vorhanden. Die „Gefährdungsbeurteilung zur Prüffristenermittlung" von Herrn Bödeker sind über den Pflaum-Verlag als Durchschlagpapier beziehbar.

Die CD-ROM enthält Software mit weiteren integrierten Dokumenten.

Im rechten großen Fenster des Auswahlmenüs **(Bild 14.1)** sind immer die Erläuterungen zum jeweils ausgewählten Button gegeben.

Die Software läuft auf allen PCs ab Windows 98 bis zu Windows XP. Unter Windows ME kann es zu anormalen Reaktionen bei der Ansteuerung von Messgeräten oder Palms kommen. Bitte also nicht Windows ME verwenden!

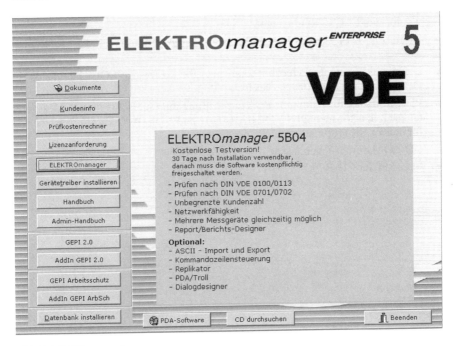

Bild 14.1 Eröffnungsmaske

14.1 Inhalt der CD-ROM

- Formulare und Checklisten als PDF-Dokumente
- Kundeninformationen über die Leistungsfähigkeit des ELEKTROmanagers
- Prüfkostenrechner (kostenfrei)
- ELEKTROmanager 5.0 Diese Version kann 30 Tage kostenfrei benutzt werden. Bei Interesse werden 15 % Rabatt auf die Software eingeräumt, wenn der Bestellung die Kaufquittung für dieses VDE-Buch als Kopie beigelegt wird.
- Als Gerätetreiber sind, da diese Software messgeräteherstellerneutral ist, über 80 verschiedene Treiber für Messgeräte vorhanden. Bitte den richtigen auswählen.
- Handbuch als PDF-Dokument
- GEPI 2.0, Software zur Gefährdungsbeurteilung für die Prüffristenermittlung. Es gilt dasselbe wie für den ELEKTROmanager.
- AddIn für GEPI 2.0, das ist der Treiber für die Anbindung zum ELEKTRO-manager
- GEPI-Arbeitsschutz, zur Gefährdungsbeurteilung für Arbeitsplätze nach § 5 ArbSchG und für die Prüffristenermittlung nach § 3 BetrSichV. Es gilt dasselbe wie für den ELEKTROmanager.
- AddIn für GEPI 2.0, das ist der Treiber für die Anbindung zum ELEKTROma-nager.
- Datenbank (kostenlos); hiermit kann man die kostenlose SQL-Datenbank zur Datensicherung auf extra Server installieren.
- PDA-Software für Palm OS- PDA zur Prüfung mit unterschiedlichen Messgerä-ten nach den Normen DIN VDE 0701/0702 und VDE 0100. Es gilt dasselbe wie für den ELEKTROmanager.
- CD-ROM durchsuchen lassen
- Beenden der CD-ROM

15 Literatur

[1] Betriebssicherheitsverordnung (BetrSichV) vom 27. September 2002, geändert 2004

[2] BGV A3 (früher BGV A2, davor VBG 4) vom 1. April 1979, geändert 2005

[3] Bödeker: Prüfung ortveränderlicher Geräte. 4. Aufl., Berlin: Verlag Technik, 2002

[4] Technische Regel für die Betriebssicherheit TRBS 1204, Bundesanzeiger S. 23 797, 18. November 2004

[5] Arbeitsschutzgesetz (ArbSchG) vom 7. August 1996, BGBl I S. 2843, geändert am 19. Dezember 1998

[6] Bürgerliches Gesetzbuch (BGB) vom 18. August 1896, geändert am 29. Juni 1998

[7] Vorlesungsunterlagen Rechtsanwalt Claus Eber, Rabe GmbH, 2005

[8] Justizrat Dr. Prengel und Kollegen, Rizzastraße, 56068 Koblenz, 2005

[9] Umweltrechtsreport 10/2004, Rechtsanwalt Dr. Manfred Rack, Lurgiallee 12, 60439 Frankfurt am Main

[10] Vorlesungsunterlagen Gabriele Weidenbach-Koschnike, Steuerberater und Wirtschaftsprüfer, Hinterhofstr. 32, 70771 Leinfelden-Echterdingen (bei Stuttgart), 2005

[11] Wettingfeld: Explosionsschutz nach DIN VDE 0165 und Betriebssicherheitsverordnung, VDE-Schriftenreihe Band 65. 3., veränderte Neuauflage, Berlin u. Offenbach: VDE VERLAG , 2005

[12] Verordnung über elektrische Anlagen in explosionsgefährdeten Bereichen (ElexV) vom 13. Dezember 1996

[13] Schulungsunterlagen Stefan Euler, Ingenieurbüro SE-Elektrotechnik, Hinter der Mühle 9, 55576 Badenheim, 2005

[14] TRBS 1203 und TRBS 1203 Teil 1, Bundesanzeiger S. 23 797, 18. November 2004

[15] Geräte und Produktsicherheitsgesetz (GPSG)vom 6. Januar 2004 Richtlinie 89/391/EWG des Rates vom 12. Juni 1989 über die Durchführung von Maßnahmen zur Verbesserung der Sicherheit und des Gesundheitsschutzes der Arbeitnehmer bei der Arbeit

[16] Artikel „Wider der alleinigen Macht der Banken", Professor Dr.-Ing. Jürgen Althoff, erschienen in den VDI-Nachrichten Nr. 24 am 13.06.2003

[17] Gefahrstoffverordnung (GefStoffV), zuletzt geändert am 20. Juli 2006

[18] Neumann, T.: Organisation der Prüfung von Arbeitsmitteln. VDE-Schriften-reihe Band 120. Berlin und Offenbach, VDE VERLAG, 2007

A

B

C

D